信 息 技 术 人 才 培 养 系 列 教 材

Python
程序设计基础与实战

微课版

千锋教育 | 策划 王桂芝 | 主编 刘征 李聪 贺国平 | 副主编

人 民 邮 电 出 版 社
北 京

图书在版编目（CIP）数据

Python程序设计基础与实战 ：微课版 / 王桂芝主编
. -- 北京 ：人民邮电出版社，2022.8
信息技术人才培养系列教材
ISBN 978-7-115-59067-1

Ⅰ. ①P… Ⅱ. ①王… Ⅲ. ①软件工具－程序设计－
教材 Ⅳ. ①TP311.561

中国版本图书馆CIP数据核字(2022)第053512号

内 容 提 要

本书主要介绍 Python 的基础知识及程序设计方法，从 Python 的环境配置、基础语法、常用数据类型，到函数的封装，再到面向对象程序设计，由浅入深，由部分到整体，由面向过程到面向对象，对读者来说易学易用。全书以案例贯穿，用 Python 编程解决生活中的常见问题，包括书籍词频统计、垃圾分类查询、在线商城的评价分析、薪资结算、生成图片水印等 21 个实战案例。除此之外，本书的内容紧跟当下的新技术，使读者学到的知识系统、全面，且不易过时。

本书可作为高等院校各专业计算机程序设计课程的教材，也可作为程序开发人员的参考书。

◆ 主　　编　王桂芝
副 主 编　刘　征　李　聪　贺国平
责任编辑　李　召
责任印制　王　郁　陈　犇

◆ 人民邮电出版社出版发行　　北京市丰台区成寿寺路 11 号
邮编　100164　　电子邮件　315@ptpress.com.cn
网址　https://www.ptpress.com.cn
三河市君旺印务有限公司印刷

◆ 开本：787×1092　1/16
印张：17.75　　2022 年 8 月第 1 版
字数：502 千字　　2025 年 1 月河北第 9 次印刷

定价：59.80 元

读者服务热线：(010)81055256　印装质量热线：(010)81055316
反盗版热线：(010)81055315
广告经营许可证：京东市监广登字 20170147 号

前言

如今，科学技术与信息技术的快速发展和社会生产力的变革对IT行业从业者提出了新的需求，从业者不仅要具备专业技术能力，还要具备业务实践能力和健全的职业素质——复合型技术技能人才更受企业青睐。党的二十大报告中提到：“全面提高人才自主培养质量，着力造就拔尖创新人才，聚天下英才而用之。”高校毕业生求职面临的第一道门槛就是技能，因此教科书也应紧随时代，根据信息技术和职业要求的变化及时更新。

Python是简洁优美的语言，具有良好的可移植性，可以轻松地适配多种平台。它还常被称为“胶水”语言，能够轻松地把其他语言（尤其是C/C++）开发的各种模块联结在一起。无论对刚入门还是已经具有一定编程基础的读者来说，Python都是非常友好的，易学易用且功能强大。

Python程序设计是计算机专业学生的重要专业课。本书内容全面、讲解详细，不但能够帮助读者了解Python编程的应用领域与发展前景，还通过简单易懂的理论讲解与易上手的案例激发读者的学习兴趣。此外，本书通过讲解大型企业实战项目的进阶内容，为读者进一步学习和应用计算机技术奠定良好的基础。

本书特点

1. 案例式教学，理论结合实战

（1）经典案例涵盖所有主要知识点

✧ 根据每章重要知识点，精心挑选案例，促进隐性知识与显性知识的转化，将书中隐性的知识外显，或将显性的知识内化。

✧ 案例包含运行效果、实现思路、代码详解。案例设置结构清晰，方便教学和自学。

（2）企业级大型项目，帮助读者掌握前沿技术

✧ 引入企业一线项目，进行精细化讲解，厘清代码逻辑，从动手实践的角度，帮助读者逐步掌握前沿技术，为高质量就业赋能。

2. 立体化配套资源，支持线上线下混合式教学

✧ 文本类：教学大纲、教学PPT、课后习题及答案、测试题库。

✧ 素材类：源码包、实战项目、相关软件安装包。

✧ 视频类：微课视频、面授课视频。

✧ 平台类：教师服务与交流群，锋云智慧教辅平台。

3. 全方位的读者服务，提高教学和学习效率

✧ 人邮教育社区（www.ryjiaoyu.com）。教师通过社区搜索图书，可以获取本书的出版信息及相关配套资源。

✧ 锋云智慧教辅平台（www.fengyunedu.cn）。教师可登录锋云智慧教辅平台，获取免费的教学和学习资源。该平台是千锋专为高校打造的智慧学习云平台，传承千锋教育多年来在IT职业教育领域积累的丰富资源与经验，可为高校师生提供全方位教辅服务，依托千锋先进教学资源，重构IT教学模式。

✧ 教师服务与交流群（QQ群号：777953263）。该群是人民邮电出版社和图书编者一起建立的，专门为教师提供教学服务，分享教学经验、案例资源，答疑解惑。

教师服务
与交流群

致谢及意见反馈

本书的编写和整理工作由高校教师及北京千锋互联科技有限公司高教产品部共同完成，其中主要的参与人员有王桂芝、刘征、李聪、贺国平、吕春林、徐子惠、贾佳树等。除此之外，千锋教育的500多名学员参与了本书的试读工作，他们站在初学者的角度对本书提出了许多宝贵的修改意见，在此一并表示衷心的感谢。

在本书的编写过程中，我们力求完美，但书中难免有一些不足之处，欢迎各界专家和读者朋友给予宝贵的意见，联系方式：textbook@1000phone.com。

编者

2023年5月于北京

第 1 章　Python简介

第 2 章　Python基础知识

第 3 章　基本数据类型

第 4 章　流程控制语句

第 5 章 列表与元组

第 6 章 字典与集合

第 7 章 函数

第 8 章　类和对象

第 9 章　面向对象程序设计

第 10 章　函数的高级特性

第 11 章　文件

第 12 章 使用PyQt6实现“援心”心理测试系统实战

第 13 章 网络爬虫与数据可视化实战

附录 PyQt6使用指南

第1章 Python简介

本章学习目标

Python简介

- 了解Python的特点及应用领域
- 掌握搭建Python开发环境的方法
- 熟悉Python程序的运行方式
- 掌握PyCharm的安装与使用方法

Python是一种跨平台、开源且免费的高级编程语言，诞生于20世纪90年代初。Python以其优美、清晰、简单的特性在全世界广泛流行，成为最主流的编程语言之一，适用领域广泛，常用于Web开发、网络爬虫、科学计算和数据可视化等。本章将以Python的发展与特点作为切入点，介绍Python的开发环境及Python程序的运行方式。

1.1 认识Python

1.1.1 Python语言的起源

Python语言的创始人是荷兰人吉多·范罗苏姆（Guido van Rossum）。Guido曾参与ABC语言（由荷兰的数学和计算机研究所开发）的设计，他认为这种语言优美且强大。但ABC语言最终因为平台迁移能力弱、难以添加新功能等并未成功。1989年的圣诞节，Guido为了打发时间，决定在ABC语言的基础上开发一款新型脚本解释程序。由于Guido非常喜欢一部名为《飞行马戏团》(*Monty Python's Flying Circus*）的英国肥皂剧，于是这门新语言便有了自己的名字——Python。1991年，Python的第一个公开版本发行，其标志如图1.1所示。

图 1.1　Python 的标志

Python的源代码和解释器CPython遵循通用公开许可证（General Public License，GPL）协议，其语法简洁清晰，强制用空白符进行语句缩进是其特色之一。Python具有丰富和强大的库，常被称为"胶水"语言，能够轻松地把其他语言（尤其是C/C++）制作的各种模块联结在一起。

1.1.2 Python语言的发展

Python从诞生一直更新到现在，主要经历了三个版本的变化，分别是1994年发布的Python 1.0、2000年发布的Python 2.0和2008年发布的Python 3.0。目前，官网仍然保留的版本主要基于Python 2.x系列和Python 3.x系列。

Python 2.7是Python 2.x系列的最后一个版本，目前已经停止开发。Guido已于2020年终止对其的支持。Guido决定清理Python 2.x系列，并将所有最新标准库的更新改进只体现在Python 3.x系列中。Python 3.x系列的一个重要改变是使用UTF-8作为默认编码。UTF-8可以覆盖Unicode（统一码）标准中的任何字符，能够正常解析中文，带来了极大便利。关于Python 2.x系列和Python 3.x系列的详细介绍及版本间区别可以访问Python官网参考官方文档。

Python 3.x系列比Python 2.x系列更规范、统一，去掉了某些不必要的关键字与语句。由于Python 3.x系列支持的库越来越多，开源项目支持Python 3.x的比例已大大提高。鉴于以上理由，本书推荐读者直接学习Python 3.x系列。

1.1.3 Python语言的特点

Python语言能够在众多语言中脱颖而出，成为最受欢迎的编程语言之一，是因为其具有易学易用、免费开源、可移植、面向对象、可扩展和类库丰富等特点。本节对这些特点进行详细介绍。

1. 易学易用

Python的设计理念为优雅、明确、简单。Python有极其简单的语法，在实现相同的功能时，使用其他语言需要上百行代码，使用Python可能仅需几行代码。Python作为高级语言，接近于人类语言，阅读Python程序就像在阅读文章，这使开发者能够专注于解决问题而非理解语言本身。

2. 免费开源

Python是自由/开放源代码软件（Free/Libre Open Source Software，FLOSS）之一，使用者可以自由地发布其软件的副本、阅读它的源代码并对它进行修改。用户对Python的改进和优化，使得Python更加受编程爱好者欢迎。

3. 可移植

Python是一种解释型语言，可以在任何安装Python解释器的平台中运行。故而Python具有良好的可移植性，可以轻松地适配于其他平台，如Windows、Linux、Macintosh、Solaris等。

4. 面向对象

Python从设计之初就是一门面向对象的语言。在面向过程的语言中，程序是由过程或仅仅是由可重用代码的函数构建起来的。在面向对象的语言中，程序是由数据和功能组合而成的对象构建起来的。

5. 可扩展

假如用户需要一段关键代码运行得更快，或者希望某些算法不公开，可以把部分程序用C语言或C++语言编写，然后在Python程序中使用它们。

6. 类库丰富

Python提供丰富的标准库，涉及正则表达式、文档生成、单元测试、线程、数据库、网页浏览器、CGI、FTP、电子邮件、XML、XML-RPC、HTML、WAV、密码系统、GUI。此外，还有其他一些与系统相关的库。

1.1.4 Python语言的应用领域

Python语言以其简洁优美、强大灵活的特点获得了开发人员的青睐，目前已经被广泛应用于以下领域。

1. Web开发

Python语言支持Web开发，目前许多大型网站是以Python作为主要编程语言开发的，如YouTube、Google、金山在线等。Python类库丰富且使用方便，支持XML技术，具有强大的数据处理能力，适用于Web开发。当前比较流行的Python语言的Web框架有Django、Flask、Tornado等。

2. 网络爬虫

网络爬虫能够通过自动化程序有针对性地爬取网络数据，提取可用资源。Python语言提供了大量可用于对网络数据进行读取和处理的模块，结合多线程编程可以快速地实现爬虫开发。

3. 科学计算及数据可视化

Python语言提供了大量用于科学计算与数据可视化的模块，如NumPy、SciPy、SymPy、Matplotlib、Traits、TraitsUI、Chaco、TVTK、VPython、OpenCV等，这些模块涉及的应用包括数值计算、二维图表可视化、三维动画演示、图像处理、界面设计等。

此外，Python语言还在系统编程、GUI编程、游戏开发、图像处理、人工智能等领域被广泛应用。

1.2 Python环境配置

在学习Python语言之前，首先要了解Python程序运行的环境。读者可以在官网下载Python，官网提供了Windows、macOS和UNIX等操作系统下的Python版本。本书基于Windows平台开发Python程序，选择的是Python 3.9.6的Windows操作系统64位版本。

1.2.1 Python的下载与安装

Python的下载与安装过程如下。

（1）打开浏览器，在地址栏中输入Python官网的网址，按回车键，进入Python官网，如图1.2所示。

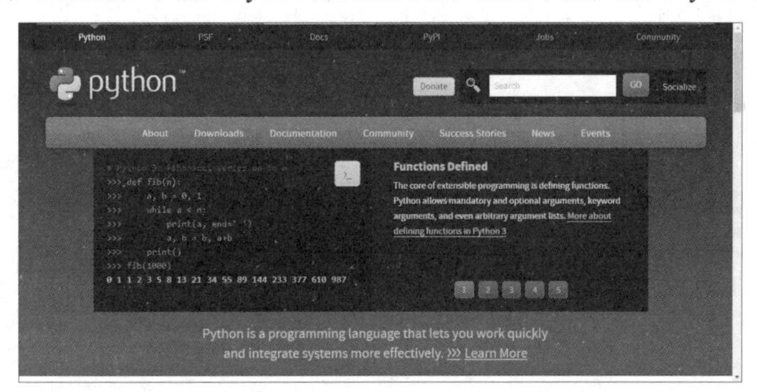

图 1.2　Python 官网

（2）单击图1.2中的“Downloads”选项，进入下载页面，如图1.3所示。

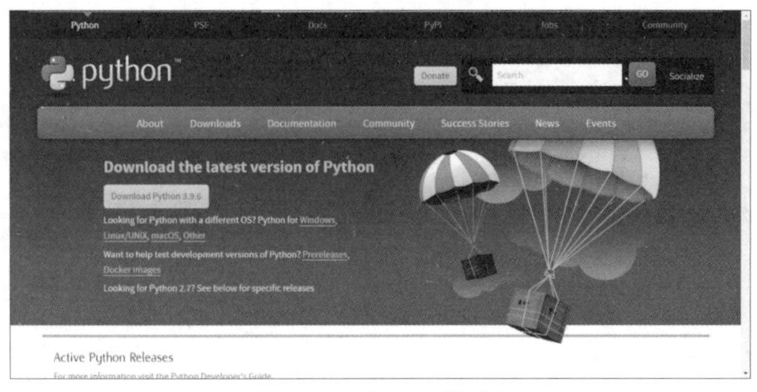

图 1.3　Python 下载页面

（3）单击图1.3中的“Download Python 3.9.6”按钮进行下载。下载完成后的文件名为python-3.9.6-amd64.exe。双击该文件，进入Python安装界面。选择“Install Now”将采用默认安装方式，选择“Customize installation”可自定义安装路径。勾选界面下方的“Add Python 3.9 to PATH”复选框，安装完成后Python将被自动添加到环境变量，如图1.4所示。

（4）检验Python是否可用，需要打开控制台（按Win+R快捷键打开“运行”对话框，在输入框中输入“cmd”并单击“确定”按钮），在命令行输入“python”并按回车键，出现图1.5所示的Python版本号，即表示Python已经正确安装。

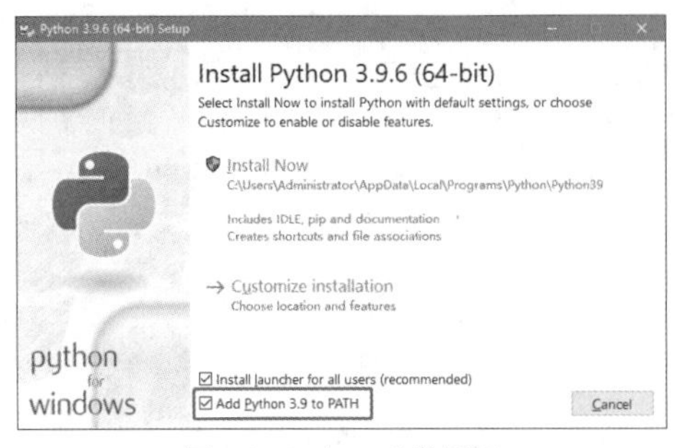

图 1.4　Python 安装界面

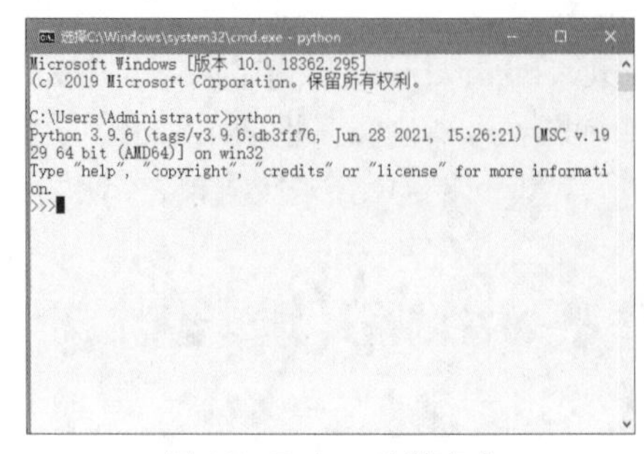

图 1.5　Python 安装完成

1.2.2　当Python无法启动时

Python安装完成后，在控制台中输入“python”，按回车键，如果能正常启动Python解释器，则无须进行本节的操作；如果没有正常启动，可能是由于系统没有找到Python解释器的安装路径，此时可以通过给Python配置环境变量来解决问题，具体方法如下。

（1）在桌面“此电脑”图标上单击鼠标右键，在弹出的快捷菜单中选择“属性”选项，在弹出的窗口左侧选择“高级系统设置”后，会弹出“系统属性”对话框，如图1.6所示。

（2）单击图1.6中的“环境变量”按钮，弹出“环境变量”对话框，找到系统变量中的Path变量，如图1.7所示。

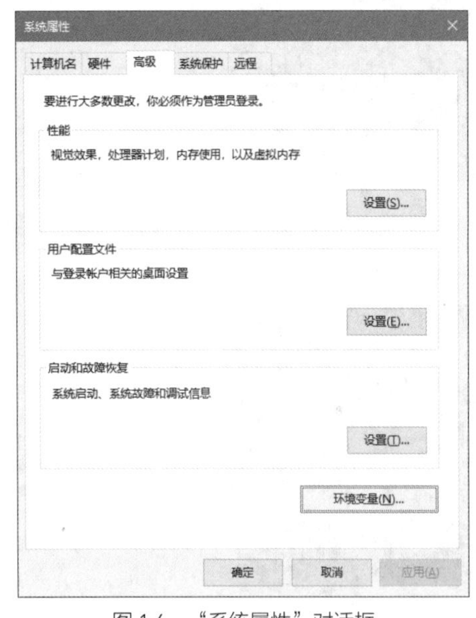

图 1.6　“系统属性”对话框

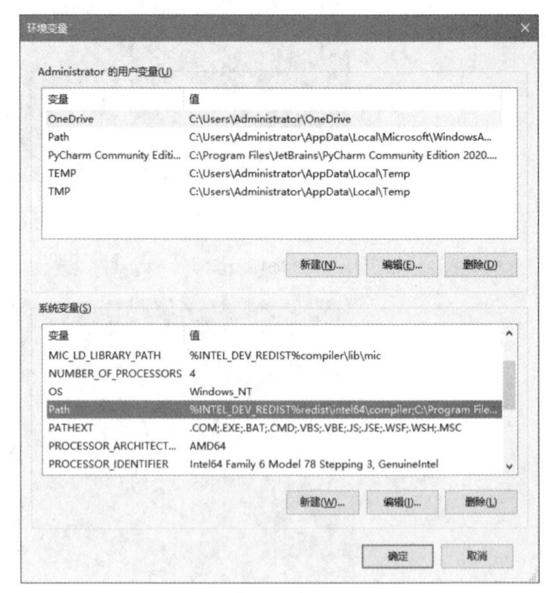

图 1.7　系统变量中的 Path 变量

（3）选中图1.7中的Path变量后，单击“新建”按钮，如图1.8所示。

（4）单击图1.8中的“新建”按钮后，会弹出“新建系统变量”对话框。新建变量名为“Path”、变量值为“C:\Python\Python39\;C:\Python\Python39\Scripts\;”的系统变量。注意：变量后的英文半角分号“;”不可缺少，如果不加将会出错；变量值要根据读者安装Python的路径来进行修改。具体操作如图1.9所示。

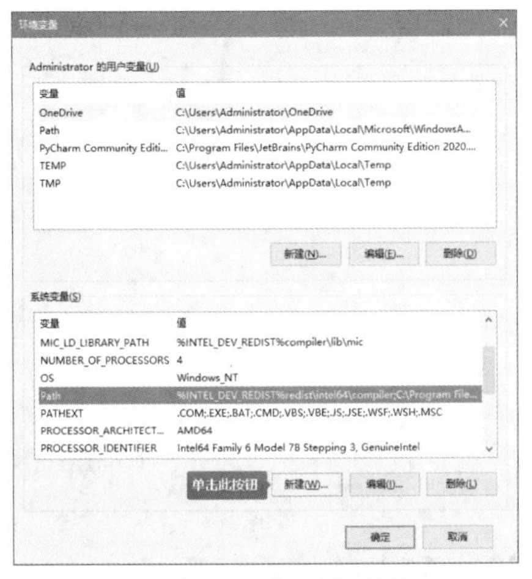

图 1.8 单击“新建”按钮

图 1.9 新建环境变量

（5）单击图1.9中的“确定”按钮后，将返回“环境变量”对话框，此时再单击下方的“确定”按钮，环境变量就添加完成了。此时在控制台中输入“python”并按回车键，即可成功启动Python解释器。如果已经正确配置了环境变量，仍无法启动Python解释器，建议重新安装Python。

1.2.3 Python程序的运行方式

Python程序的运行方式包括交互式和文件式两种。交互式是指Python解释器对Python代码进行逐行接收并即时响应；文件式则是将Python代码保存在文件中，再运用Python解释器批量解释代码。

1．交互式

在控制台中通过交互方式运行Python程序，输入“python”，按回车键，进入Python环境后，在窗口提示符“>>>”右侧输入如下代码。注意：print()函数中的双引号为英文双引号。

```
print("人生苦短，我用Python")
```

输入完成后，按回车键，控制台将立刻打印运行结果。运行结果如下。

```
人生苦短，我用Python
```

2．文件式

创建扩展名为“.py”的文件，并在其中写入Python代码，此处以代码“import this”为例。在文件中写入此代码，并将文件保存为demo.py（可以在记事本中写入Python代码后，再改文件扩展名为“.py”）。鼠标右键单击该文件，单击“属性”按钮，可以获得该文件的路径，如图1.10所示。

在控制台中输入命令“python D:\UserData\Desktop\demo.py”并按回车键，即出现图1.11所示的结果。运行“import this”后显示的内容为Python的设计理念：优雅、明确、简单。

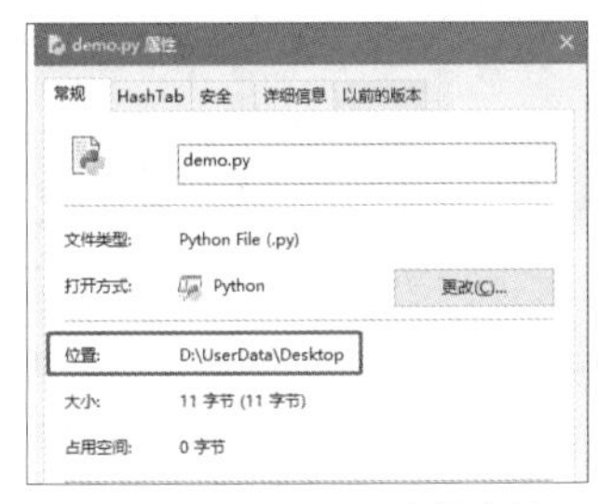

图 1.10 demo.py 文件路径

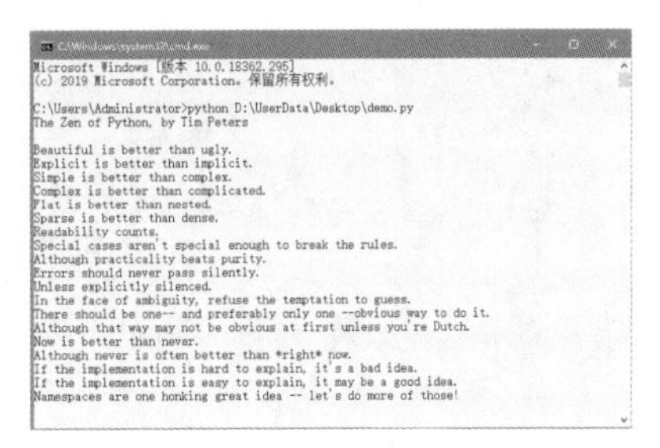

图 1.11 demo.py 文件运行结果

1.3 集成开发环境

在掌握了Python的环境配置方法后，为了能更高效地进行代码开发，最好选择集成开发环境（Integrated Development Environment，IDE）。常用的Python IDE有PyCharm、Spyder、Sublime Text、Eclipse+PyDev等，本书选择的IDE是PyCharm。

1.3.1 PyCharm的下载与安装

PyCharm的下载与安装过程如下。

（1）打开浏览器，在地址栏中输入PyCharm官网的网址，按回车键，进入PyCharm官网，如图1.12所示。

图 1.12　PyCharm 官网

（2）单击图1.12中的“DOWNLOAD”按钮进入下载页面，有Professional和Community两个版本。Professional为收费版本，支持Web开发、远程开发、数据库和结构查询语言（Structure Query Language，SQL）等；Community为免费版本，是轻量级的Python IDE，支持Python开发、调试、错误检查等功能。此处选择“Windows”下的Community版本，单击“Download”按钮即可下载，如图1.13所示。

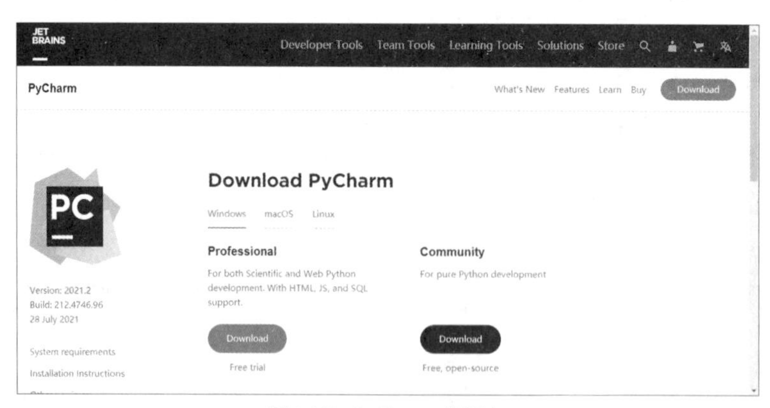

图 1.13　PyCharm 的版本

（3）双击下载后的安装文件“pycharm-community-2021.2.exe”，进入PyCharm安装界面，如图1.14所示。

（4）单击图1.14中的“Next”按钮，进入选择安装路径界面，用户可以在此处选择安装路径。这里使用默认的安装路径，如图1.15所示。

（5）单击图1.15中的“Next”按钮，进入配置安装界面，如图1.16所示。

（6）单击“Next”按钮，进入选择启动菜单界面，如图1.17所示。

（7）单击“Install”按钮即可进行PyCharm的安装，如图1.18所示。

（8）安装完成后的界面如图1.19所示，单击“Finish”按钮即可。

图 1.14　PyCharm 安装界面

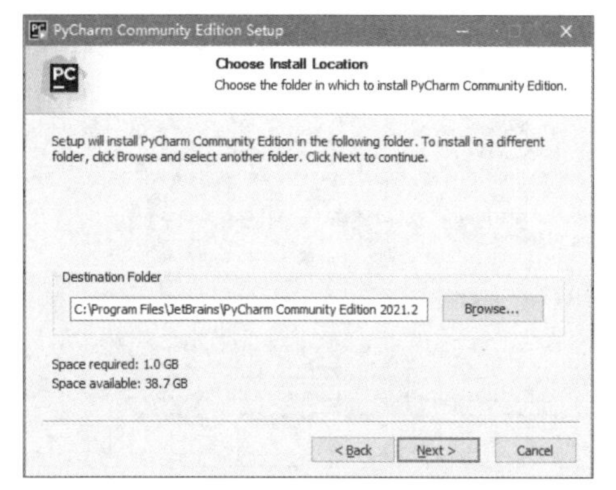

图 1.15　选择安装路径

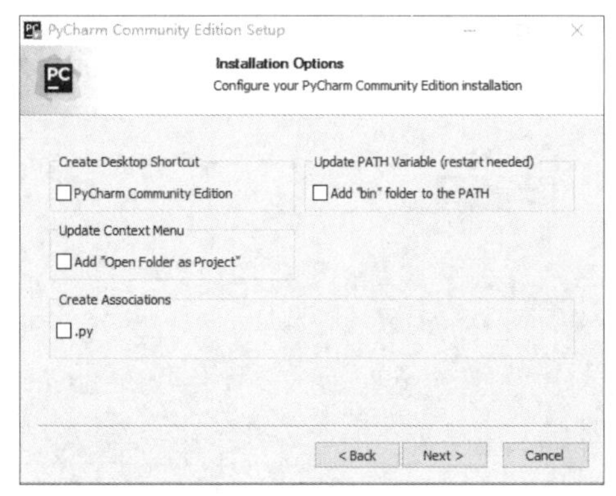

图 1.16　配置安装界面

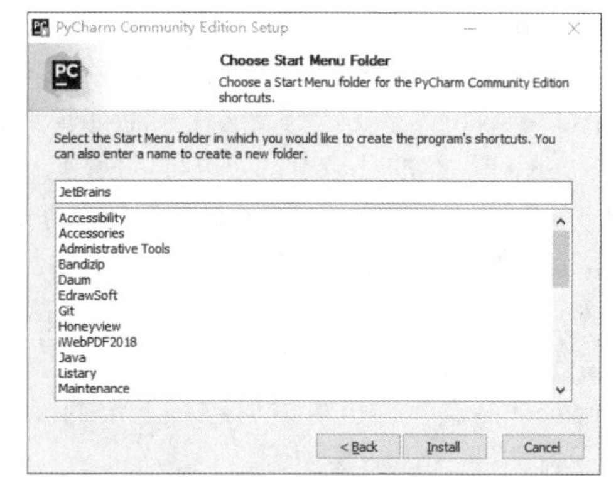

图 1.17　选择启动菜单界面

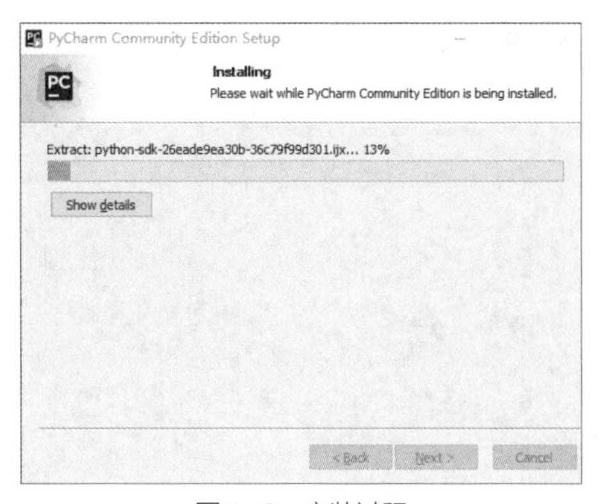

图 1.18　安装过程

图 1.19　安装完成界面

1.3.2　PyCharm的使用

PyCharm的使用方法如下。

（1）完成PyCharm的安装后，找到并双击PyCharm的快捷方式图标，进入用户协议界面，如图1.20所示。

（2）在图1.20中勾选同意用户协议的复选框后，单击“Continue”按钮，出现PyCharm的欢迎界面。欢迎界面中有三个选项，其中“New Project”为创建新项目，“Open”为打开已有项目，“Get from VCS”为从版本系统（如Github、SVN等）获取项目代码，如图1.21所示。

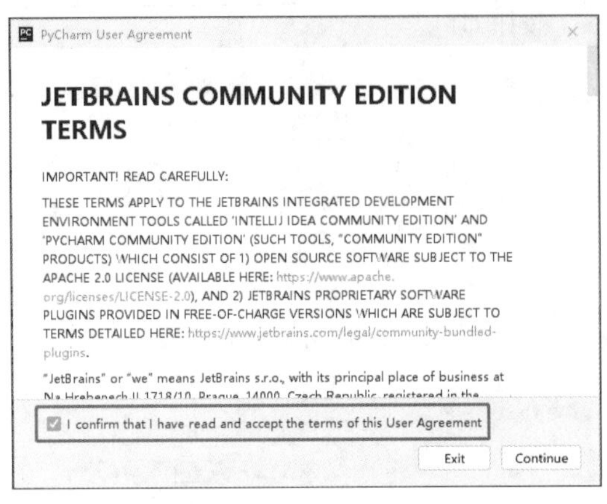

图 1.20　用户协议界面

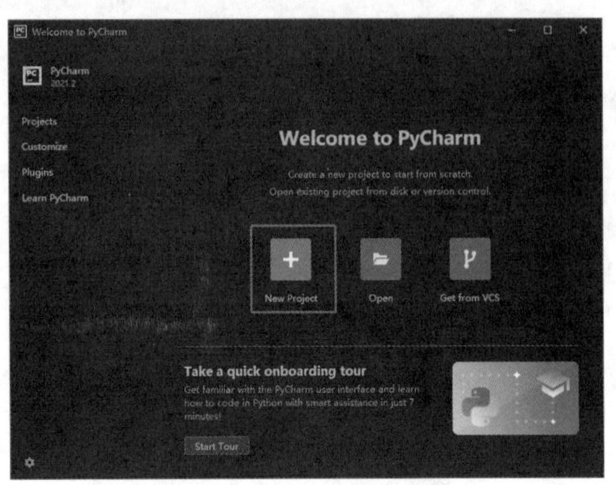

图 1.21　PyCharm 欢迎界面

（3）单击图1.21中的“New Project”选项，创建一个新项目，如图1.22所示。注意：请勾选“Inherit global site-packages”复选框，这样才能使本项目配置的第三方库在后续的其他项目中也可以使用。

（4）单击图1.22中的“Create”按钮，进入项目开发界面，如图1.23所示。

（5）右键单击图1.23中项目内置的main.py文件，在弹出的快捷菜单中选择“Run 'main'”选项，即可直接运行main.py文件；也可以通过右上角的绿色按钮“▶”运行文件，如图1.24所示。

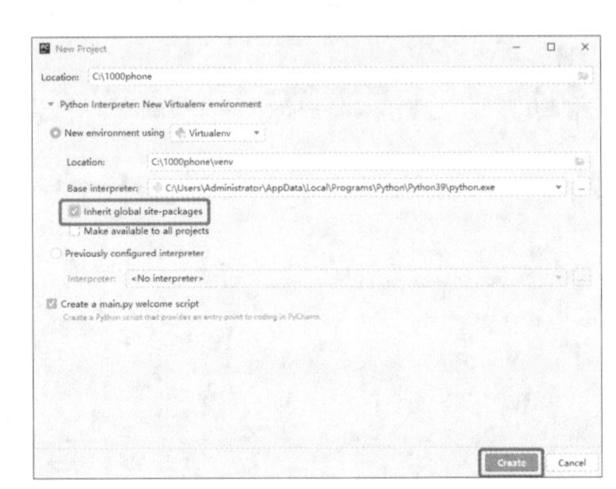

图 1.22　创建新项目

图 1.23　项目开发界面

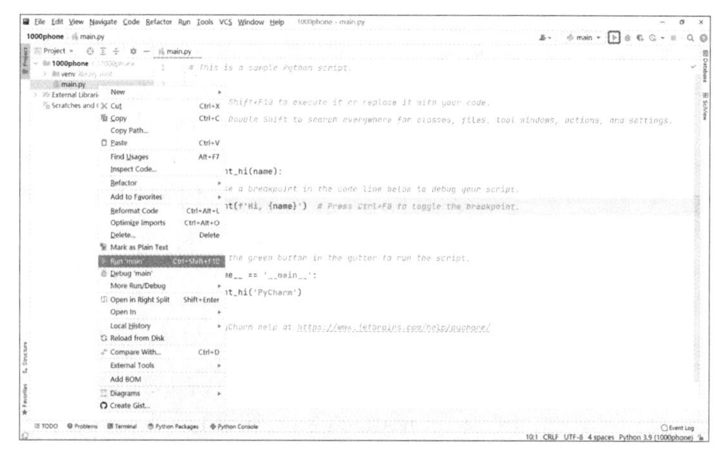

图 1.24 运行项目内置 main.py 文件

（6）单击图1.24中的“Run 'main'”选项后，运行结果如图1.25所示。

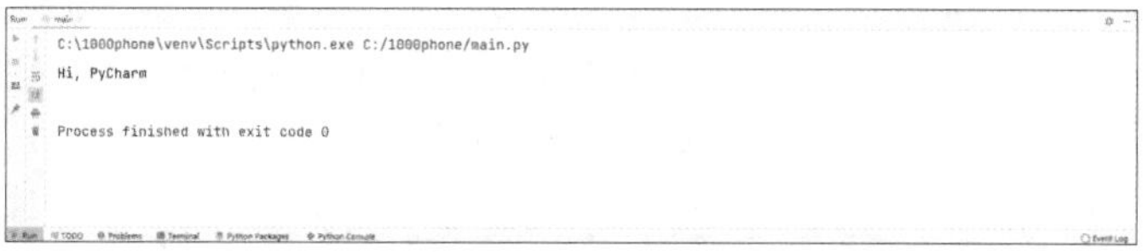

C:\1000phone\venv\Scripts\python.exe C:/1000phone/main.py
Hi, PyCharm
Process finished with exit code 0

图 1.25 main.py 文件运行结果

（7）在PyCharm中也可以新建文件。右键单击项目名称，在弹出的快捷菜单中选择“New”→“Python File”，如图1.26所示。

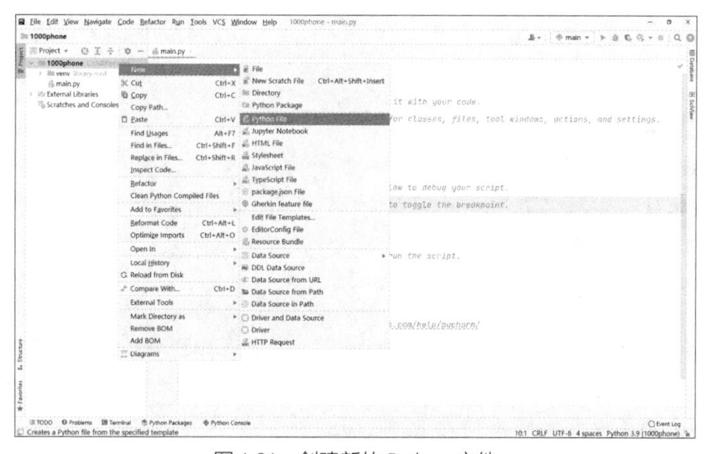

图 1.26 创建新的 Python 文件

（8）填写文件名称，如“test”，按回车键即可新建一个Python文件，如图1.27所示。

New Python file
test
Python file
Python unit test
Python stub

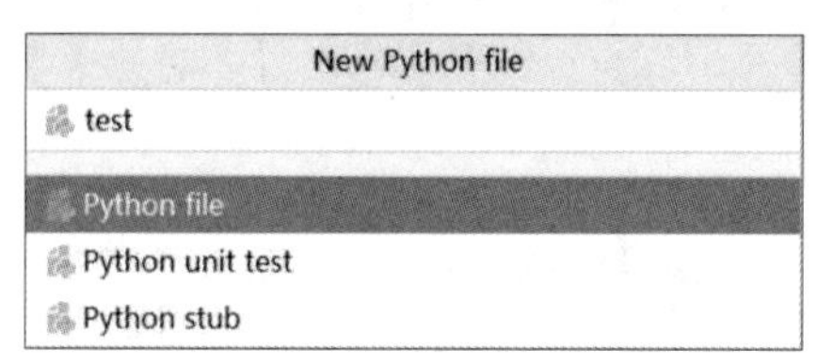

图 1.27 填写新建 Python 文件名称

（9）在新建的test.py文件中输入正确的代码，只要没有错误高亮提示，就可以顺利运行，如图1.28所示。

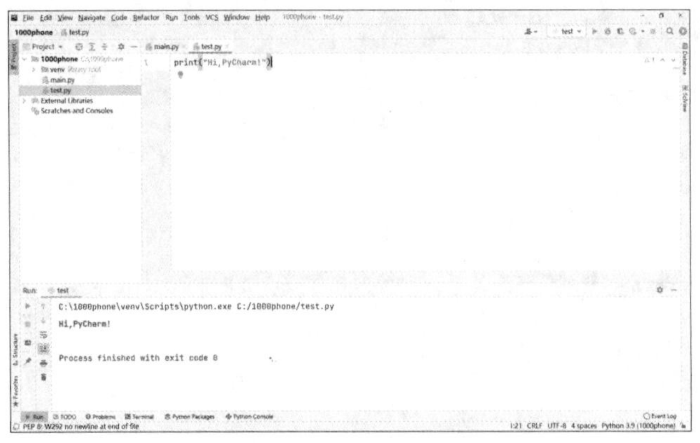

图 1.28　在 test.py 文件中运行代码

本章小结

本章首先对Python进行了简单介绍，包括Python语言的起源与发展、特点及应用领域；其次介绍了如何在Windows系统中下载和安装Python，以及Python程序的运行方式；最后对集成开发环境PyCharm的下载和安装做了详细说明。通过本章的学习，读者可以对Python语言有系统的了解，熟练搭建Python环境，并掌握如何在Python解释器和PyCharm中运行Python程序。

习题 1

1. 填空题

（1）Python是一种面向________的语言。

（2）Python 3.x版本的默认编码是________。

（3）Python程序的默认扩展名是________。

（4）Python程序的运行方式有两种，分别为________、________。

2. 单选题

（1）Python可以在Windows、mac OS平台中运行，这体现出Python的（　　）的特性。

A. 可移植　　B. 可扩展　　C. 简单　　D. 面向对象

（2）下列属于Python集成开发环境的是（　　）。

A. Python　　B. Py　　C. XAMPP　　D. PyCharm

（3）下列不属于Python应用领域的是（　　）。

A. Web开发　　B. 爬虫开发　　C. 科学计算　　D. 操作系统管理

3. 简答题

（1）简述Python的特点。

（2）简单说明如何使用PyCharm运行Python程序。

4. 编程题

使用PyCharm编写程序，输出“你好，PyCharm!”。

第2章 Python基础知识

本章学习目标

- 熟悉Python的代码编写规范
- 掌握Python中变量的定义和使用方法
- 掌握基本的输出与输入方法
- 熟悉Python中模块的导入及使用

建造房子需要知道使用哪些材料以及如何组合它们，同样，要使用Python开发软件，就必须掌握Python的基础知识。本章将会介绍Python的代码编写规范、变量、基本输出与输入以及模块的导入和使用，同时还会带领读者发现程序之美，用turtle模块实现心形的绘制。让我们满怀期待地出发吧！

2.1 Python的代码编写规范

2.1.1 缩进

在编程语言中，代码之间往往存在着一定的逻辑关系和层次关系。C语言和Java语言等用“{}”分隔代码块，而Python用的是缩进和冒号。Python代码的缩进可以使用空格键或Tab键来实现，通常情况下以4个空格或1个制表符作为1个缩进量。Python 3首选用空格键来缩进，这是因为不同系统下的制表符占位并不相同。

例2-1 缩进的使用。

```
1   if True:
2       print("如果为真，输出：")
3       print(True)
4   else:
5       print("否则，输出：")
6       print(False)
```

在例2-1中，第2行和第3行代码从属于第1行代码，第5行和第6行代码从属于第4行代码。Python代码中的缩进不能随意使用，一般用于条件语句（if）、循环语句（while、for）、函数（def）、类（class）等。如果缩进使用不正确，程序将无法正常运行，并提示缩进异常。错误用法如例2-2所示。

例2-2 错误使用缩进。

```
1   if True:
2       print("如果为真，输出：")
3       print(True)
4   else:
```

```
5        print("否则，输出：")
6      print(False)
```

在例2-2的代码中，第6行应当缩进4个空格，但仅缩进了2个空格，缩进错误使得程序异常。运行程序会显示异常的代码位置和异常内容，缩进错误的异常类型表示为IndentationError，如图2.1所示。

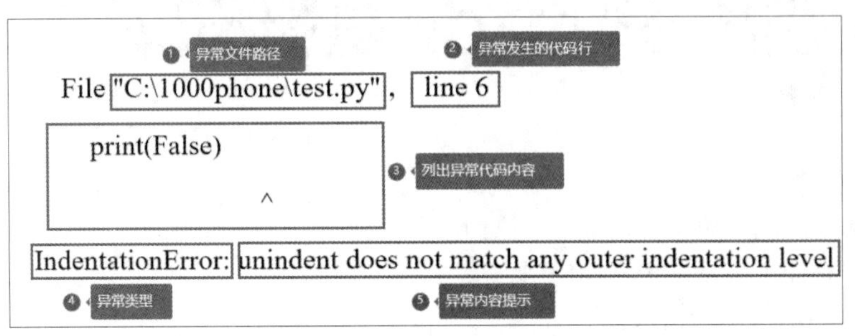

图 2.1　缩进错误的异常提示

2.1.2 注释

注释的作用主要是提高代码的可读性，通常是指在代码中添加的标注性的文字。Python程序中的注释主要包括单行注释和多行注释。注释的内容会被Python解释器忽略，不会在程序的执行结果中体现。

1．单行注释

单行注释以“#”为标识，到该行的末尾结束。具体示例如下。

```
#输出千锋教育
print("千锋教育")
```

单行注释可以单独占一行，也可以放在代码语句的后面。具体示例如下。

```
print("千锋教育")    #输出千锋教育
```

2．多行注释

多行注释以三对半角单引号或三对半角双引号为标识，注释内容在三对引号之间，注释内容可以为任意多行。具体示例如下。

（1）三对半角单引号注释

```
'''
多行注释
输出千锋教育
'''
print("千锋教育")
```

（2）三对半角双引号注释

```
"""
多行注释
输出千锋教育
"""
print("千锋教育")
```

2.2 变量

2.2.1 标识符与关键字

1．标识符

现实世界中每种事物都有自己的名称，从而与其他事物区分开。在Python语言中，同样也需要为程序中各个元素命名，以便区分。这种用来标识变量、函数、类等元素的符号称为标识符。

Python语言规定，标识符由字母、数字和下画线组成，且不允许以数字开头。合法的标识符可以是student_1、addNumber、num等，而3number、2_student等是不合法的标识符。在使用标识符时应注意以下几点。

（1）命名时应遵循见名知意的原则。

（2）系统已用的关键字不得用作标识符。

（3）下画线对解释器有特殊意义，建议避免使用其作为标识符的开头（后续章节说明）。

（4）标识符区分大小写。

（5）汉字在Python中是被允许作为标识符的，但是不建议用汉字作为标识符。

2．关键字

关键字是系统已经定义过的标识符，它在程序中已有了特定的含义，如if、class等，因此不能再使用关键字作为其他标识符。表2.1列出了Python 3.9.6中所有的关键字。

表2.1　Python 3.9.6关键字列表

False	None	True	_peg_parser_	and	as
assert	async	await	break	class	continue
def	del	elif	else	except	finally
for	from	global	if	import	in
is	lambda	nonlocal	not	or	pass
raise	return	try	while	with	yield

Python中的关键字可以通过以下代码进行查看。

```
import keyword
print(keyword.kwlist)
```

2.2.2 变量的定义和使用

变量（variable）是编程中最基本的单元，它可以引用用户需要存储的数据。可以将变量理解为一个标签，找到这个标签就可以使用相应的数据。为变量赋值可以用“=”来实现，具体语法格式如下。

```
变量名 = value
```

例如，创建一个年龄变量，并赋值为18，可以使用以下语句。

```
age = 18
```

变量名是标识符的一部分，因此要遵循标识符的规则，做到见名知意，不使用系统关键字等。常见的变量命名方式有以下2种。

（1）下画线命名法。用下画线分割小写字母段或大写字母段，如my_name、my_age、GlOBAL_NAME等。

（2）驼峰式命名法，包括小驼峰法和大驼峰法。小驼峰法是指第1个单词的首字母小写，其他单词的首字母大写，如myName、myAge、myStudentCount等。大驼峰法又称帕斯卡命名法，是指首字母大写的多个单词，如MyName、MyAge、MyStudentCount等。

在Python程序中，变量的类型可以随时改变，可以使用内置函数type()返回变量类型。例如，给name赋值18，此时name是整型，再给name赋值“张三”，name就会转变为字符串类型。type()函数的返回值中，int指整型，str指字符串类型。

例2-3 使用type()函数返回变量类型。

```
1    name = 18
2    print(type(name))
3    name = "张三"
4    print(type(name))
```

运行结果如下。

```
<class 'int'>
<class 'str'>
```

2.3 基本的输出与输入

2.3.1 什么是函数

Python程序中的函数用于实现具体的功能，输入正确的参数，可以获得相应的返回值。Python程序中的函数可以分为2类：内置函数和自定义函数。内置函数是指Python预先定义的函数，可以直接调用；自定义函数是指用户自行定义的函数，用于实现特定的功能。

Python有很多内置函数，如能够实现基本输出与输入的print()函数、eval()函数和input()函数等。接下来的章节会对常用的内置函数进行详细介绍。在Python程序中自定义函数需要使用关键字def，具体语法格式如下。

```
def 函数名（参数列表）：
    函数体
```

函数名是标识符的一部分，应遵循标识符的规则。在定义一个函数的时候，参数列表中的参数还没有被赋值，只有调用一个函数的时候，才会向函数中传递参数的值。定义函数的具体方法如例2-4所示。

例2-4 定义求和函数。

```
1    def add(a,b):            #定义求和函数，有两个参数
2        print("成功调用add()函数")
3        return a + b         #返回两个数相加后的值
4    sum = add(2,3)           #向函数传参数2、3，经add()函数计算后，将返回值赋给变量sum
5    print("2+3的和为：",sum) #打印sum的值
```

运行结果如下。

```
成功调用add()函数
2+3的和为：5
```

在实际开发中，同一代码段可能会被多次用到，使用函数就可以用一句代码重复调用同一代码段，而不需要重复编码。关于函数的更多内容见第7章。

2.3.2 print()函数

1. 默认输出

在Python程序中，使用print()函数可以将结果输出到控制台。其基本语法格式如下。

```
print(需要输出的内容)
```

print()函数可以打印数字、字符串等，其中打印字符串时需要用引号括起来，也可以打印数值型变量、字符串变量等。

例2-5 print()函数的使用。

```
1   print(18)                          #打印数字
2   print("张三今年18岁")               #打印字符串
3   age = 18
4   print(age)                         #打印数值型变量
5   sentence = "张三今年18岁"
6   print(sentence)                    #打印字符串变量
```

运行结果如下。

```
18
张三今年18岁
18
张三今年18岁
```

2. end参数

print()函数打印内容后会自动换行，这是由于end参数默认为换行符“\n”。如果希望print()函数打印结束时不换行，可以对end参数进行修改，具体情况如下。

（1）不修改end参数

例2-6 不修改end参数。

```
1   print("我的姓名是")
2   print("张三")
```

运行结果如下。

```
我的姓名是
张三
```

（2）将end参数设置为冒号

例2-7 将end参数设置为冒号。

```
1   print("我的姓名是",end = ":")
2   print("张三")
```

运行结果如下。

```
我的姓名是:张三
```

（3）将end参数设置为破折号

例2-8　将end参数设置为破折号。

```
1    print("我的姓名是",end = "——")
2    print("张三")
```

运行结果如下。

```
我的姓名是——张三
```

3．sep参数

默认情况下，print()函数一次性打印多个内容时，会以空格分隔。如果希望改变print()函数打印时的分隔符，可以修改sep参数，具体情况如下。

（1）不修改sep参数

例2-9　不修改sep参数。

```
1    x = "Hello"
2    y = "1000phone"
3    print(x,y)
```

运行结果如下。

```
Hello 1000phone
```

（2）将sep参数设置为逗号

例2-10　将sep参数设置为逗号。

```
1    x = "Hello"
2    y = "1000phone"
3    print(x,y,sep = ",")
```

运行结果如下。

```
Hello,1000phone
```

2.3.3　eval()函数

eval()函数可以解析和执行字符串表达式，并返回表达式的计算结果，其基本语法格式如下。

```
eval(字符串表达式)
```

下面用eval()函数计算一个特定的数的平方，Python程序中计算平方的表达式为x**2。

例2-11　计算一个数的平方。

```
1    #求18的平方
2    x = 18
3    #用eval()函数运算字符串表达式x**2，其中x已赋值为18
4    square_sum = eval("x**2")
5    #eval()函数计算的结果赋值给了变量square_sum，打印该变量
6    print("18的平方为",square_sum,sep = ":")
```

运行结果如下。

```
18的平方为:324
```

2.3.4 input()函数

input()函数可以接收从标准控制台输入的内容，并以字符串的形式返回该内容，其基本语法格式如下。

```
变量 = input("提示信息")
```

其中，变量用于保存输入内容经input()函数处理返回的字符串，双引号内的文字用于提示要输入的内容。注意：无论输入的内容是什么形式，经input()函数处理后都会变为字符串，可以通过已学的type()函数来验证。

例2-12 验证input()函数处理后的数据格式。

```
1    age = input("请输入您的年龄：")
2    print(type(age))
```

运行结果如下。

```
请输入您的年龄：18
<class 'str'>
```

2.4 模块

Python程序中的模块的功能与函数相似，有助于更好地组织代码，提高代码的利用率。模块是一种以“.py”为扩展名的文件，其中可以包含变量、函数等各种代码形式。导入模块后，就可以使用模块中的变量、函数等。Python库着重强调功能性，具有某些功能的模块和包都可被称为库。

2.4.1 模块的导入及使用

导入模块有两种方法，其一是“import 模块名”，其二是“from 模块名 import…”。

1. import 模块名

运用“import模块名”导入模块，使用模块中的变量或者函数时，语法格式如下。

```
模块名.变量
模块名.函数(参数)
```

Python中的内置模块random主要用于生成随机数。random模块中常用的函数如表2.2所示。

表2.2 random模块中常用的函数

函数	说明
random()	返回一个0到1的随机浮点数n（$0 \leqslant n \leqslant 1$）
randint(a,b)	返回一个指定范围内的整数n（$a \leqslant n \leqslant b$）
randrange(start,stop[,step])	获取一个在[start,stop)范围内并以step为步长的随机整数
uniform(a,b)	返回一个指定范围内的随机浮点数n（$a \leqslant n \leqslant b$）
choice(seq)	从序列中获取一个随机元素
shuffle(seq)	将序列中的元素随机排列，并返回打乱后的序列
sample(pop,k)	从指定序列pop中随机选取长度为k的片段，并以列表形式返回

例如，在Python程序中，要使用random()函数，就必须导入random模块，如例2-13所示。

例2-13　使用random()函数。

```
1    import random                    #导入random模块
2    num = random.random()            #使用random模块中的random()函数获取一个随机浮点数
3    print("生成的随机数为：",num)
```

运行结果如下。

```
生成的随机数为：0.8672446220309943
```

可以使用关键字as对模块进行重命名。例如，在导入random模块时，为其起别名r，则将例2-13的代码修改为如下形式。

```
import random as r               #修改random模块的名称为r
num = r.random()                 #调用random模块中的函数时，就要用它的别名r
print("生成的随机数为：",num)
```

2．from模块名 import…

运用“from 模块名 import…”导入模块，可以直接使用模块中的变量、函数等，不用再带上模块名。“from 模块名 import…”导入模块有以下两种语法格式。

```
from 模块名 import *
from 模块名 import 变量，函数
```

其中“from 模块名 import *”导入模块中的全部内容；“from 模块名 import 变量，函数”导入模块中特定的变量和函数，这种导入方式仅能使用导入的变量和函数，不能使用模块中未导入的内容。以random模块中的random()函数和randint(a,b)函数为例，如例2-14所示。

例2-14　random()和randint()函数的使用。

```
1    from random import *             #导入random模块中的所有内容
2    fnum = random()                  #直接调用random()函数，无须加模块名
3    inum = randint(1,10)
4    print("生成浮点数为：",fnum)
5    print("生成1-10的整数：",inum)
```

运行结果如下。

```
生成浮点数为：0.7783834523195864
生成1-10的整数：4
```

使用“from 模块名 import · · ·”方式仅导入random()函数时，具体情况如下。

```
from random import random            #仅导入random()函数
inum = randint(1,10)                 #使用randint()函数
print("生成的整数为：",inum)
```

由于没有导入randint()函数却在程序中使用了此函数，导致程序异常，异常类型为NameError，表示未声明、未初始化对象，异常信息如下。

```
Traceback (most recent call last):
  File "C:\1000phone\test.py", line 2, in <module>
    inum = randint(1,10)             #使用randint()函数
NameError: name 'randint' is not defined
```

2.4.2 模块的分类

Python程序中的模块分为3类：内置模块、第三方模块和自定义模块。内置模块是Python的官方模块，可以直接导入程序；第三方模块是非官方制作发布的模块，用户需安装后才能使用；自定义模块是用户自行编写的模块，对功能性代码块进行复用。

1．内置模块

对于Python的内置模块，如果需要查看其含义及内容，可以通过以下3种方式。

（1）查看官方文档

在下载和安装Python时，其官方文档也被一并下载。可以在Python的安装目录下搜索并打开文件"Python 3.9.6Manuals (64-bit)"，单击"Python Module Index"，即显示Python的内置模块，如图2.2所示。

（2）使用函数help(模块名)

可以使用help()函数查看某个模块的使用说明，具体示例如下。

```
import random
help(random)
```

（3）Ctrl键+鼠标左键

在PyCharm中输入"import 模块名"，按住Ctrl键的同时用鼠标左键单击模块名，即可跳转至模块的内容，如图2.3所示。

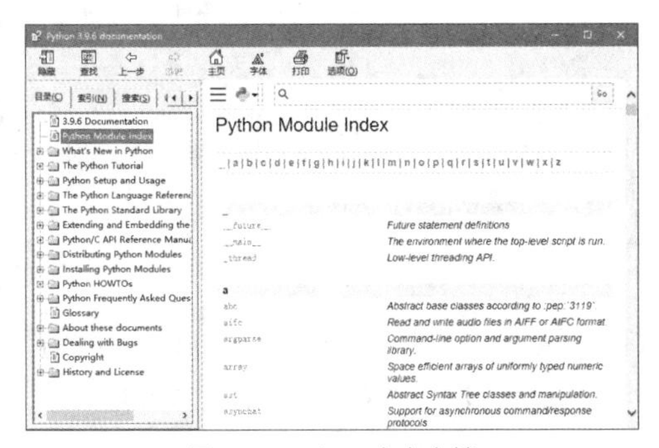

图 2.2 Python 官方文档

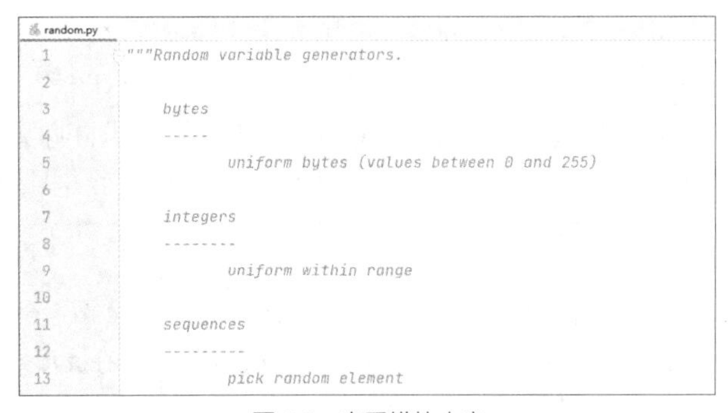

图 2.3 查看模块内容

2．第三方模块

pip工具是Python中常用的模块管理工具，可以通过相关的命令管理第三方模块，其常用命令如表2.3所示。

表2.3 pip工具常用命令

命令	说明
pip list	查看已安装的模块
pip install -U pip	升级pip
pip install 模块名	安装模块
pip uninstall 模块名	卸载模块
pip install -upgrade 模块名	升级模块

使用pip工具安装第三方模块，可以通过控制台或者PyCharm中的Terminal，如图2.4所示。

图 2.4　PyCharm 中的 Terminal

3．自定义模块

用户可以自定义模块并导入其他程序。例如，创建名为study.py的文件，在里面输入以下代码。

```
sentence = "study hard"
print("study.py文件运行结果：",sentence)
```

创建名为import_study.py的文件，将study.py作为模块导入其中。

```
from study import *
print("输出study模块中的sentence变量：",sentence)
```

运行import_study.py文件，结果如下。

```
study.py文件运行结果：study hard
输出study模块中的sentence变量：study hard
```

可以发现，import_study.py文件不仅执行了自身文件的内容，还执行了其导入的模块study.py中的内容。为了避免作为模块的文件中的代码被执行，可以在study.py中添加以下语句。

```
if __name__ == "__main__":
```

study.py作为模块被导入后，此语句下的代码不会被执行。这是由于当其他程序将study.py作为模块导入时，study.py的__name__值是study，仅在study.py文件中，它的__name__值才是__main__。将study.py中的代码修改如下。

```
sentence = "study hard"
if __name__ == "__main__":
    print("study.py文件运行结果：",sentence)
```

此时再执行import_study.py文件，运行结果如下。

```
输出study模块中的sentence变量：study hard
```

2.5　模块1：turtle库的使用

Python的turtle库是一个图形绘制函数库，使用起来生动直观。可以将其想象为一只小海龟从原点(0,0)位置开始，根据函数的指令在坐标系中移动，它移动的路径绘制成了图形。本节将对turtle库中的常用操作进行详细介绍。

2.5.1　画布设置

画布是turtle库的绘图区域，可以使用setup()函数来设置画布的大小和位置。setup()函数的具体参数如下。

```
setup(width, height, startx, starty)
```

其中各参数的具体说明如表2.4所示。

表2.4　setup()函数参数说明

参数	说明
width	画布宽度。如果值是整数，表示像素值；如果值是小数，表示画布宽多分支与屏幕宽度的比例
height	画布高度。如果值是整数，表示像素值；如果值是小数，表示画布高度与屏幕高度的比例
startx	画布左侧与屏幕左侧的像素距离。如果不传值，则画布在屏幕中央
starty	画布右侧与屏幕右侧的像素距离。如果不传值，则画布在屏幕中央

初始时，小海龟位于画布的正中央，即坐标系中的(0,0)位置，它水平向右行进，如图2.5所示。

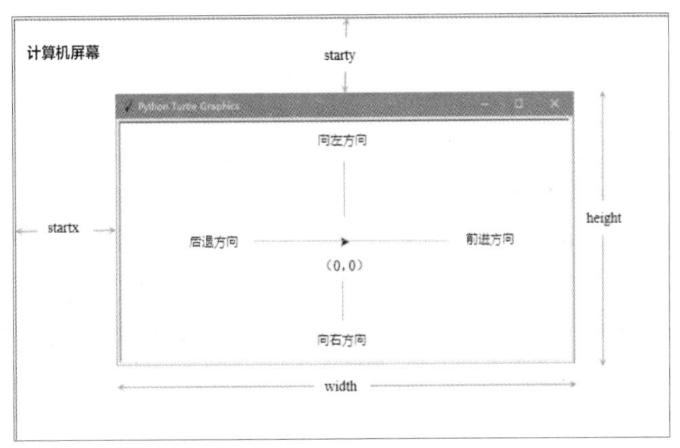

图 2.5　画布初始状态

例如，创建一个宽度为900，高度为500，处于屏幕中央的画布，代码如下。注意：在使用setup()函数之前，需要导入turtle模块。

```
import turtle
turtle.setup(900,500)
```

2.5.2 画笔属性设置

画笔的属性包括画笔的颜色、画笔的宽度和画笔的速度等。其中画笔的颜色由pencolor()函数设置，需要传入颜色字符串，其定义方式如下。

```
pencolor(colorstring)
```

也可以使用(r,g,b)传入颜色对应的RGB值。使用这种方法首先要把RGB值的范围改为[0,255]。此方法的具体定义如下。

```
getscreen().colormode(255)
pencolor((r,g,b))                    #注意参数是元组形式
```

RGB颜色是计算机系统中常用的颜色体系之一，它采用R（红色）、G（绿色）、B（蓝色）三种基本颜色以及它们的叠加组成各种颜色。RGB颜色大多有对应的英文名称，可以作为颜色字符串colorstring传入pencolor()函数，也可以直接通过(r,g,b)的形式传入RGB值。常用的RGB颜色如表2.5所示。

表2.5　　常用的RGB颜色

英文名称	RGB	中文名称
white	255,255,255	白色
yellow	255,255,0	黄色
blue	0,0,255	蓝色
black	0,0,0	黑色
pink	255,192,203	粉色
purple	160,32,240	紫色
gold	255,215,0	金色

例2-15　将画笔设置为粉色。

```
1    import turtle
2    turtle.pencolor("pink")                  #方法1
3    turtle.getscreen().colormode(255)        #方法2
4    turtle.pencolor((255,192,203))
```

画笔的宽度和速度的定义方式如下。

```
pensize(width)                           #画笔的宽度
speed(speed)                             #画笔的速度
```

其中width表示画笔的宽度，如果不传值，则返回当前画笔的宽度；speed是画笔的速度，数字越大速度越快。

2.5.3　画笔移动函数

画笔移动函数用于操控画笔的移动，包括画笔的方向、画笔移动的像素等。常用的画笔移动函数如表2.6所示。

表2.6　　画笔移动函数

函数	说明
penup()	提起画笔，移动画笔不绘制图形
pendown()	落下画笔，移动画笔时绘制图形
forward(distance)	向当前画笔方向移动distance像素长度
backward(distance)	向当前画笔相反方向移动distance像素长度
left(degree)	逆时针移动degree度
right(degree)	顺时针移动degree度
goto(x,y)	将画笔移动到坐标（x,y）的位置上
setheading(to_angle)	设置当前朝向为angle度
circle(radius,extent)	绘制半径为radius像素，角度为extent度的弧形。其中radius为正数时，圆心在画笔的左侧；radius为负数时，圆心在画笔的右侧。不传入参数extent时，画整个圆

需要注意，turtle库的角度坐标体系以正东方向为绝对0度，即小海龟初始爬行方向。角度坐标体系是绝对方向体系，与小海龟爬行的当前方向无关，可以用于改变小海龟前进方向。turtle库的角度坐标体系如图2.6所示。

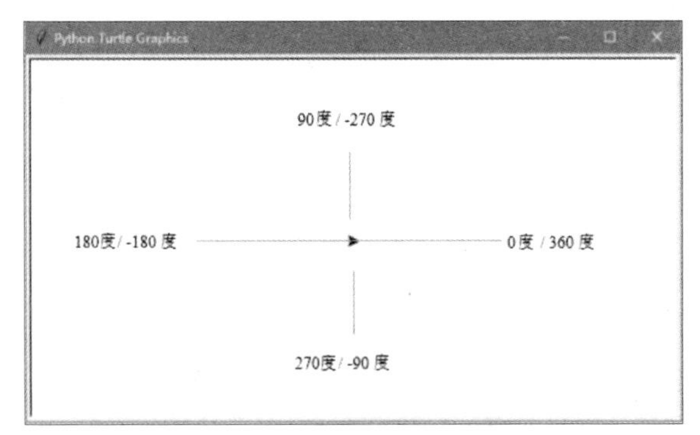

图 2.6 turtle 库的角度坐标体系

下面详细介绍turtle库中画笔移动函数的使用。例如，绘制一个在y轴左侧、半径为50像素的半圆：首先将小海龟的位置调整到(0,50)；然后将其方向调整到正西方向，即180度；最后用circle()函数绘制角度为180度的弧形，即半圆。

例2-16 绘制一个在y轴左侧的半径为50像素的半圆。

```
1    import turtle
2    turtle.setup(500,300)          #设置宽500像素，高300像素的画布，位于屏幕正中央
3    turtle.penup()                 #提起画笔，不绘图，先调整位置
4    turtle.pensize(2)              #设置画笔宽度为2像素
5    turtle.goto(0,50)              #将画笔挪到(0,50)处
6    turtle.setheading(180)         #将画笔方向调到正西方向
7    turtle.pendown()               #准备绘制图形
8    turtle.circle(50,180)          #绘制半径为50像素，角度为180度的弧形
```

调整方向后的画笔绝对方向为180度，其位置如图2.7所示。

绘制完半圆后的画笔的绝对方向为0度，绘制结果如图2.8所示。

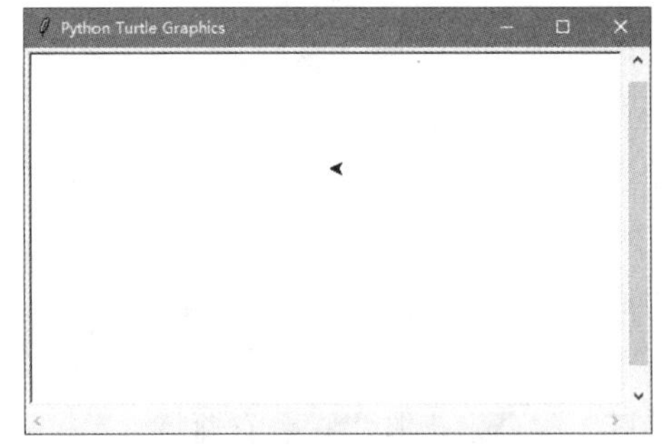

图 2.7 调整方向后的画笔位置

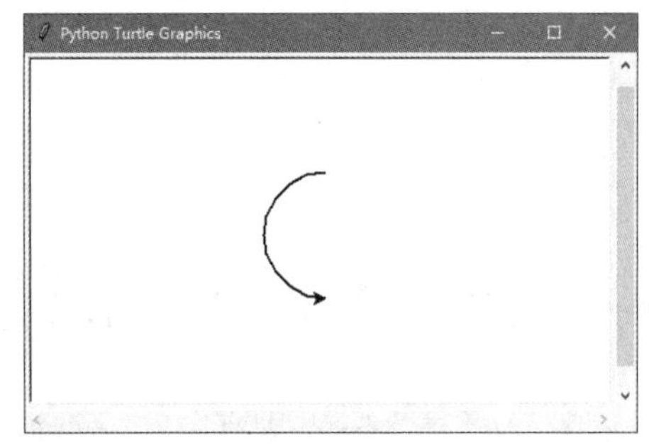

图 2.8 半圆绘制结果

2.5.4 画笔控制函数

画笔控制函数可以实现填充图形、显示画笔和隐藏画笔等功能。常用的画笔控制函数如表2.7所示。

表2.7 常用的画笔控制函数

函数	说明
fillcolor(colorstring)	绘制图形的填充颜色，传入颜色字符串colorstring，也可以传入参数(r,g,b)
color(color1, color2)	同时设置pencolor=color1，fillcolor=color2
begin_fill()	准备开始填充图形

续表

函数	说明
end_fill()	填充完成
showturtle()	显示画笔的turtle形状
hideturtle()	隐藏画笔的turtle形状
exitonclick()	绘制完成后不关闭画布

例2-17 绘制一个圆形，并将其填充为金色，绘制完成后不关闭画布。

```
1   import turtle
2   turtle.setup(500,300)          #设置宽500像素，高300像素的画布，位于屏幕正中央
3   turtle.begin_fill()            #准备开始填充图形
4   turtle.color("gold","gold")    #设置画笔和填充的颜色都是金色
5   turtle.circle(50)              #绘制半径为50像素的圆形
6   turtle.end_fill()              #填充完成
7   turtle.hideturtle()            #隐藏画笔形状
8   turtle.exitonclick()           #绘制完成后不关闭画布
```

绘制结果如图2.9所示。

图 2.9　金色圆形绘制结果

2.6 实战1：Python心形绘制

提及程序，人们常有一些固有印象。然而，了解程序后，你会发现其实它也有独特之美。本节将介绍用Python绘制心形的方法，初探程序之美。

心形是不规则图形，在编写代码之前，需要思考如何绘制。笔者提供了一种心形的结构图，如图2.10所示。

图2.10中的心形由一个正方形和两个半圆构成。正方形的顶点分别坐落于坐标(0,90)、(0,−90)、(90,0)、(−90,0)。正方形的边长为$90\sqrt{2}$，约127.30像素，那么半圆的半径约为63.65像素。具体绘制方法如下。

（1）设置画布，抬起画笔，并将画笔放置到坐标(0,90)处。

（2）画笔初始方向为0度，需要逆时针转动135度。

（3）绘制半径为63.65像素、角度为180度的左侧半圆后，画笔位于(−90,0)，绝对方向为315度。

（4）画笔边绘制边移动至(0,−90)，调整画笔方向为绝对方向45度，边绘制边移动到(90,0)处。

（5）绘制半径为63.65像素，角度为180度的右侧半圆。

下面绘制图2.10中的心形。

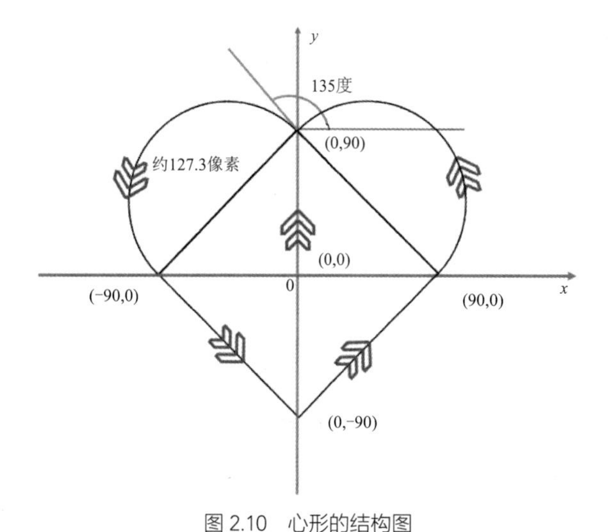

图 2.10 心形的结构图

例2-18 绘制心形。

```
1   import turtle
2   turtle.setup(600,400)          #设置画布大小为宽600像素，高400像素
3   turtle.pensize(2)              #设置画笔宽度为2像素
4   turtle.penup()                 #抬起画笔，不绘制，准备调整画笔位置
5   turtle.goto(0,90)              #将画笔挪至坐标(0,90)处
6   turtle.left(135)               #逆时针转动画笔135度
7   turtle.begin_fill()            #准备开始填充图形
8   turtle.color("pink","pink")    #画笔和填充颜色均设置为粉色
9   turtle.pendown()               #准备绘制图形
10  turtle.circle(63.65,180)       #绘制半径为63.65像素，角度为180度的左侧半圆
11  turtle.goto(0,-90)             #边绘制边移动画笔至(0,-90)
12  turtle.goto(90,0)              #边绘制边移动画笔至(90,0)
13  turtle.setheading(45)          #调整画笔方向为绝对方向45度
14  turtle.circle(63.65,180)       #绘制半径为63.65像素，角度为180度的右侧半圆
15  turtle.end_fill()              #填充图形完成
16  turtle.hideturtle()            #隐藏画笔形状
17  turtle.exitonclick()           #不关闭画布，可以手动关闭画布
```

绘制结果如图2.11所示。

图 2.11 心形绘制结果

本章小结

本章首先介绍了标识符和关键字，以及变量的定义和使用；其次讲解了基本的输入与输出函数，包括print()函数、eval()函数、input()函数；再次讲解了模块的导入、使用和分类；最后介绍了turtle模块，并用其绘制了心形，带领读者发现程序之美。本章的内容较为碎片化，需要读者对其进行记忆和理解，并且养成动手敲代码的好习惯。

习题 2

1．填空题

（1）在Python程序中，单行注释以________开始。

（2）标识符不能以________开头。

（3）导入random模块的两种方式为________、________。

（4）安装第三方工具模块需要用到________工具。

2．单选题

（1）以下变量命名错误的是（　　）。

A. myName　　B. count_number　　C. &fun01　　D. StudyHard

（2）下列选项中，可以用来检测变量数据类型的是（　　）。

A. print()　　B. type()　　C. str()　　D. eval()

（3）将变量num赋值为整数100，以下语法正确的是（　　）。

A. num = "100"　　B. num == 100　　C. num = 100　　D. num != 100

3．简答题

（1）简述Python标识符的命名规则。

（2）Python的模块分为几类？分别是什么含义？

4．编程题

（1）定义两个变量x、y，分别赋值为3、5，用eval()函数计算x的y次方的值（注：x的y次方表示为x**y）。

（2）绘制一个等边三角形，并填充为任意颜色。

（3）将实战1中的心形上移90像素，绘制出上移后的结果。

第3章 基本数据类型

本章学习目标

- 掌握数字类型的使用及运算方法
- 掌握字符串类型的定义方式
- 掌握字符串的常用操作方法
- 熟悉常用的字符串方法

在内存中存储的数据可以有多种类型。Python提供了数字（number）、字符串（string）、列表（list）、元组（tuple）、字典（dictionary）和集合（set）等数据类型，每种数据类型都有其特点及用法。本章主要介绍数字类型和字符串类型等基本数据类型，以及它们的常用操作。

3.1 数字类型

数字类型是指表示数字或者数值的数据类型。在Python语言中，数字类型有整型（int）、浮点型（float）、复数型（complex），对应数学中的整数、小数和复数，此外还有一种特殊的整型，即布尔型（bool）。本节将对这4种数字类型进行详细介绍。

3.1.1 整型

整型存储的数据为整数，按照进制划分可以分为二进制、八进制、十进制和十六进制，默认采用十进制。十进制比较常用，在此不赘述，其他进制详细介绍如下。

（1）二进制整数：只有0和1两个基数，进位规则是“逢二进一”。在Python程序中用二进制表示整数需要在数字前加上0b或0B。

（2）八进制整数：由0~7组成，进位规则是“逢八进一”。在Python程序中用八进制表示整数需要在数字前加上0o或0O。

（3）十六进制整数：由0~9和A~F组成，进位规则是“逢十六进一”。在Python程序中用十六进制表示整数需要在数字前加上0x或0X。

例3-1 用不同进制表示整数18。

```
1    a = 0b10010                    #二进制
2    print("a的结果为:",a)
3    b = 0o22                       #八进制
4    print("b的结果为:",b)
5    c = 18                         #十进制
6    print("c的结果为:",c)
7    d = 0x12                       #十六进制
8    print("d的结果为:",d)
```

运行结果如下。

```
a的结果为: 18
b的结果为: 18
c的结果为: 18
d的结果为: 18
```

3.1.2 浮点型

浮点型存储的数据是实数。在Python程序中，浮点型必须有小数部分，小数部分可以为0。浮点型数据默认有两种书写格式，分别为十进制格式和科学计数格式，具体示例如下。

```
f1 = 3.14                    #十进制格式
f2 = 3.14e-2                 #科学计数格式，等价于0.0314
f3 = 3.14e4                  #科学计数格式，等价于31400.0
```

在科学计数格式中，E或e代表基数是10，其后的数字代表指数，例如，3.14e−2表示3.14×10^{-2}，3.14e4表示3.14×10^{4}。

Python浮点型的取值范围为−1.8e308~1.8e308。超出这个范围，Python会将其视为无穷大（inf）或者无穷小（−inf），具体示例如下。

```
print(5e309)                 #打印结果为inf
print(-5e309)                #打印结果为-inf
```

浮点型最长可输出16个数字，浮点型进行运算后，最长可输出17个数字。然而，计算机系统只能提供15个数字的准确性，最后一位由计算机系统根据二进制计算结果确定，存在一定误差。

例3-2 计算机系统对16位以上浮点型的处理。

```
1  print(3.234567890234567833)  #打印19位数字
2  a = 1.81384525132758718312    #25位数字
3  b = 4.37946128936817912375    #25位数字
4  print("a乘b的结果为: ",a * b)  #计算a乘b的结果
```

运行结果如下。

```
3.234567890234568
a乘b的结果为: 7.943665063093464
```

可以发现，打印19位数字时，输出结果为16位数字，第16位数字与原输入并不相同，两个25位浮点型数据相乘，结果只有16位数字。

数学中有无限不循环小数π，利用math模块中的math.pi可以打印此小数。可以发现，打印出来的π值也仅有16位。

例3-3 打印π值。

```
1  import math
2  print(math.pi)
```

运行结果如下。

```
3.141592653589793
```

3.1.3 复数型

复数由实部和虚部构成，形如3+2j，其中3是实部，2j是虚部，虚部由一个实数与j或J组合而成。

获取复数的实部和虚部可以通过以下方式。

```
a = 3.2 + 1.1j
print(a.real)          #打印复数的实部
print(a.imag)          #打印复数的虚部
```

定义复数除了使用直接赋值的方式，还可以通过内置函数complex(real,imag)传入实部和虚部。如果没有传入虚部，则虚部默认为0j。

例3-4　complex()函数的具体使用。

```
1  a = complex(2,3)        #传入实部2，虚部3
2  print(a)
3  b = complex(5)          #传入实部5，没有传入虚部
4  print(b)
```

运行结果如下。

```
(2+3j)
(5+0j)
```

3.1.4 布尔型

布尔型是一种比较特殊的整型，主要用来表示真或假，它只有True和False两种值，分别对应1和0。布尔型的值也是可以进行计算的，例如，“False+1”的结果是1。但是一般不建议对布尔值进行数值运算。

Python中的任何对象都具有布尔属性，一般元素的布尔值都是True，以下几种情况布尔值是False。

```
None
False(布尔型)
0(整型0)
0.0(浮点型0)
0.0 + 0.0j(复数型0)
""(空字符串)
[](空列表)
()(空元组)
{}{空字典}
```

3.2 数字类型的操作

3.2.1 数字运算符

数字运算符是一些特殊的符号，主要用于数字之间的运算。根据功能可以将数字运算符分为算术运算符、赋值运算符等。

1．算术运算符

Python的算术运算符有“+”“-”“*”“/”“%”“**”和“//”，这些都是双目运算符，用于对两个数据进行相应的运算。以操作数a=5,b=2为例，具体的算术运算符说明如表3.1所示。

表3.1　　算术运算符

运算符	说明	形式	结果
+	加：两个数据相加求和	a + b	7
-	减：两个数据相减求差	a - b	3
*	乘：两个数据相乘求积	a * b	10
/	除：两个数据相除求商	a / b	2.5
%	取余：两个数据相除求余数	a % b	1
**	幂：两个数据进行幂运算，获得a的b次方	a ** b	25
//	取整除：两个数据相除，获得商的整数部分	a // b	2

算术运算符可以用于解决生活中的某些实际问题。例如，张三下课回家，看到商场大甩卖，他想知道商品折扣后的价格，于是用编程解决此问题。

例3-5　求商品折扣后的价格。

```
1  #输入商品的价格和折扣，并转为浮点型
2  price = float(input("商品原来的价格是："))
3  discount = float(input("此商品的折扣为(输入小数)："))
4  #求得商品折扣后的价格，运用算术运算符*
5  current_price = price * discount
6  print("商品现在的价格为：",current_price)
```

运行结果如下。

```
商品原来的价格是：100
此商品的折扣为(输入小数)：0.8
商品现在的价格为：80.0
```

2．赋值运算符

赋值运算符的作用是将基本赋值运算符“=”右边的值赋给左边的变量，也可以进行某些运算后再赋值给左边的变量。具体示例如下。

```
num = 5
square_num = num ** 2          #求num的平方，square_num的值为25
```

若需要为多个变量赋相同的值，可以简写为如下形式。

```
study = eat = "important"
```

此语句等价于以下语句。

```
study = "important"
eat = "important"
```

若需要为多个变量赋不同的值，可以简写为如下形式。

```
a, b, c, d = 13, 3.14, 1 + 2j, True
```

Python的算术运算符可以与“=”组成复合赋值运算符，包括“+=”“-=”“*=”“/=”“%=”“**=”和“//=”。以操作数a=5,b=2为例，具体的复合赋值运算符说明如表3.2所示。

表3.2 复合赋值运算符

运算符	说明	形式	结果
+=	加等于：左值加右值的和赋给左边的变量	a += b等价于a = a + b	7
-=	减等于：左值减右值的差赋给左边的变量	a -= b等价于a = a - b	3
*=	乘等于：左值乘右值的积赋给左边的变量	a *= b等价于a = a * b	10
/=	除等于：左值除以右值的商赋给左边的变量	a /= b等价于a = a / b	2.5
%=	余等于：左值除以右值的余数赋给左边的变量	a %= b等价于a = a % b	1
**=	幂等于：左值的右值次方赋给左边的变量	a **= b等价于a = a ** b	25
//=	取整等于：左值除以右值的商的整数部分赋给左边的变量	a //= b等价于a = a // b	2

注：“结果”这一列仅表示a的值，b值无变化。

3.2.2 数字类型转换

数字类型转换即数字从一种类型转换为另一种类型。Python内置了一系列可以强制转换数字类型的函数，将数字转换为指定类型。数字类型转换函数包括int()、float()、complex()、bool()等，详细说明如表3.3所示。

表3.3 数据类型转换函数

函数	说明
int(x[,base = 10])	将浮点型、布尔型以及符合数字类型规范的字符串转换为整型，其中base代表进制
float(x)	将整型和符合数字类型规范的字符串转换为浮点型
complex(real[,imag])	将实数通过实部和虚部组合为复数型，或将符合数字类型规范的字符串转换为复数型
bool(x)	将任意类型转换为布尔型

数据类型转换函数的使用如例3-6所示。

例3-6 计算任意两个数的和。

```
1  num1 = input("请输入第一个数：")          #输入符合数字类型规范的字符串
2  num2 = input("请输入第二个数：")
3  print(float(num1) + float(num2))          #将符合数字类型规范的字符串转换为浮点型
```

运行结果如下。

```
请输入第一个数：12.2
请输入第二个数：2.3
14.5
```

3.3 实战2：积跬步以至千里

“不积跬步，无以至千里”是大家耳熟能详的句子，出自于荀子的《劝学》，意为不积累一步半步的行程，就无法到达千里之外，常用于论述学习贵在不断地积累。积跬步，何以至千里？如何量化每日的积累带来的影响？本节将详细介绍用代码计算积累的影响。

1．积跬步以至千里，积怠惰以至深渊

按照一年365天进行计算，假设第一天的知识储备为1.0，每日进行学习积累的情况下，知识储备比前一天增加1%，每日不进行学习则会遗忘知识，知识储备比前一天下降1%。进行365天的学习积累后，知识储备会增加为$(1+0.01)^{365}$；365天都放任自己怠惰后，知识储备会减少为$(1-0.01)^{365}$。

幂计算可以用运算符“**”，x**y表示x^y，也可以使用Python提供的pow(x,y)内置函数或者math模块中的pow(x,y)函数进行运算，返回的也是x^y。

例3-7　分别计算365天进行学习积累与放任怠惰后的知识储备。

```
1   import math
2   action = math.pow((1+0.01),365)      #学习积累365天
3   inaction = math.pow((1-0.01),365)    #放任怠惰365天
4   print("学习积累后: "+str(action)+",消极怠惰后: "+str(inaction))
```

运行结果如下。

```
学习积累后: 37.78343433288728,消极怠惰后: 0.025517964452291125
```

可以观察到，每天学习积累1%，365天后知识储备将变为原来的约37.78倍；每天放任怠惰遗忘1%，365天后知识储备将减少到原来的约0.0255。每天都进行学习积累的人，其进步是多么巨大呀！放任怠惰的人，原有的知识也会逐渐遗忘。养成好的习惯，每天持之以恒地抽出时间去做一件事，终究会有所进步、有所成就的。

2．三天打鱼两天晒网的情况

如果没有持之以恒地积累学习，就有可能出现“三天打鱼，两天晒网”的情况。在这种情况下，按照一年365天计算，假设第一天的知识储备为1.0，每五天的前三天进步到$(1+0.01)^3$，后两天退步到$(1-0.01)^2$，365天中共365/5个5天，一年后的知识储备计算如例3-8所示。

例3-8　“三天打鱼，两天晒网”情况下，一年后的知识储备。

```
1   import math
2   action = math.pow((1+0.01),3)      #三天打鱼
3   inaction = math.pow((1-0.01),2)    #两天晒网
4   #五天后知识储备变化为action*inaction，共365/5个五天
5   result = math.pow((action*inaction),(365/5))
6   print("一年后知识储备变为: ",result)
```

运行结果如下。

```
一年后知识储备变为: 2.037601584335477
```

可以看到，365天后，知识储备变为原来的约2.037倍，与坚持不懈地每天积累进步的37.78倍相去甚远。愿读者都能不断地学习积累，最终取得理想的成绩。

3.4 字符串类型及其操作

字符串类型存储的数据是字符串，字符串是一个由字符构成的序列。Python字符串是不可变的，不支持动态修改。本节将对字符串进行简单介绍，包括字符串的定义方式、格式化、索引、切片、拼接、重复和成员归属等。

3.4.1 字符串的定义方式

1．单行字符串

单行字符串由一对单引号或一对双引号包含，具体示例如下。

```
"hello,1000phone"
'hello,1000phone'
```

双引号定义的字符串可以含有单引号，但是不能直接含有双引号。同理，单引号定义的字符串也不能直接含有单引号。这是因为Python解释器会匹配先出现的一对引号，导致后面的内容无法处理。错误做法示例如下。

```
'Let's go'
```

此时代码块会出现错误高亮提示，运行时程序发生异常，异常类型为SyntaxError，表示语法错误，异常信息如下。

```
  File "C:\1000phone\test.py", line 1
    'Let's go'
         ^
SyntaxError: invalid syntax
```

要解决这个问题，可以对字符串中的单引号、双引号等特殊字符进行转义处理，即在特殊字符前面加上转义字符“\”。此时解释器不再将特殊字符视为字符串的语法标志，而是将其与转义字符视为一个整体。具体示例如下。

```
'Let\'s go'
```

此字符串用print()函数打印的结果如下。

```
Let's go
```

常用的转义字符及其含义如表3.4所示。

表3.4　　常用的转义字符及其含义

转义字符	说明	转义字符	说明
\（在行尾时）	续行符	\t	横向制表符
\\	反斜杠符	\b	退格
\'	单引号	\r	回车
\"	双引号	\f	换页
\n	回车换行	\a	响铃

如果需要忽略字符串中的转义字符，则可以在字符串的前面添加r或者R。例如，要打印某个文件的路径“C:\Windows\tracing”，其中“\t”构成了一个转义字符，导致字符串输出格式不符合预期，此时在字符串前加r或R即可忽略转义字符的原有作用。

例3-9　在字符串前使用r或R。

```
1   print('C:\Windows\tracing')          #转义字符起作用
2   print(r'C:\Windows\tracing')         #在字符串前加r
```

运行结果如下。

```
C:\Windows racing
C:\Windows\tracing
```

编程建议：字符串的定义可以选择单引号或双引号，建议在编程中统一使用其中一种。一般情况下，双引号在面对缩写和所有格时更加友好，例如，“Let's”或“I'm”，无须变换引号形式或使用转义字符。如果字符串包含引号，应当优先使用另一种形式的引号来包含字符串，而非使用转义字符。

2．多行字符串

多行字符串由一对三引号包含，可以是三单引号也可以是三双引号。三引号中包含的所有字符都属于字符串内容，包括空格、换行等。三引号中可以包含单引号、双引号，无须转义，所有字符均以原始形态打印出来，所见即所得。

例3-10 打印圣诞树。

```
1    print("""
2    "这是一个圣诞树"
3        *
4       ***
5      *****
6     *******
7        *""")
```

运行结果如下。

```
"这是一个圣诞树"
    *
   ***
  *****
 *******
    *
```

3.4.2 字符串格式化

字符串格式化是指预先制定一个带有空位的模板，然后根据需要对空位进行填充。例如，预先制定一个模板“__年的__学期我学习了__门课程”，然后在下画线的位置填充内容，可以用以下代码实现。

```
print("{}年的{}学期我学习了{}门课程".format(2022,"上",20))
```

输出结果如下。

```
2022年上学期我学习了20门课程
```

从Python 2.6开始，字符串对象提供了format()方法，以下将对此方法进行详细介绍。

1．format()方法的基本用法

format()方法的基本语法格式如下。

```
模板字符串.format(参数列表)
```

模板字符串中有一系列用“{}”表示的空位，format()方法可以将以逗号间隔的参数列表按照对应关系替换到这些空位上。如果“{}”中没有序号，则按照出现的顺序进行替换，如图3.1所示。

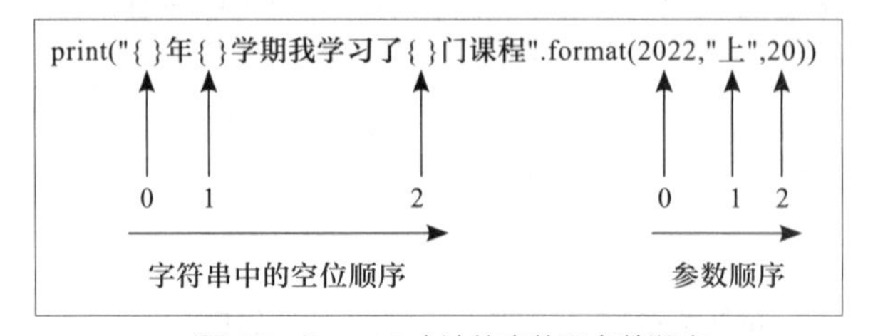

图 3.1 format() 方法的空位和参数顺序

如果“{}”中指定了参数序号，则会按照序号对参数进行替换，参数从0开始编号，如图3.2所示。

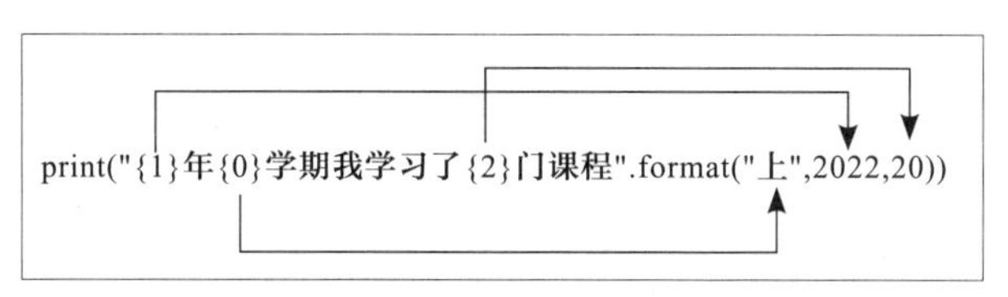

图 3.2 format() 方法中空位与参数的对应关系

2．format()方法的格式处理

format()方法的模板字符串的空位中不仅可以填写参数序号，还可以有其他的格式处理形式，此时空位的样式如下。

```
{参数序号：格式处理内容}
```

格式处理内容要按照以下顺序使用。

（1）填充：填充单个字符，不指定时用空格填充。

（2）对齐："<"为左对齐，">"为右对齐，"^"为居中对齐。

（3）符号："+"表示在正数前加正号，负数前加负号；"-"表示正数不变，负数加负号；空格表示正数加空格，负数加负号。

（4）宽度：指定空位所占宽度。

（5）分隔符：用逗号","分隔数字的千位，适用于整数和浮点数。

（6）精度：用".precision"指定浮点数的精度或字符串输出的最大长度，如".5"。

（7）类型：用于指定类型，如表3.5所示。

表3.5　format()方法的类型格式处理

类型	说明
s	对字符串类型格式化
b	将整数输出为对应的二进制数
c	将整数输出为对应的Unicode字符
d	将整数输出为对应的十进制数
o	将整数输出为对应的八进制数
x或X	将整数输出为对应的小写或大写的十六进制数
e或E	将浮点数输出为e或E的指数形式
f	将浮点数标准输出
%	输出浮点数的百分比形式

format()方法的格式处理具体介绍如下。

（1）填充、对齐与宽度格式处理

例3-11　格式化输出学生信息。

```
1    name = "张三"
2    studentId = "202201"
3    #用-占位，宽度为10，姓名和学号居中
4    print("我叫{0:-^10}，学号为{1:-^10}".format(name,studentId))
```

运行结果如下。

```
我叫----张三----，学号为--202201--
```

（2）分隔符、精度与类型格式处理

例3-12 格式化输出运动时长和消耗卡路里。

```
1    exercise = 300
2    calories = 3120.123638
3    print("卡路里为{0:*>20,}".format(calories))#将calories用逗号分隔，并居右侧
4    #将exercise转换为一位精度的浮点数，并设置calories的精度为两位
5    print("我运动了{0:.1f}分钟，消耗了{1:,.2f}卡路里".format(exercise,calories))
```

运行结果如下。

```
卡路里为*******3,120.123638
我运动了300.0分钟，消耗了3,120.12卡路里
```

3.4.3 神奇的f字符串

Python 3.6提供了一种新的格式化字符串的方法——f-strings，即f字符串。f字符串的格式化处理与format()方法类似，但语法比其简洁。Python 3.6及以后的版本推荐使用f字符串进行字符串的格式化。f字符串用花括号“{}”表示被替换的字段。

例3-13 f字符串的使用。

```
1    name = "张三"
2    studentId = "202201"
3    print(f"我叫{name}，学号为{studentId}")
```

运行结果如下。

```
我叫张三，学号为202201
```

f字符串的格式化处理方式与format()方法相同。

例3-14 格式化输出商品的销售额。

```
1    milk = "牛奶"
2    milk_sales = 100032894.37298
3    f_milk = f"商品{milk:*^10},销售额为{milk_sales:*^20,.2f}"
4    oil = "食用油"
5    oil_sales = 10048293984.4294
6    f_oil = f"商品{oil:*^10},销售额为{oil_sales:*^20,.2f}"
7    print(f_milk)
8    print(f_oil)
```

运行结果如下。

```
商品****牛奶****,销售额为***100,032,894.37***
商品***食用油****,销售额为*10,048,293,984.43**
```

在例3-14的代码中，商品名称以“*”填充至10位；销售额以“*”填充至20位，用逗号进行分隔，并保留两位小数。

3.4.4 字符串的索引与切片

字符串是一个不可变的字符序列，每个字符都有其编号，也称为索引。Python的索引从0开始递增，字符串的第1个字符的索引为0，第2个字符的索引为1，以此类推；索引也可以是负数，字符串的最后1个字符的索引为-1，倒数第2个字符的索引为-2，如图3.3所示。

字符串	s	t	u	d	y		h	a	r	d
正索引	0	1	2	3	4	5	6	7	8	9
负索引	-10	-9	-8	-7	-6	-5	-4	-3	-2	-1

图 3.3 字符串索引

根据索引可以获取字符串中的字符，例如，获取“study hard”中的字符“h”，可以通过以下代码实现。

```
word = "study hard"
word[6]
word[-4]
```

Python提供了len()函数计算字符串的长度，语法格式如下。

```
len(string)
```

其中string为要进行长度计算的字符串。

例3-15 计算字符串“study hard”的长度。

```
1    length = len("study hard")
2    print(length)
```

运行结果如下。

```
10
```

len()函数在计算字符串长度时，不区分字母、汉字、数字、标点和特殊字符等，例如，字符串“学习Python使我快乐！#￥”，用len()函数计算其长度，“学”“P”“!”“#”等各占一位，字符串长度为15。

字符串切片是指从字符串中截取部分字符组成新的字符串，且不会使原字符串产生变化，其语法格式如下。

```
sname[start : end : step]
```

参数说明如表3.6所示。

表3.6 字符串切片参数说明

参数	说明
sname	字符串名称
start	切片开始的位置（包括此位置），不指定时默认为0
end	切片结束的位置（不包括此位置），不指定时默认为序列的长度
step	切片的步长，不传值时默认为1，最后的冒号也可以省略

例3-16 字符串的切片。

```
1    sname = "学习Python使我快乐"                       #共12个字符
2    print("sname[:]: ",sname[:])                      #取到字符串所有字符
3    print("sname[3:8]: ",sname[3:8])                  #默认步长为1
4    print("sname[:8]: ",sname[:8])                    #默认从索引0开始，步长为1
5    print("sname[3:]: ",sname[3:])                    #默认到字符串末尾，步长为1
6    print("sname[3:8:2]: ",sname[3:8:2])              #设置步长为2
7    print("sname[:-4]: ",sname[:-4])                  #索引0到-4，不含-4
8    print("sname[-8:-3:2]: ",sname[-8:-3:2])          #索引-8到-3，不含-3，步长为2
9    print("sname[8:3:-2]: ",sname[8:3:-2])            #索引8到3，不含3，步长为-2
```

运行结果如下。

```
sname[:]: 学习Python使我快乐
```

```
sname[3:8]: ython
sname[:8]: 学习Python
sname[3:]: ython使我快乐
sname[3:8:2]: yhn
sname[:-4]: 学习Python
sname[-8:-3:2]: to使
sname[8:3:-2]: 使ot
```

3.4.5 字符串的拼接与重复

1．字符串拼接

使用“+”可以实现字符串拼接，将多个字符串连接起来并产生一个字符串对象。

例3-17 使用“+”实现字符串拼接。

```
1    name = "张三"
2    action = "吃了早饭"
3    print(name + action)
```

运行结果如下。

```
张三吃了早饭
```

这种机制只能用于字符串类型之间的拼接，否则就会发生异常。

例3-18 字符串类型与整型的拼接。

```
1    str1 = "我今天吃了"
2    num = 3
3    str2 = "碗饭"
4    print(str1 + num + str2)
```

此时程序异常，异常类型为TypeError，表示类型错误，异常信息如下。

```
Traceback (most recent call last):
  File "C:\1000phone\test.py", line 4, in <module>
    print(str1 + num + str2)
TypeError: can only concatenate str (not "int") to str
```

可以用str()函数和repr()函数解决此类问题。str()函数和repr()函数是将对象转换为字符串类型的两种机制：str()函数会将对象转换为合理形式的字符串，以便用户理解；而repr()函数会创建一个字符串，用合法的Python表达式来表示对象，以供Python解释器读取。

例3-19 str()函数及repr()函数的使用。

```
1    action = "Hi,1000phone"
2    print("str()函数处理后: "+str(action))
3    print("repr()函数处理后: "+repr(action))
4    str1 = "我今天吃了"
5    num = 3
6    str2 = "碗饭"
7    print("用str()函数实现字符串拼接: "+str1 + str(num) + str2)
```

运行结果如下。

```
str()函数处理后: Hi,1000phone
repr()函数处理后: 'Hi,1000phone'
用str()函数实现字符串拼接: 我今天吃了3碗饭
```

2. 重复字符串

使用“*”可以将字符串重复多次。

例3-20　使用“*”重复字符串。

```
1    print("study" * 5)
```

运行结果如下。

```
studystudystudystudystudy
```

例3-21　打印一个正方形。

```
1    sname= "*    " * 5 + "\n"       #\n用于换行
2    print(sname * 5)
```

运行结果如下。

```
*    *    *    *    *
*    *    *    *    *
*    *    *    *    *
*    *    *    *    *
*    *    *    *    *
```

3.4.6 字符串的成员归属

字符串的成员归属需要用到成员运算符，成员运算符能够判断指定序列是否包含某个值。Python的成员运算符包括in和not in，详细说明如下。

（1）in：如果在指定序列中找到值，返回True，否则返回False。

（2）not in：如果在指定序列中没有找到值，返回True，否则返回False。

例3-22　查找字符串是否含有某字符。

```
1    sentence = "i want to eat meat"
2    print("e在sentence中：","e" in sentence)
3    print("e不在sentence中：","e" not in sentence)
```

运行结果如下。

```
e在sentence中：True
e不在sentence中：False
```

3.5 常用的字符串方法

3.5.1 字符大小写转换

Python有部分方法可以实现字符串的大小写转换，具体如表3.7所示。以下用sname来表示字符串或字符串变量。

表3.7　字符串大小写转换方法

方法	说明
sname.title()	将字符串中的每个单词首字母大写

续表

方法	说明
sname.upper()	将字符串中所有字母转为大写
sname.lower()	将字符串中所有字母转为小写

表3.7中的方法均返回一个新的字符串，原字符串不变。

例3-23　字符串大小写转换方法的使用。

```
1   sname = "I want to study"
2   print("sname.title():",sname.title())
3   print("sname.upper():",sname.upper())
4   print("sname.lower():",sname.lower())
```

运行结果如下。

```
sname.title(): I Want To Study
sname.upper(): I WANT TO STUDY
sname.lower(): i want to study
```

3.5.2 判断字符内容

Python提供了判断字符串中是否包含某些字符的方法，以下用sname来表示字符串或字符串变量，具体如表3.8所示。

表3.8　　判断字符串内容的方法

方法	说明
sname.isupper()	当字符串中所有字符都是大写时返回True，否则返回False
sname.islower()	当字符串中所有字符都是小写时返回True，否则返回False
sname.isalpha()	当字符串中所有字符都是字母或中文字时返回True，否则返回False
sname.isnumeric()	当字符串中所有字符都是数字时返回True，否则返回False
sname.isspace()	当字符串中所有字符都是空格时返回True，否则返回False

通过表3.8中的方法，可以验证密码是否符合要求。

例3-24　检验密码内容。

```
1   password = input("请输入您的密码（必须包含数字与字母）")
2   print("密码是否全是字母:",password.isalpha())
3   print("密码是否全是数字:",password.isnumeric())
```

运行结果如下。

```
请输入您的密码（必须包含数字与字母）study123
密码是否全是字母: False
密码是否全是数字: False
```

3.5.3 分割和合并字符串

字符串可以用特定字符分割为列表形式，列表以及其他的可迭代对象也可以合并为一个字符串。其中列表是一个可变的容器，以符号“[]”进行定义，内部的元素可以是任意类型，用逗号分隔，例如，list01 = ["我","用","Python"]。列表会在第5章详细介绍。字符串分割和合并方法如表3.9所示。

表3.9 字符串分割和合并方法

方法	说明
sname.split(sep=None,maxsplit=-1)	字符串用sep分割后以列表形式返回
sname.join(iterable)	将可迭代对象iterable用字符sname拼接在一起，返回一个合并后的新字符串

例3-25 字符串分割与合并方法的使用。

```
1  sname = "人-生-苦-短-我-用-Python"
2  list01 = sname.split("-")          #将sname字符串以“-”分割
3  print(list01)
4  join_str = "~".join(list01)        #用“~”将list01列表中的元素连接起来
5  print(join_str)
```

运行结果如下。

```
['人', '生', '苦', '短', '我', '用', 'Python']
人~生~苦~短~我~用~Python
```

3.5.4 检索子串

Python提供了多种方法，用于查找、统计字符串中的特定内容。字符串检索方法如表3.10所示。

表3.10 字符串检索方法

方法	说明
sname.count(sub[,start[,end]])	返回sname[start:end]中sub子串出现的次数，如果字符串中没有sub子串则返回0
sname.find(sub[,start[,end]])	返回sname[start:end]中首次出现sub子串的索引，如果字符串中没有sub子串则返回-1
sname.index(sub[,start[,end]])	返回sname[start:end]中首次出现sub子串的索引，如果字符串中没有sub子串则报错
sname.startswith(prefix[,start[,end]])	检测sname[start:end]是否以prefix子串开头，如果是则返回True，否则返回False
sname.endswith(suffix[,start[,end]])	检测sname[start:end]是否以suffix子串结尾，如果是则返回True，否则返回False

表3.10的方法中start和end都是可选参数：如果不传入start，则从开头开始检索；如果不传入end，则一直检索至末尾。

例3-26 字符串检索方法的使用。

```
1  sname = "count方法的用处是返回sname[start:end]中sub子串出现的次数"
2  print("sname中s出现的次数是：",sname.count("s"))
3  print("sname中count子串的索引是：",sname.find("count"))
4  print("sname中'返回'子串的索引是：",sname.index("返回"))
5  print("sname是以'方法'为开头吗：",sname.startswith("方法"))
6  print("sname是以'次数'为结尾吗：",sname.endswith("次数"))
```

运行结果如下。

```
sname中s出现的次数是： 3
sname中count子串的索引是： 0
sname中'返回'子串的索引是： 11
sname是以'方法'为开头吗： False
sname是以'次数'为结尾吗： True
```

其中index()方法在没有检索到子串时会报错，具体示例如下。

```
sname = "Python"
sname.index("s")
```

此时在单词Python中没有检索到子串s，程序发生异常，异常类型为ValueError，表示传入了无效的参数，异常信息如下。

```
Traceback (most recent call last):
  File "C:\1000phone\test.py", line 2, in <module>
    sname.index("s")
ValueError: substring not found
```

3.5.5 替换子串

文字处理软件一般会有查找并替换的功能。在Python程序中，可以通过replace()方法来实现字符串的替换，其语法格式如下。

```
sname.repalce(old,new[,count])
```

sname为字符串或字符串变量，sname中所有的old子串被替换为new，如果传入参数count，则前count个old子串被替换。例如，在一个字符串中出现了错别字，可以利用replace()方法进行错别字替换，返回新的字符串，原字符串不变。

例3-27 错别字替换。

```
1    sname ="燕子去了，有再来地时候；杨柳枯了，有再青地时候；桃花谢了，有再开地时候。"
2    new_str = sname.replace("地","的")      #错别字替换后新的字符串赋给new_str
3    print("错别字替换后的字符串为：",new_str)
```

运行结果如下。

```
错别字替换后的字符串为：燕子去了，有再来的时候；杨柳枯了，有再青的时候；桃花谢了，有再开的时候。
```

3.5.6 去除空格等字符

字符串中有时候会出现多余的空格或空白行，此时，为了获取字符串中有效的内容，可以对其中的多余字符进行去除，返回新的字符串，原字符串不变。字符串去除多余字符方法如表3.11所示。

表3.11　字符串去除多余字符方法

方法	说明
sname.strip([chars])	在字符串左侧和右侧去除chars中列出的字符
sname.lstrip([chars])	在字符串左侧去除chars中列出的字符
sname.rstrip([chars])	在字符串右侧去除chars中列出的字符

其中，chars为可选参数，用于指定需要去除的字符，可以指定多个。例如，设置chars为“&#”，则会对字符串左侧或右侧的"&"和"#"进行去除。如果不指定此参数，则默认去除空格、制表符\t、回车符\r和换行符\n等。

例3-28 strip()方法的使用。

```
1    sname = "#千锋教育@"
2    new_str = sname.strip("#@")          #去掉多余字符#和@，将新字符串赋给new_str
3    print(new_str,end = "")              #设置end为空，使打印结果不换行
```

运行结果如下。

```
千锋教育
```

3.6 实战3：《红楼梦》词频统计

《红楼梦》是我国的四大名著之一，但是其归属一直有争议，悬而未决。通常认为前80回是曹雪芹所著，后40回为高鹗所写。我们可以分析前80回与后40回是否在遣词造句上存在显著差异，通过虚词（如以、也、为、而、因、且、所、何等）、场景（花卉、树木、饮食等）等内容的频次差异来进行统计判断。本节将探索《红楼梦》中部分虚词的词频统计。

选择《红楼梦》的部分经典片段，统计虚词“为”“以”和“何”出现的频次，并进行格式化输出。

例3-29 统计《红楼梦》片段中虚词出现的频次。

```
1   #黛玉葬花节选
2   verse = """
3   怪奴底事倍伤神？半为怜春半恼春。怜春忽至恼忽去，至又无言去不闻。
4   昨宵庭外悲歌发，知是花魂与鸟魂？花魂鸟魂总难留，鸟自无言花自羞；
5   愿奴胁下生双翼，随花飞到天尽头。天尽头，何处有香丘？
6   未若锦囊收艳骨，一抔净土掩风流；质本洁来还洁去，强于污淖陷渠沟。
7   尔今死去侬收葬，未卜侬身何日丧？侬今葬花人笑痴，他年葬侬知是谁？
8   试看春残花渐落，便是红颜老死时。一朝春尽红颜老，花落人亡两不知！
9   """
10  template = "虚词：{0:-^5}出现了：{1:-^5}次"
11  empty_word1 = "为"
12  result1 = verse.count(empty_word1)
13  empty_word2 = "以"
14  result2 = verse.count(empty_word2)
15  empty_word3 = "何"
16  result3 = verse.count(empty_word3)
17  print(template.format(empty_word1,result1))
18  print(template.format(empty_word2,result2))
19  print(template.format(empty_word3,result3))
```

运行结果如下。

```
虚词：--为--出现了：--1--次
虚词：--以--出现了：--0--次
虚词：--何--出现了：--2--次
```

例3-29首先创建模板，为了格式化输出统计的虚词的频次，每个空位占位为5，利用“^”使内容居中；其次用count()方法计算虚词出现的次数，并赋值给变量result1、result2、result3；最后用format()方法将变量填到预先设定的模板中并打印出来。

在学完第4章的for循环语句以及第5章的列表后，可以使用for循环遍历列表中的内容，将例3-29第10~19行的代码简化如下。

```
for empty_word in ["为","以","何"]:
    result = verse.count(empty_word)
    print(f"虚词：{empty_word:-^5}出现了：{result:-^5}次")
```

本章小结

本章主要介绍数字和字符串两种基本数据类型的定义及常用操作：首先讲述了数字类型的分类、运算以及类型转换，并量化“积跬步以至千里”，将数字运算与实际生活结合，展现出了持之以恒地学习积累的重要性；其次介绍了字符串类型的定义、格式化、常用操作及常用方法，并利用字符串的知识实现了《红楼梦》片段的词频统计。

习题 3

1．填空题

（1）布尔型数据只有________和False两种值。

（2）________运算符可以将两个字符串连接起来。

（3）删除字符串首尾指定字符的函数是________。

（4）转义字符以________开头。

（5）把一个数值转换成字符串需要用________函数。

2．单选题

（1）下列选项中，不属于数字类型的是（　　）。

A．整型　　B．浮点型　　C．复数型　　D．字符串型

（2）下列不属于字符串的是（　　）。

A．qianfeng　　B．'qianfeng'　　C．"qianfeng"　　D．"""qianfeng"""

（3）下列方法中可以返回某个子串在字符串中出现次数的是（　　）。

A．index()　　B．count()　　C．find()　　D．replace()

（4）若sname = "qianfeng"，则print(sname[3:7])输出（　　）。

A．nfen　　B．nfeng　　C．anfen　　D．anfeng

（5）格式化字符串时，指定浮点数类型用（　　）符号。

A．d　　B．f　　C．s　　D．b

3．简答题

（1）用双引号定义字符串时，如果字符串本身就包含双引号，应该如何解决？

（2）简述Python提供的数据类型转换函数（至少4个），并说明它们的作用。

4．编程题

（1）修改实战2中的代码，用f字符串给实战2中的结果保留两位小数。

（2）实现字符串的反转，例如，将“Python”反转为“nohtyP”。提示：利用字符串的切片操作。

（3）输入一个英文人名，并分别以大写、小写和首字母大写的方式显示此人名。

第4章 流程控制语句

本章学习目标

- 了解程序的基本结构以及程序流程图的使用方法
- 掌握if条件语句的用法
- 掌握for和while循环语句的使用方法
- 理解跳转语句break和continue的用法
- 熟悉程序的异常处理语句及方法

流程控制语句

在学习了Python的数字类型后，读者能使用Python解决1*2之类的运算。那么，当计算1*2*3*…*98*99*100时，应该怎么做呢？根据前面所学的知识，可以直接将表达式写入程序并打印出结果，但这种方式太过麻烦。本章将介绍能够解决此类问题的循环语句，也会介绍条件语句以及异常的处理。

4.1 程序表示方法

4.1.1 程序流程图

程序流程图（简称流程图）用于描述程序的基本操作和控制流程，由一系列图形、流向线及文字说明组成。流程图的基本元素有7种，包括起止框、判断框、处理框、输入/输出框、注释框、流向线、连接点，如图4.1所示。

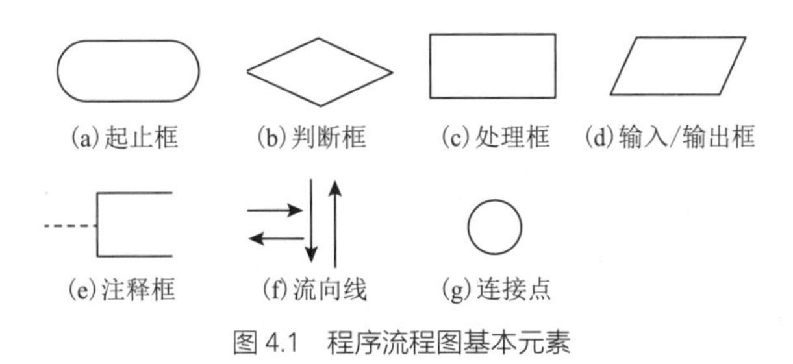

图 4.1 程序流程图基本元素

程序流程图基本元素的含义如表4.1所示。

表4.1 程序流程图基本元素的含义

元素名称	含义
起止框	表示一个程序的开始和结束
判断框	判断一个条件是否成立，并根据判断结果选择不同的执行内容

续表

元素名称	含义
处理框	表示需要处理的内容
输入/输出框	用于表示数据的输入，结果的输出
注释框	解释程序内容
流向线	以箭头线形式指向程序的执行方向
连接点	连接多个流程图，用于较大流程图的分块显示

4.1.2 程序的基本结构

程序设计中的流程控制结构包括顺序结构、分支结构和循环结构。顺序结构是指程序中的语句按照线性顺序依次被执行。前面几章的程序均为顺序结构，其流程图如图4.2所示。

分支结构是程序根据条件语句的结果选择不同的执行内容。分支结构分为单分支结构和二分支结构，二分支结构可以组合成多分支结构。分支结构流程图如图4.3所示。

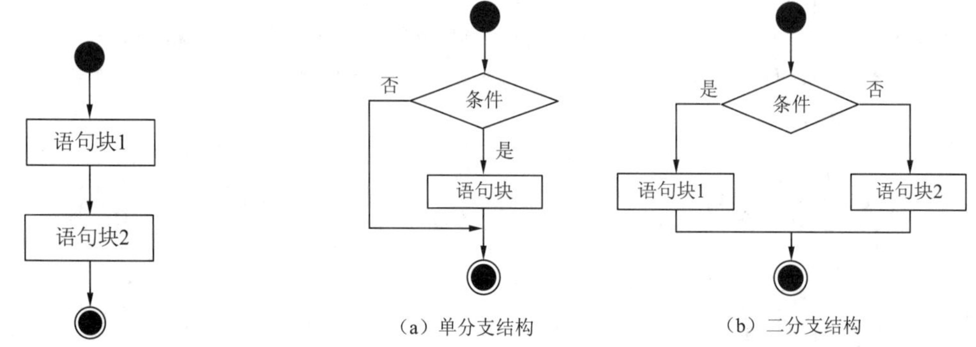

图 4.2 顺序结构流程图

（a）单分支结构 （b）二分支结构

图 4.3 分支结构流程图

循环结构是程序根据一定条件反复执行某个语句块。根据循环语句触发的条件不同，循环结构分为条件循环结构和遍历循环结构。循环结构流程图如图4.4所示。

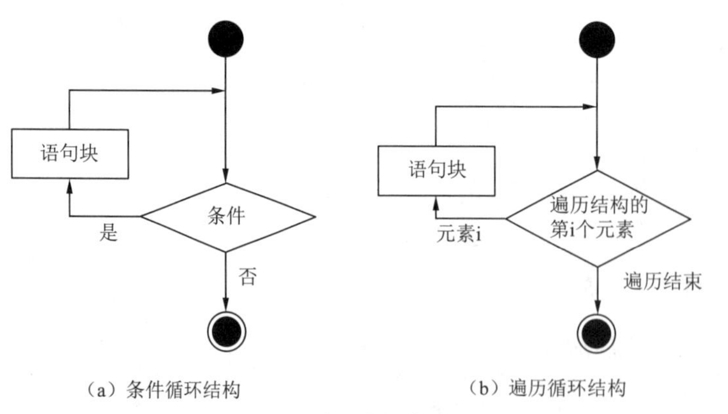

（a）条件循环结构 （b）遍历循环结构

图 4.4 循环结构流程图

用程序解决实际问题时，可以用流程图表示程序设计的思路。例如，计算整数阶乘（即计算从1到整数K的乘积，如1*2*3*…*98*99*100），可以用循环的方式来计算，流程图如图4.5所示。

图 4.5 计算整数阶乘的流程图

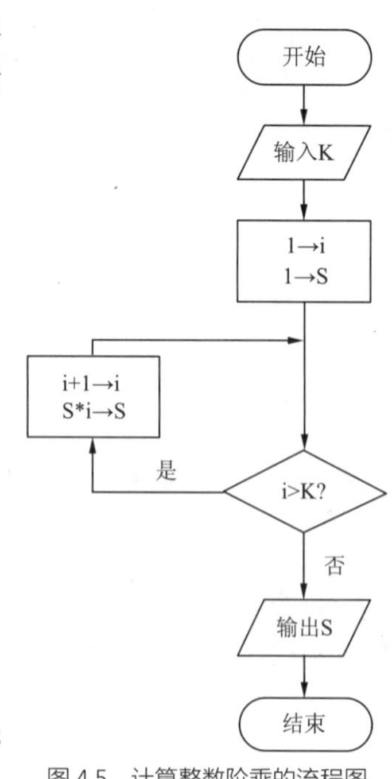

4.2 条件语句

条件语句可以根据一个条件的判断结果执行不同的操作，例如，用户登录某电子邮箱软件，若账号与密码都输入正确，则登录成功，否则登录失败。条件语句可以实现分支结构。Python中的if语句、if…else语句、if…elif…else语句可以分别实现单分支结构、二分支结构和多分支结构，本节将对这些语句进行详细介绍。

4.2.1 比较运算符

比较运算符也称为关系运算符，用来比较两端的操作数，通常用于条件测试，测试结果为True或False。Python的比较运算符包括“==”“!=”“>”“<”“>=”“<=”。以操作数a=5,b=2为例，具体的比较运算符说明如表4.2所示。

表4.2 比较运算符

运算符	说明	形式	结果
==	等于：左值等于右值为True，否则为False	a == b	False
!=	不等于：左值不等于右值为True，否则为False	a != b	True
>	大于：左值大于右值为True，否则为False	a > b	True
<	小于：左值小于右值为True，否则为False	a < b	False
>=	大于等于：左值大于等于右值为True，否则为False	a >= b	True
<=	小于等于：左值小于等于右值为True，否则为False	a <= b	False

4.2.2 逻辑运算符

逻辑运算符用于对多个条件进行逻辑计算，使条件复杂化。Python的逻辑运算符包括“与（and）”“或（or）”“非（not）”3种，具体的逻辑运算符说明如表4.3所示。

表4.3 逻辑运算符

运算符	说明	形式	结果
and	与	a and b	如果a的布尔值为True，返回b，否则返回a
or	或	a or b	如果a的布尔值为True，返回a，否则返回b
not	非	not a	a为False，返回True；a为True，返回False

逻辑运算符进行逻辑运算的结果如表4.4所示。

表4.4 逻辑运算符的运算结果

表达式1	表达式2	表达式1and表达式2	表达式1or表达式2	not表达式1
True	True	True	True	False
True	False	False	True	False
False	False	False	False	True
False	True	False	True	True

可以用逻辑运算符判断账号密码是否正确，例如，系统中仅当账号为“zhangsan”、密码为“123”时账号密码正确。

例4-1 判断账号密码是否正确。

```
1    username = input("请输入您的账号：")
2    password = input("请输入您的密码：")
3    print("账号密码是否正确：",username == "zhangsan" and password == "123")
```

运行结果如下。

```
请输入您的账号：zhangsan
请输入您的密码：123
账号密码是否正确：True
```

4.2.3 if语句

Python程序中的if语句的语法格式如下。

```
if 条件:
    语句块
```

其中条件可以是单独的布尔值、变量，也可以是比较表达式（如a>b）或逻辑表达式（如a>b or c>b）。如果条件的值为True，则执行其后的语句块；如果条件的值为False，就跳过该语句块，继续执行后面的语句。其执行流程如图4.6所示。

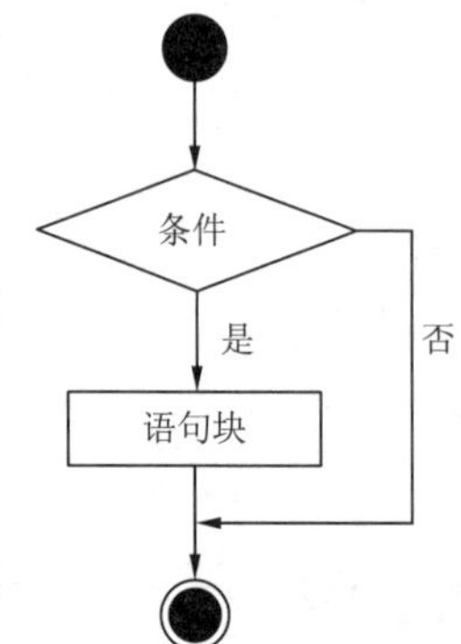

图 4.6 if 语句流程图

身体质量指数（Body Mass Index，BMI）是国际上衡量人体肥胖程度的重要指标。计算BMI需要人体体重和身高两个数值，计算方式如下。

$$BMI = 体重（kg）/身高^2（m^2）$$

接下来，通过BMI的计算演示if语句的用法。

例如，一个人体重55kg、身高1.7m，其BMI为19.03。在国内，BMI如果BMI<18.5，则属于“偏瘦”；18.5≤BMI<24，则属于“正常”；24≤BMI<28，则属于“偏胖”；BMI≥28，则属于“肥胖”。现设计程序计算BMI，并输出BMI对应的身体状况，解题思路如下。

（1）输入体重和身高的值。

（2）计算BMI。

（3）将BMI与各个范围比较，找到对应的身体状况。

（4）打印出身体状况信息。

例4-2 计算BMI，并输出BMI对应的身体状况。

```
1    weight = float(input("请输入您的体重（kg）："))
2    height = float(input("请输入您的身高（m）："))
3    bmi = weight / pow(height,2)
4    print(f"BMI：{bmi:.2f}")
5    if bmi < 18.5:
6        level = "偏瘦，体重太轻了，要增加营养哦"
7    if 18.5 <= bmi < 24:
8        level = "正常，您的身体非常健康，太棒啦"
9    if 24 <= bmi < 28:
10       level = "偏胖，规律作息、合理饮食，会变得健康哦"
11   if bmi >= 28:
12       level = "肥胖，保持健康的身体是爱护自己的表现，要运动起来呀"
13   print("身体状况为：",level)
```

输入体重55kg，身高1.7m，运行结果如下。

```
请输入您的体重(kg)：55
请输入您的身高(m)：1.7
BMI：19.03
身体状况为：正常，您的身体非常健康，太棒啦
```

4.2.4 if…else语句

在使用if语句时，满足条件则执行其后的语句块，如果需要在不满足条件时执行其他语句块，则可以使用if…else语句。if…else语句用于根据条件的值决定执行哪部分代码，其语法格式如下。

```
if 条件:
    语句块1
else:
    语句块2
```

当条件的值为True时，执行语句块1；当条件的值为False时，执行语句块2。if…else语句实现二分支结构，其执行流程如图4.7所示。

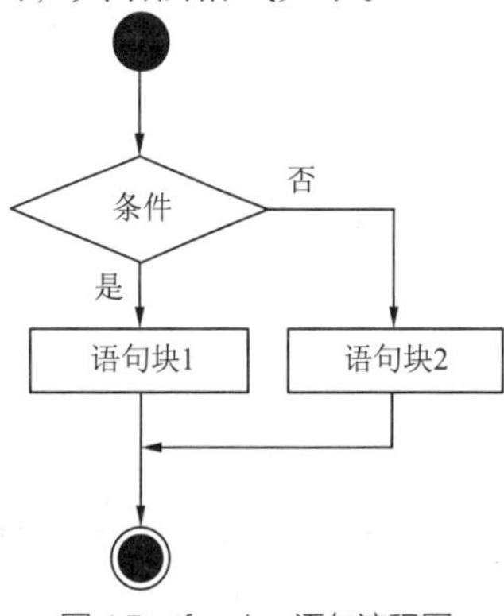

图 4.7 if…else 语句流程图

学校在进行体质测试时，可能只关心学生的BMI是否在正常范围，那么只有是与否两个可能性，可以用if…else语句实现的二分支结构解决。

例4-3 计算BMI，判断是否在正常范围。

```
1   weight = float(input("请输入您的体重(kg)："))
2   height = float(input("请输入您的身高(m)："))
3   bmi = weight / pow(height,2)
4   print(f"BMI：{bmi:.2f}")
5   if 18.5 <= bmi < 24:
6       level = "正常"
7   else:
8       level = "已偏离正常值，正常范围为[18.5,24)"
9   print("身体状况为：",level)
```

输入体重50kg，身高1.7m，运行结果如下。

```
请输入您的体重(kg)：50
请输入您的身高(m)：1.7
BMI：17.30
身体状况为：已偏离正常值，正常范围为[18.5,24)
```

if…else语句也可以写成条件表达式的形式，其语法格式如下。

```
表达式1 if 条件 else 表达式2
```

其中的表达式可以是数字类型或字符串类型的一个值，也可以是变量。例4-3的第5~8行代码可以改写为条件表达式的形式，具体代码如下。

```
level = "正常" if 18.5 <= bmi < 24 else "已偏离正常值，正常范围为[18.5,24)"
```

例4-1的代码也可以改写为条件表达式的形式，如例4-4所示。

例4-4 判断账号密码是否正确。

```
1   username = input("请输入您的账号：")
2   password = input("请输入您的密码：")
3   is_match = "正确" if username == "zhangsan" and password == "123" else "错误"
```

```
4    print("账号密码" + is_match)
```

运行结果如下。

```
请输入您的账号：qianfeng
请输入您的密码：123
账号密码错误
```

4.2.5 if…elif…else语句

Python程序中的if…elif…else语句可以描述多分支结构，其语法格式如下。

```
if 条件1:
    语句块1
elif 条件2:
    语句块2
…
else:
    语句块N
```

当执行该语句时，程序依次判断条件的值：若某个条件为True，则执行对应的语句块，结束后跳出if…elif…else语句，继续执行其后的代码；如果没有任何条件成立，则执行else下的语句块，else语句是可选的。if…elif…else语句执行流程如图4.8所示。

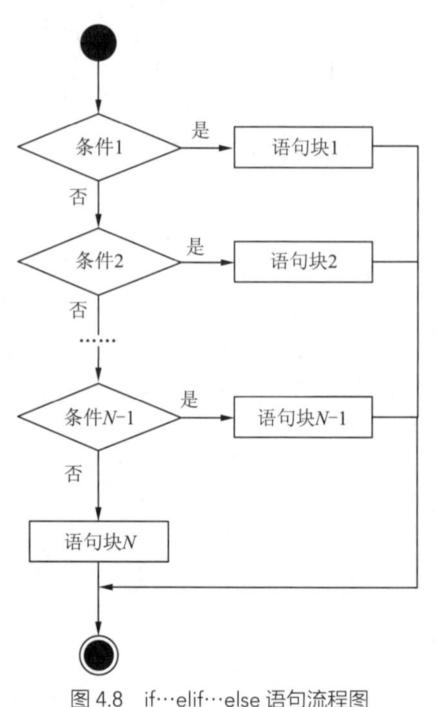

图 4.8　if…elif…else 语句流程图

例4-2的代码可以改写为if…elif…else的形式，事实上，BMI的判断更适合用多分支结构来实现，如例4-5所示。

例4-5　计算BMI，并输出BMI对应的身体状况。

```
1    weight = float(input("请输入您的体重（kg）: "))
2    height = float(input("请输入您的身高（m）: "))
3    bmi = weight / pow(height,2)
4    print(f"BMI: {bmi:.2f}")
5    if bmi < 18.5:
6        level = "偏瘦，体重太轻了，要增加营养哦"
7    elif 18.5 <= bmi < 24:
8        level = "正常，您的身体非常健康，太棒啦"
9    elif 24 <= bmi < 28:
10       level = "偏胖，规律作息、合理饮食，会变得健康哦"
11   else:
12       level = "肥胖，保持健康的身体是爱护自己的表现，要运动起来呀"
13   print("身体状况为：",level)
```

执行完条件对应的语句块后，程序会跳出if…elif…else结构，执行第13行代码。

4.3 实战4：人格发展的8个阶段

人的一生会经历不同的阶段，每个阶段都会面临不同的考验。如果顺利度过这些考验，人就会获得积极的心理品质；如果没有顺利度过这些考验，其心理发展就难以正常进入下一个阶段，有可能会导致人格缺陷。人格发展的8个阶段如表4.5所示。

表4.5 人格发展的8个阶段

阶段	考验	心理品质
婴儿期（0<年龄≤1.5岁）	基本信任与不信任的心理冲突	希望
儿童期（1.5<年龄≤3岁）	自主与害羞和怀疑的冲突	意志力
学龄初期（3<年龄≤6岁）	主动与内疚的冲突	目的
学龄期（6<年龄≤12岁）	勤奋与自卑的冲突	能力
青春期（12<年龄≤18岁）	自我同一性与角色混乱的冲突	忠诚
成年早期（18<年龄≤25岁）	亲密与孤独的冲突	爱情
成年期（25<年龄≤65岁）	繁衍与停滞的冲突	关心
成熟期（65岁以上）	自我整合与绝望期的冲突	睿智

根据年龄判断可能遇到的考验，可以用条件语句实现，具体的解题思路如下。

（1）通过input()函数输入年龄，并转换为数字类型。

（2）将年龄范围作为条件，用if…elif…else语句判断输入的年龄所处的阶段及可能遇到的考验。

（3）用f字符串格式化打印年龄阶段及可能遇到的考验。

例4-6 根据年龄判断可能遇到的考验。

```
1   age = float(input("请输入您的年龄: "))
2   if 0 < age <= 1.5:
3       stage,crisis,character = "婴儿期","基本信任与不信任的心理冲突","希望"
4   elif 1.5 < age <= 3:
5       stage,crisis,character = "儿童期","自主与害羞和怀疑的冲突","意志力"
6   elif 3 < age <= 6:
7       stage,crisis,character = "学龄初期","主动与内疚的冲突","目的"
8   elif 6 < age <= 12:
9       stage,crisis,character = "学龄期","勤奋与自卑的冲突","能力"
10  elif 12 < age <= 18:
11      stage,crisis,character = "青春期","自我同一性与角色混乱的冲突","忠诚"
12  elif 18 < age <= 25:
13      stage,crisis,character = "成年早期","亲密与孤独的冲突","爱情"
14  elif 25 < age <= 65:
15      stage,crisis,character = "成年期","繁衍与停滞的冲突","关心"
16  else:
17      stage,crisis,character = "成熟期","自我整合与绝望期的冲突","睿智"
18  print(f"{age:.1f}岁所处的阶段是{stage}，面临的考验是{crisis}，如果度过考验获得的品质是
{character}")
```

输入年龄“19”，运行结果如下。

```
请输入您的年龄: 19
19.0岁所处的阶段是成年早期，面临的考验是亲密与孤独的冲突，如果度过考验获得的品质是爱情
```

人生的每个阶段都有重要的意义，了解每个阶段可能遇到的考验，有助于更好地在此阶段发展积极的心理品质。希望每位读者都能悦纳自己，更好地认识自我。

4.4 循环语句

循环语句能够使程序重复地执行某些代码。根据循环次数的确定性，循环可以分为非确定次数循环和确定次数循环。非确定次数循环是指不确定循环体可能的执行次数，而是根据条件判断，直

到条件不满足时才结束循环，即while语句实现的条件循环。确定次数循环是指循环体对循环次数有明确的定义，即for语句实现的遍历循环。

4.4.1 while语句

while语句通过一个条件控制是否要继续执行语句块，其语法格式如下。

```
while 条件:
    语句块
```

当条件的值为True时，重复执行语句块中的代码；当条件的值为False时，循环终止，执行后续的代码。可以用while循环来计算本章伊始的整数阶乘。计算从1乘到100，需要初始化一个乘数变量i=1，乘积变量sum=1。首先要明确，循环的条件是i<100；其次，要不断地把i加到100；最后，循环计算sum*i的值，sum的值会不断变化，从1到1*2、1*2*3、1*2*3*4等。

例4-7 计算1*2*3*…*98*99*100（也可以表示为100!）的值。

```
1   i , sum = 1 , 1                       #定义乘数和乘积均为1
2   while i < 100:                        #当i<100时，执行其下的语句块
3       i += 1                            #i不断地增加到100
4       sum *= i                          #即sum=sum*i，sum不断地累乘
5   print("从1乘到100的值为：",sum)        #循环结束后打印sum的值
```

运行结果如下。

```
从1乘100的值为：
9332621544394415268169923885626670049071596826438162146859296389521759999322991560894
146397615651828625369792082722375825118521091686400000000000000000000000000
```

值得注意的是，while循环必须有停止运行的途径，否则就会无限循环下去，示例如下。

```
i = 1
while i < 10:
    print(i)
```

可以看到，i的值一直没有发生变化，会一直小于10，因此循环会一直执行，必须强行终止程序，才能停止循环。在PyCharm中强行终止程序，需要单击右上角的“■”按钮，如图4.9所示。

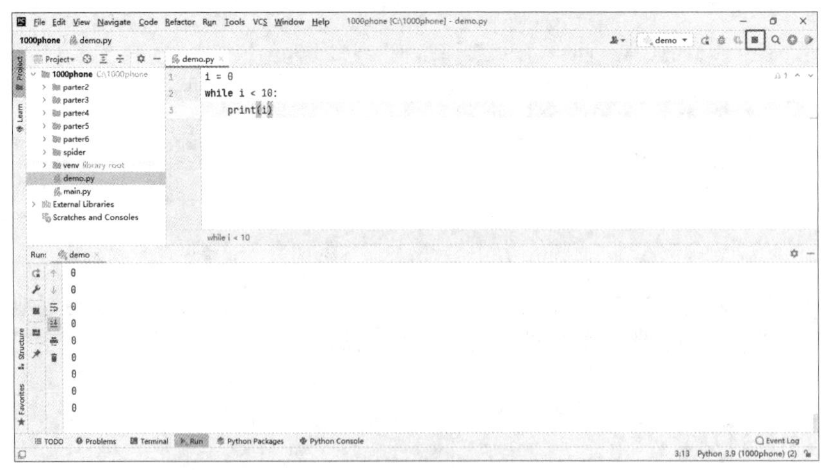

图 4.9　在 PyCharm 中强行终止程序

将上述无限循环代码修改成以下形式。

```
i = 0
while i < 10:
    i = i + 2
    print(i)
```

修改代码后，i可以不断地增大，一定会出现某个时间i的值大于等于10，于是i<10的值会变为False，此时程序就能正常结束运行，避免无限循环。为了避免无限循环的产生，应对while循环进行测试，确保其能正常结束。

4.4.2 for语句

for语句可以实现遍历循环，其语法格式如下。

```
for 循环变量 in 遍历结构:
    语句块
```

for语句的循环执行次数是根据遍历结构的元素个数确定的，每次从遍历结构中取出一个元素放在循环变量中，对于每个循环变量就执行一次语句块。遍历结构可以是range()函数，也可以是字符串、列表、元组等序列，其常见的使用方式如下。

（1）遍历结构是range()函数

```
for i in range(start,end,step):
    语句块
```

其中start是计数的起始值，可以省略，省略则从0开始；end是计数的结束值，不包括end本身，不能省略；step是步长，即两个数之间的间隔，省略则表示步长为1。例如，range(0,5)表示0、1、2、3、4。

（2）遍历结构是序列

```
for item in object:
    语句块
```

其中object是序列。例如，当object是字符串时，item是字符串中的每一个字符；当object是列表时，item是列表中的每一个元素。

例4-7也可以通过for循环实现，具体代码如下。

```
sum = 1                            #定义乘积为1
for i in range(1,101):             #i从1遍历到100
    sum *= i                       #即sum=sum*i，sum不断地累乘
print("1乘100的值为：",sum)         #循环结束后打印sum的值
```

例4-8 for循环遍历字符串“Python”。

```
1   s = "Python"
2   for item in s:
3       print("循环中：",item)
```

运行结果如下。

```
循环中：P
循环中：y
循环中：t
循环中：h
循环中：o
循环中：n
```

4.4.3 循环嵌套

Python允许一个循环体中嵌入另一个循环，即循环嵌套。例如，在for循环中嵌套while循环，具体格式如下。

```
for 循环变量 in 遍历结构:
   语句块
    while 条件:
        while循环语句块
```

for语句开始循环后，每次循环都要执行其缩进中的所有代码，包括while循环，while循环结束后，for循环的一次循环才算结束。for循环中嵌套for循环、while循环中嵌套while循环以及while循环中嵌套for循环与此类似。下面以九九乘法表的打印为例，详细介绍循环嵌套的使用。将九九乘法表打印成如下效果。

```
1×1=1
1×2=2   2×2=4
1×3=3   2×3=6    3×3=9
1×4=4   2×4=8    3×4=12   4×4=16
1×5=5   2×5=10   3×5=15   4×5=20   5×5=25
1×6=6   2×6=12   3×6=18   4×6=24   5×6=30   6×6=36
1×7=7   2×7=14   3×7=21   4×7=28   5×7=35   6×7=42   7×7=49
1×8=8   2×8=16   3×8=24   4×8=32   5×8=40   6×8=48   7×8=56   8×8=64
1×9=9   2×9=18   3×9=27   4×9=36   5×9=45   6×9=54   7×9=63   8×9=72   9×9=81
```

观察要打印的九九乘法表，可以发现每一行的表达式都形如j×i=i*j；从第1行到第9行，i的值从1递增到9；每一行的i值相同，j值从1递增到i。有了以上观察结果，解题思路如下。

（1）外层循环使i从1递增到9。

（2）内层循环表达每行的输出内容，将j从1递增到i，打印表达式并用制表符分隔。

（3）每行打印完成后，进行换行。

例4-9 用两个for循环嵌套打印九九乘法表。

```
1    for i in range(1,10):
2        for j in range(1,i+1):
3            print(f"{j}×{i}={i*j}",end="\t")
4        print()
```

其中，第2~4行代码均为第1行外层for循环的缩进语句，第2～4行代码执行完表示外层for循环的一次循环结束，i的值增加1。第2行和第3行内层循环输出每行的内容，range(1,i+1)表示j从1递增到i，不包括i+1，print()函数中的end=“\t”表示打印内容用制表符分隔。第2行和第3行代码执行完后会执行第4行代码，即每行打印完成后进行换行，print()函数默认打印结束换行。

例4-10 用for循环嵌套while循环打印九九乘法表。

```
1    for i in range(1,10):
2        j = 1
3        while j <= i:
4            print(f"{j}×{i}={i*j}",end="\t")
5            j += 1
6        print()
```

其中，第2~6行代码为第1行外层for循环的缩进语句，第2~6行代码执行完表示for循环的一次循环结束，i的值增加1。第2~6行代码用于每行内容的打印，j首先被置为1，当j<=i时，打印表达式，打印后j增加1；当j增加到i+1时，while循环结束，表示一行打印完成，执行第6行代码换行。

4.4.4 break和continue语句

break语句和continue语句可以辅助控制循环。break语句用于终止当前的循环，一般与if语句搭配使用，表示在某种条件下跳出循环。如果使用嵌套循环，break语句会跳出本层循环，不能跳出外层循环。

例4-11 break语句的使用。

```
1   for s in "Python":
2       for i in range(3):
3           print(s,end="")
4           if s == "t":
5               break
```

运行结果如下。

```
PPPyyythhhooonnn
```

可以观察到，在遍历到字符“t”时，程序跳出了内层循环，“t”没有被打印3次；外层循环仍在继续，打印了“h”“o”“n”各3次。

continue语句用于跳出当前当次循环，不执行循环体中的后续代码，直接进入下次循环。break语句和continue语句的对比如下。

（1）break语句跳出循环

例4-12 break语句跳出循环。

```
1   for s in "Python":
2       if s == "h":
3           break
4       print(s,end="")
```

运行结果如下。

```
Pyt
```

（2）continue语句跳出循环

例4-13 continue语句跳出循环。

```
1   for s in "Python":
2       if s == "h":
3           continue
4       print(s,end="")
```

运行结果如下。

```
Pyton
```

可以看到continue语句和break语句的区别：continue语句仅结束本次循环，进入下次循环，不是结束整个循环；而break语句则用于结束整个循环。

4.4.5 循环中的else子句

for语句和while语句都可以与else语句搭配使用，else下的语句块只在循环正常结束时执行。如果循环因为break语句等中断退出，else下的语句块不会执行。

例4-14 else语句的使用。

```
1    sname = input("请输入字符串：")
2    for s in sname:
3        if s == "h":
4            print("字符串中有字符h，循环被break终止")
5            break
6    else:
7        print("循环正常结束")
```

当输入“Python”时，跳出循环，不执行else下的语句块，运行结果如下。

```
请输入字符串：Python
字符串中有字符h，循环被break终止
```

当输入“qianfeng”时，没有跳出循环，执行else下的语句块，运行结果如下。

```
请输入字符串：qianfeng
循环正常结束
```

4.5 实战5：寻找水仙花数和回文数

水仙花数也被称为超完全数字不变数、自恋数、自幂数、阿姆斯特朗数，它是一个3位数，范围是100~999。水仙花数的特征是每位上的数字的立方之和正好等于它本身，例如，$1^3+5^3+3^3=153$。那如何用程序来寻找所有的水仙花数呢？可以通过以下思路求解。

（1）通过循环取出100～999的所有数。

（2）计算每个三位数的百位数、十位数和个位数的值。

（3）判断每个三位数的百、十、个位数的三次方之和是否与其本身相等。

求三位数的百、十、个位数的值分别是多少，以三位数153为例，如图4.10所示。

例4-15 寻找水仙花数。

```
1    for number in range(100,1000):
2        high = number // 100
3        mid = number // 10 % 10
4        low = number % 10
5        if number == high**3 + mid**3 + low**3:
6            print(number,end="\t\t")
```

运行结果如下。

```
153             370             371             407
```

可见，100～999有4个水仙花数，分别为153、370、371和407。

除了水仙花数，还有一种比较有趣的数为回文数，即从左到右读和从右到左读都是一样的整数，如12321、565等。随机输入一个数，怎么判断它是不是回文数呢？需要将整数反转，然后判断是否与原数相等。获取一个随机数各位上的数字，以12321为例，如图4.11所示。

从图4.11中可以看出，可以通过循环获取每个位置上的数字。第一次循环，对10取余可以获得个位上的数字，对10取整除后进入下一次循环；第二次循环，用第一次循环的结果对10取余即可获得十位上的数字，再对10取整除后再次进行下一次循环；以此类推，直到取整除的结果为0，循环结束。

1 ——→ 153//100

5 ——→ 153//10%10

3 ——→ 153%10

图 4.10 求 153 的百、十、个位数的值

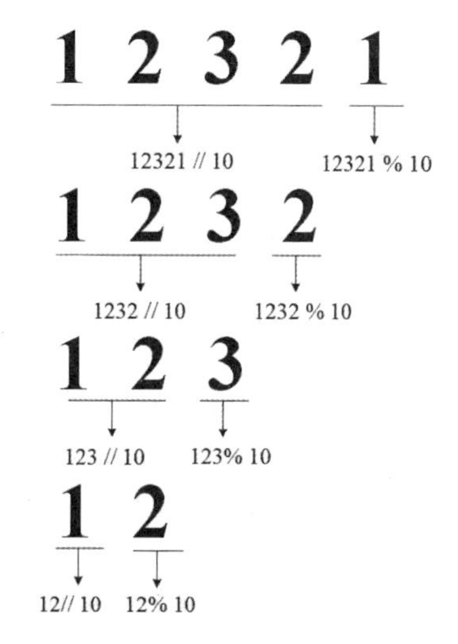

图 4.11 获取 12321 各位上的数字

获取一个随机数反转后的数值，以12321为例，循环步骤如图4.12所示。

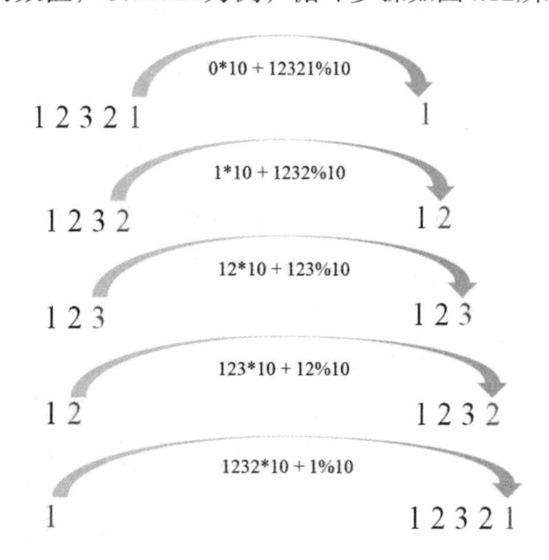

图 4.12 获取 12321 反转后的数值

例4-16 寻找回文数。

```
1   number = int(input("请输入一个数字："))
2   orgin_number = number
3   reversed_number = 0
4   while number > 0:
5       reversed_number = reversed_number * 10 + number % 10
6       number //= 10
7   if orgin_number == reversed_number:
8       print(f"{orgin_number}是回文数")
9   else:
10      print(f"{orgin_number}不是回文数")
```

输入数字12321，运行结果如下。

```
请输入一个数字：12321
12321是回文数
```

输入数字12345，运行结果如下。

```
请输入一个数字：12345
12345不是回文数
```

在例4-16的代码中，orgin_number用于保留输入的数，reversed_number表示反转后的数，第4~6行将输入的数通过循环进行反转。

前面介绍过字符串的切片，通过切片方法判断回文数更为简单，如例4-17所示。

例4-17 利用字符串切片判断回文数。

```
1   number = input("请输入一个数字：")
2   reversed_number = number[::-1]
3   if number == reversed_number:
4       print(f"{number}是回文数")
5   else:
6       print(f"{number}不是回文数")
```

通过[::-1]对输入的字符串进行切片反转，然后判断反转后的字符与原输入字符是否一致即可。

4.6 异常处理

4.6.1 异常概述

在程序中，当Python检测到一个错误时，解释器就会指出当前流程已无法继续执行下去，此时就出现了异常。前面已经出现过缩进错误导致的缩进错误IndentationError、字符串类型与数字类型拼接导致的类型错误TypeError，以及字符串index()方法检索不到子串导致的传值错误ValueError等。Python程序中常见的异常类型如表4.6所示。

表4.6 Python程序中常见的异常类型

异常类型	说明
IndentationError	缩进错误
NameError	未声明、未初始化对象
ImportError	导入模块/对象失败
ZeroDivisionError	除数为0引发的错误
SyntaxError	语法错误
TypeError	类型不合适引发的错误
ValueError	传入无效的参数
IndexError	索引超出序列范围
KeyError	请求一个不存在的字典关键字引发的错误
EOFError	读取超过文件结尾
AttributeError	访问未知的对象属性引发的错误
MemoryError	内存溢出错误

除法运算中，当除数为0时，会发生异常ZeroDivisionError，如例4-18所示。

例4-18 除法运算。

```
1    number1 = float(input("请输入被除数"))
2    number2 = float(input("请输入除数"))
3    result = number1 / number2
4    print(f"计算结果为{result:.2f}")
```

输入被除数5，除数0，运行结果如下。

```
请输入被除数5
请输入除数0
Traceback (most recent call last):
  File "C:\1000phone\parter4\division.py", line 3, in <module>
    result = number1 / number2
ZeroDivisionError: float division by zero
```

程序发生异常，异常类型为ZeroDivisionError。

4.6.2 try…except语句

为了防止程序运行遇到异常而意外终止，可以通过try…except语句实现异常处理。其语法格式如下。

```
try:
    语句块1
except 异常类型:
    语句块2
```

其中语句块1是可能出现异常的语句，语句块2是处理异常的语句。当语句块1出现异常时，执行语句块2。为例4-18中的除法运算增加异常处理，如例4-19所示。

例4-19 为除法运算增加异常处理。

```
1    try:
2        number1 = float(input("请输入被除数"))
3        number2 = float(input("请输入除数"))
4        result = number1 / number2
5        print(f"计算结果为{result:.2f}")
6    except ZeroDivisionError:
7        print("除数不能为0")
```

输入被除数5、除数2时，程序正常运行，不会执行except下的代码，运行结果如下。

```
请输入被除数5
请输入除数2
计算结果为2.50
```

输入被除数5、除数0时，程序发生异常，try…except对异常进行处理，执行except下的代码，运行结果如下。

```
请输入被除数5
请输入除数0
除数不能为0
```

利用as关键字，还可以输出异常信息。可以将例4-19的第6行和第7行修改为如下形式。

```
except ZeroDivisionError as e:
    print("除数不能为0")
```

```
    print("异常信息：",e)
```

将异常信息用as命名为e，并打印e的内容即可。再输入被除数5、除数0时，可以打印出异常信息，运行结果如下。

```
请输入被除数5
请输入除数0
除数不能为0
异常信息：float division by zero
```

在例4-19的代码中，float()函数只能将符合数字类型规范的字符串转换为浮点型，如果输入字母组成的字符串，数据类型将无法转换，程序抛出ValueError异常。此时，except ZeroDivisionError并不能处理ValueError异常。为了保证程序正常运行，需要处理多种异常。try…except支持多个except语句，其语法格式如下。

```
try:
    语句块1
except 异常类型1:
    语句块2
except 异常类型2:
    语句块3
…
```

除法运算中可以通过多个except语句分别处理ZeroDivisionError、ValueError异常，如例4-20所示。

例4-20　为除法运算增加多种异常处理。

```
1   try:
2       number1 = float(input("请输入被除数"))
3       number2 = float(input("请输入除数"))
4       result = number1 / number2
5       print(f"计算结果为{result:.2f}")
6   except ZeroDivisionError:
7       print("除数不能为0")
8   except ValueError:
9       print("输入内容必须为数值")
```

将被除数输入为字符串“qianfeng”，会执行except ValueError下的语句块，运行结果如下。

```
请输入被除数qianfeng
输入内容必须为数值
```

4.6.3 try…except…else语句

try…except…else语句用于处理未捕捉到异常的情形，else后的语句块可以看作在try语句块正常执行后的一种追加处理，其语法格式如下。

```
try:
    语句块1
except 异常类型:
    语句块2
else:
    语句块3
```

如果语句块1出现异常，则执行语句块2，否则执行语句块3。通过语句块3，可以设置在除法运算正常计算时才输出运行结果，如例4-21所示。

例4-21 设置在除法运算正常计算时才输出运行结果。

```
1   try:
2       number1 = float(input("请输入被除数"))
3       number2 = float(input("请输入除数"))
4       result = number1 / number2
5   except ZeroDivisionError:
6       print("除数不能为0")
7   except ValueError:
8       print("输入内容必须为数值")
9   else:
10      print(f"计算结果为{result:.2f}")
```

当输入被除数5、除数0时，执行except ZeroDivisionError下的语句块，运行结果如下。

```
请输入被除数5
请输入除数0
除数不能为0
```

当输入被除数5、除数2时，程序正常运行，先执行try下的语句块，再执行else下的语句块，运行结果如下。

```
请输入被除数5
请输入除数2
计算结果为2.50
```

4.6.4 try…except…finally语句

在try…except…finally语句中，无论try下的语句块1中的代码是否异常，finally下的语句块3都会执行。其语法格式如下。

```
try:
    语句块1
except 异常类型:
    语句块2
finally:
    语句块3
```

例4-22 try…except…finally的用法。

```
1   try:
2       float(input("请输入一个数字"))
3   except ValueError:
4       print("输入内容必须为数值")
5   finally:
6       print("程序结束")
```

当输入字符串“qianfeng”时，except ValueError和finally下的语句块均会执行，运行结果如下。

```
请输入一个数字qianfeng
输入内容必须为数值
程序结束
```

当输入一个正确的数字5时，也会执行finally下的语句块，运行结果如下。

```
请输入一个数字5
程序结束
```

try…except语句可以和else、finally一起使用，语法格式如下。

```
try:
    语句块1
except 异常类型1:
    语句块2
except 异常类型2:
    语句块3
else:
    语句块4
finally:
    语句块5
```

例4-23 改写除法运算异常处理，同时使用else和finally。

```
1   try:
2       number1 = float(input("请输入被除数"))
3       number2 = float(input("请输入除数"))
4       result = number1 / number2
5   except ZeroDivisionError:
6       print("除数不能为0")
7   except ValueError:
8       print("输入内容必须为数值")
9   else:
10      print(f"计算结果为{result:.2f}")
11  finally:
12      print("程序结束")
```

此时输入被除数5，除数2，try下的语句块正常执行时，else和finally下的语句块都会被执行，运行结果如下。

```
请输入被除数5
请输入除数2
计算结果为2.50
程序结束
```

本章小结

本章主要介绍了程序的基本结构，包括分支结构和循环结构。Python的分支结构通过条件语句实现，本章主要讲解了if语句、if…else语句、if…elif…else语句，并通过实战“人格发展的8个阶段”对条件语句进行实操。Python的循环结构通过循环语句实现，本章主要介绍了for语句、while语句，并讲解了跳出循环的break语句、跳出本次循环直接进入下次循环的continue语句等，通过“寻找水仙花数和回文数”等趣味数学的方式，加深读者对循环结构的印象。除此之外，本章还讲解了异常处理方法，用于程序因异常意外终止的情况。

习题 4

1．填空题

（1）若a=0，b=2，那么（a and b）的值为________。

（2）多重判断需要使用________语句。

（3）________下的语句块在循环正常结束时执行。

（4）处理异常时，无论try下的语句块中的代码是否异常，________下的语句块都会执行。

2．单选题

（1）下列选项中，可以生成1~5的数字序列的是（　　）。

A. range(0,5)　　B. range(1,5)　　C. range(1,6)　　D. range(0,6)

（2）下列语句中不能单独使用的是（　　）。

A. if语句　　B. elif语句　　C. for语句　　D. while语句

（3）下列选项中，语句顺序正确的是（　　）。

A. try…else…except　　B. try…except…finally…else

C. try…finally…except　　D. try…except…else…finally

（4）异常ValueError表示（　　）。

A. 传入了无效的参数　　B. 缩进错误

C. 语法错误　　D. 除零错误

3．简答题

（1）else语句可以与哪些语句配合使用？

（2）简述break语句和continue语句的区别。

4．编程题

（1）编写程序，输入三条边的边长，判断能否构成三角形。注：两边之和大于第三边则可以构成三角形。

（2）打印出如下形式的九九乘法表。提示：可以用\t来占位调整显示。

```
1×1=1	1×2=2	1×3=3	1×4=4	1×5=5	1×6=6	1×7=7	1×8=8	1×9=9
	2×2=4	2×3=6	2×4=8	2×5=10	2×6=12	2×7=14	2×8=16	2×9=18
		3×3=9	3×4=12	3×5=15	3×6=18	3×7=21	3×8=24	3×9=27
			4×4=16	4×5=20	4×6=24	4×7=28	4×8=32	4×9=36
				5×5=25	5×6=30	5×7=35	5×8=40	5×9=45
					6×6=36	6×7=42	6×8=48	6×9=54
						7×7=49	7×8=56	7×9=63
							8×8=64	8×9=72
								9×9=81
```

（3）利用循环语句和turtle模块绘制出图4.13所示的五角星。

图4.13　绘制五角星

（4）猜数字游戏。程序自动生成一个0~10的整数，用户通过键盘输入猜测的数字，如果大于生成数，则显示“猜测错误，太大了”；如果小于生成数，则显示“猜测错误，太小了”；用户循环输入，直至猜中生成数，此时显示“恭喜您猜中！猜测了n次”，其中n为用户输入的次数。提示：程序自动生成整数通过random模块中的randint()函数实现。

（5）猜数字游戏续。对于编程题（4）中的程序，当用户输入的不是整数时，如浮点数、字母等，程序会终止运行。改写此程序，当用户输入出错时提示“输入内容必须是整数!”，并使程序可以继续运行。

第5章 列表与元组

本章学习目标

- 掌握序列的通用操作方法
- 掌握列表的创建及常用操作方法
- 掌握元组的创建及常用操作方法
- 理解列表与元组的区别

列表与元组

当进行两个数字的计算时，可以运用Python中的数字类型；当进行一个单词或一句话的操作时，可以运用Python中的字符串类型。那么如何管理多个数据呢？显然，基本数据类型不能解决多数据问题。本章将介绍列表和元组的相关操作，实现对多个数据的处理。

5.1 通用序列操作

序列是指一块可存放多个值的连续内存空间，这些值按照一定的顺序排列，可以通过每个值所在位置的编号访问它们。Python有很多数据类型都是序列类型，其中比较重要的是字符串、元组和列表。3.4节和3.5节详细介绍过字符串，其可以看作单一字符的有序组合，是基本数据类型。元组是包含0个或多个数据项的不可变序列类型，一旦生成，不能替换或删除。列表是可以修改数据项的序列类型，是非常灵活的容器。这些序列都有索引，能够进行切片，可以计算长度和最值等，本节将对它们的通用操作进行详细介绍。

5.1.1 索引与切片

1．序列索引

序列中，每个元素都有属于自己的编号，即索引。索引从0开始递增。索引可以从左到右递增计数，也可以从右到左以负数的形式计数，如图5.1所示。

列表是由一组任意类型的值组合而成的序列，组成列表的值称为元素。列表用方括号表示，元素之间用逗号隔开。元组是由一组任意类型的值组成的不可变序列，用圆括号表示，元素之间用逗号隔开。以列表为例，索引的具体使用如例5-1所示。

序列	元素1	元素2	元素3	…	元素n-1	元素n
正索引	0	1	2	…	n-2	n-1
负索引	$-n$	$-(n-1)$	$-(n-2)$	…	-2	-1

图5.1　序列的索引

例5-1　索引的具体使用。

```
1   list01 = [1,2,"Python","千锋"]
```

```
2    print("list01[3]:",list01[3])   #取列表的第4个元素，即索引为3的元素
3    print("list01[-1]:",list01[-1])#列表第4个元素也是最后1个元素，负索引是-1
```

运行结果如下。

```
list01[3]: 千锋
list01[-1]: 千锋
```

2．序列切片

切片是指从序列中截取部分元素组成新的序列，且不会使原序列产生变化，其语法格式与字符串切片一致。具体语法格式如下。

```
seq[start:end:step]
```

seq为序列名称，返回索引为start到end（不包括end）、步长为step的子序列。start不传值时默认为0，end不传值时默认为序列长度，step不传值时默认为1。以列表为例，切片的具体使用如例5-2所示。

例5-2 切片的具体使用。

```
1    list01 = [1,2,"Python","千锋"]
2    print("list01[1:3]:",list01[1:3])
3    print("list01[:3]:",list01[:3])
4    print("list01[::2]",list01[::2])
```

运行结果如下。

```
list01[1:3]: [2, 'Python']
list01[:3]: [1, 2, 'Python']
list01[::2] [1, 'Python']
```

5.1.2 相加与重复

1．序列相加

Python支持对两种相同类型的序列进行相加操作，即用加（+）运算符将序列连接起来。

例5-3 两个列表相加。

```
1    list01 = ["蒸南瓜","熘茭白","带鱼"]
2    list02 = ["油泼肉","三鲜丸子"]
3    print(list01 + list02)
```

两个列表通过加运算符连接，合并为一个列表。运行结果如下。

```
['蒸南瓜', '熘茭白', '带鱼', '油泼肉', '三鲜丸子']
```

如果将不同类型的序列相加，程序将报错。

例5-4 列表类型和字符串类型相加。

```
1    list01 = ["蒸南瓜","熘茭白","带鱼"]
2    sname = "油泼肉"
3    print(list01 + sname)
```

此时程序报出类型错误，具体的异常信息如下。

```
Traceback (most recent call last):
  File "C:\1000phone\parter5\demo1.py", line 3, in <module>
    print(list01 + sname)
```

```
TypeError: can only concatenate list (not "str") to list
```

2．序列重复

序列乘一个数字*n*将生成一个新的序列，在新的序列中，原序列会被重复*n*次。

例5-5 序列重复的具体使用。

```
1    print("Python"*5)              #字符串"Python"重复5次
2    print(["Python"]*5)            #列表["Python"]重复5次
3    print(("Python",1)*5)          #元组("Python",1)重复5次
```

运行结果如下。

```
PythonPythonPythonPythonPython
['Python', 'Python', 'Python', 'Python', 'Python']
('Python', 1, 'Python', 1, 'Python', 1, 'Python', 1, 'Python', 1)
```

5.1.3 成员归属

在Python程序中可用in运算符检查一个值是否在序列中，如果在序列中找到该值，则返回True，否则返回False。以列表为例，具体使用如例5-6所示。

例5-6 使用in运算符检查值是否在列表中。

```
1    list01 = [1,2,3,4,5]
2    if 3 in list01:
3        print("3在列表list01中")
4    else:
5        print("3不在列表list01中")
```

运行结果如下。

```
3在列表list01中
```

与in相对的not in用于判断一个值是否不在序列中，如果序列中没有该值，则返回True，否则返回False。以元组为例，具体使用如例5-7所示。

例5-7 使用not in运算符检查值是否不在元组中。

```
1    tuple01 = ("千锋","教育")
2    if "千锋" not in tuple01:
3        print("'千锋'不在元组tuple01中")
4    else:
5        print("'千锋'在元组tuple01中")
```

运行结果如下。

```
'千锋'在元组tuple01中
```

5.1.4 长度及最值

1．序列长度

Python的内置函数len()可以计算序列的长度，即序列元素的数量。

例5-8 len()函数的使用。

```
1    sname = "Python"
2    print("字符串长度为",len(sname))
```

```
3    list01 = ["Python","C++","Java","Go"]
4    print("列表长度为",len(list01))
5    tuple01 = ("Python","C++","Java","Go")
6    print("元组长度为",len(tuple01))
```

运行结果如下。

```
字符串长度为 6
列表长度为 4
元组长度为 4
```

2．序列最大值

Python的内置函数max()可以计算出序列中的最大元素。

例5-9　max()函数的使用。

```
1    list01 = [1,7,8,4,4,5,6]
2    print("列表中的最大元素为：",max(list01))
```

运行结果如下。

```
列表中的最大元素为：8
```

字符串之间也可以进行大小比较。Python字符串的每个字符都使用Unicode，可根据Unicode进行大小比较。chr()函数可以返回Unicode对应的单个字符，ord()函数可以返回单个字符的Unicode。

例5-10　chr()函数和ord()函数的使用。

```
1    print("字符'a'的Unicode是：",ord("a"))
2    print("Unicode是97的字符是：",chr(97))
```

运行结果如下。

```
字符'a'的Unicod是：97
Unicode是97的字符是：a
```

字符串比较是逐个比较两个字符串的字符，直到遇到第一个不相等的字符，返回比较结果。例如，“hello”和“happy”进行比较，第1个字符“h”相同，比较第2个字符时，发现“e”比“a”的Unicode大，后续将不再比较，比较结果为“hello”大于“happy”。

例5-11　比较字符串“hello”和“happy”的大小关系。

```
print('"hello">"happy"的运行结果为：',"hello">"happy")
```

运行结果如下。

```
"hello">"happy"的运行结果为：True
```

当序列元素是字符串类型时，也能返回其中的最大元素。

例5-12　求字符串列表中的最大元素。

```
1    list01 = ["hello","happy","python"]
2    print("list01中的最大值是：",max(list01))
```

运行结果如下。

```
list01中的最大值是：python
```

当序列中存在类型不同的元素时，无法进行比较，不能返回其中的最大元素。具体情况如下。

```
list01 = ["hello",123,"Python"]
print("list01中的最大值是：",max(list01))
```

此时程序发生异常，异常信息如下。

```
Traceback (most recent call last):
  File "C:\1000phone\parter5\demo1.py", line 2, in <module>
    print("list01中的最大值是：",max(list01))
TypeError: '>' not supported between instances of 'int' and 'str'
```

3．序列最小值

Python的内置函数min()可以计算出序列中的最小元素，其用法与max()函数类似。

例5-13 min()函数的使用。

```
1    sname = "Python"
2    print("字符串中的最小元素是：",min(sname))
3    tuple01 = ("Python","Hello","Tuple")
4    print("元组中的最小元素是：",min(tuple01))
```

运行结果如下。

```
字符串中的最小元素是：P
元组中的最小元素是：Hello
```

5.1.5 查找与统计元素

1．查找元素

index()方法可以查找序列中第一次出现某个元素的索引，如果序列中没有此元素则报错。具体语法格式如下。

```
seq.index(x[,i[,j]])
```

该语句返回序列seq中从位置i到j（不包含j）第一次出现元素x的索引。

例5-14 index()方法的使用。

```
1    list01 = ["hello",123,"Python",123]
2    print("列表中第一次出现元素123的索引为：",list01.index(123))
```

运行结果如下。

```
列表中第一次出现元素123的索引为：1
```

当寻找的元素不存在时，程序会发生异常。具体情况如下。

```
list01 = ["hello",123,"Python",123]
print("列表中第一次出现元素'123'的索引为：",list01.index("123"))
```

列表list01中只含有数字123，并没有字符串“123”，故使用index()方法找不到字符串“123”，异常信息如下。

```
Traceback (most recent call last):
  File "C:\1000phone\parter5\demo1.py", line 2, in <module>
    print("列表中第一次出现元素'123'的索引为：",list01.index("123"))
ValueError: '123' is not in list
```

2．统计元素

count()方法可以统计序列中出现某个元素的次数，具体语法格式如下。

```
seq.count(x)
```

该语句返回序列seq中出现元素x的总次数。

例5-15 count()方法的使用。

```
1   list01 = ["hello",123,"Python",123]
2   print("列表中出现123的总次数为：",list01.count(123))
```

运行结果如下。

```
列表中出现123的总次数为：2
```

5.2 列表：灵活的容器

5.2.1 列表的创建

Python的列表是由一系列以特定顺序排列的元素组成的可变序列，其所有的元素都放在一对方括号“[]”中，元素之间以英文逗号“,”分隔。列表中的元素可以是数字、字符串、列表、元组等任意类型的数据，而且可以添加、修改和删除元素，因此列表是非常灵活的容器。列表有两种常用的创建方式：直接通过方括号“[]”创建和通过list()函数创建。

1．通过方括号“[]”创建列表

通过方括号“[]”创建列表，列表中的元素可以是不同类型的数据，但通常是相同类型的数据。具体示例如下。

```
list01 = [1,2,3,4,5]                               #元素均为数值类型
list02 = ["千锋教育","扣丁学堂","锋云智慧"]          #元素均为字符串类型
list03 = ["千锋教育",1.5,3]                         #元素为混合类型
list04 = [[1,2,3],[4,5,6]]                         #元素为列表类型
```

list04中的元素包含列表。如果想取到list04中的第1个元素[1,2,3]中的第2个元素2，则可以通过list04[0][1]来获取。

列表的内容也可以为空，即创建一个空列表，具体示例如下。

```
emptylist = []
```

2．通过list()函数创建列表

list()函数可以将元组、字符串、range()对象等转换为列表，直接使用list()函数可以创建一个空列表。

例5-16 通过list()函数创建列表。

```
1   list01 = list()                        #创建空列表
2   list02 = list("qianfeng")              #将字符串转换为列表
3   list03 = list((1,2,3,4,5))             #将元组转换为列表
4   list04 = list(range(1,5,2))            #将range()对象转换为列表
5   print("list01为：",list01)
6   print("list02为：",list02)
7   print("list03为：",list03)
8   print("list04为：",list04)
```

运行结果如下。

```
list01为：[]
list02为：['q', 'i', 'a', 'n', 'f', 'e', 'n', 'g']
list03为：[1, 2, 3, 4, 5]
list04为：[1, 3]
```

在例5-16的代码中，range(1,5,2)对象产生了1到5（不含5）步长为2的数，即1、3。将字符串“qianfeng”转换为列表list02后，利用3.5.3小节介绍的合并字符串的join()方法，可以再将list02合并为字符串，如例5-17所示。

例5-17 将字符串转换为列表后，再合并为字符串。

```
1    list02 = list("qianfeng")        #将字符串转换为列表
2    print("list02为：",list02)
3    sname = "".join(list02)
4    print("将list02合并为字符串：",sname)
```

运行结果如下。

```
list02为：['q', 'i', 'a', 'n', 'f', 'e', 'n', 'g']
将list02合并为字符串：qianfeng
```

5.2.2 列表的遍历

列表的遍历即获取列表中每一个元素的值，常用的遍历方式有三种：for循环直接遍历、range()函数索引遍历及enumerate()函数遍历。

1．for循环直接遍历

for循环直接遍历列表，将列表名放到for语句的in关键词后即可。

例5-18 for循环直接遍历。

```
1    food_list = ["苹果","香蕉","橘子","芒果"]
2    for item in food_list:
3        print("遍历得到的元素为：",item)
```

依次从列表food_list中取得元素赋给item，运行结果如下。

```
遍历得到的元素为：苹果
遍历得到的元素为：香蕉
遍历得到的元素为：橘子
遍历得到的元素为：芒果
```

2．range()函数索引遍历

用range()函数进行列表的索引遍历，可以分解为以下3步。

（1）通过len(list)获得列表list的长度。

（2）通过range(len(list))获取列表list的所有序列，从0到len(list)-1。

（3）通过for循环获取list中的每个索引对应的元素。

例5-19 range()函数索引遍历。

```
1    food_list = ["苹果","香蕉","橘子","芒果"]
2    for i in range(len(food_list)):
3        print(f"索引为{i}的元素是{food_list[i]}")
```

运行结果如下。

```
索引为0的元素是苹果
索引为1的元素是香蕉
索引为2的元素是橘子
索引为3的元素是芒果
```

3．enumerate()函数遍历

enumerate()函数用于将一个可遍历的数据对象（如列表、元组、字符串等）变为一个索引序列，同时输出索引和元素内容，一般与for循环一起使用。

例5-20　enumerate()函数遍历。

```
1    food_list = ["苹果","香蕉","橘子","芒果"]
2    for index,item in enumerate(food_list):
3        print(f"索引为{index}的元素是{item}")
```

运行结果如下。

```
索引为0的元素是苹果
索引为1的元素是香蕉
索引为2的元素是橘子
索引为3的元素是芒果
```

5.2.3　添加、修改和删除列表元素

列表是灵活可变的，创建后可以进行元素的添加、修改和删除操作。例如，设计一个点餐系统时，餐馆初始设置了一些菜品，可以将这些菜品储存在列表中。当餐馆研发新菜品时，需要将其添加到列表中；当餐馆想要给菜品改名时，需要修改列表元素；当餐馆不想再出售某款菜品时，需要将其从列表中删除。

1．添加元素

向列表中添加元素有三种方法，如表5.1所示。

表5.1　添加列表元素方法

方法	说明
list.append(x)	在列表list的末尾添加一个元素x
list.extend(seq)	在列表list末尾一次性添加另一个序列seq中的多个元素
list.insert(i,x)	在列表list的第i位置增加一个元素x

三种添加元素的方法详细介绍如下。

例5-21　append()方法的使用。

```
1    list01 = [1,2,3,4]
2    list01.append(5)
3    print(list01)
```

在列表的末尾加上一个元素5，运行结果如下。

```
[1, 2, 3, 4, 5]
```

例5-22　extend()方法的使用。

```
1    list01 = [1,2,3,4]
2    list01.extend([5,6,7])
```

```
3    print(list01)
```

在列表的末尾加上一个列表[5,6,7]，运行结果如下。

```
[1, 2, 3, 4, 5, 6, 7]
```

例5-23　insert()方法的使用。

```
1    list01 = [1,2,3,4]
2    list01.insert(1,"插入元素")
3    print(list01)
```

在列表索引1处插入一个元素，运行结果如下。

```
[1, '插入元素', 2, 3, 4]
```

2．修改元素

列表中的元素修改的方式是直接重新赋值，可以通过直接赋值的方法替换某个索引位置或者某个切片位置的元素，详细介绍如下。

例5-24　替换索引位置元素。

```
1    list01 = [1,2,3,4]
2    list01[1] = 5
3    print(list01)
```

改变列表索引为1处的元素，运行结果如下。

```
[1, 5, 3, 4]
```

例5-25　替换切片位置元素。

```
1    list01 = [1,2,3,4]
2    list01[1:3] = [9,10]
3    print(list01)
```

改变切片[1:3]位置的元素，必须要用列表、元组等可迭代对象替换，不能是单个值，运行结果如下。

```
[1, 9, 10, 4]
```

3．删除元素

删除列表中元素有三种方式，分别是pop()方法、remove()方法和del语句。

（1）pop()方法

pop()方法的具体语法格式如下。

```
list.pop([i])
```

该语句用于删除列表list中索引为i的元素，并返回该元素的值，如果未指定索引，则删除并返回列表的最后一项。

例5-26　pop()方法的使用。

```
1    list01 = [1,2,3,4]
2    element = list01.pop()
3    print(f"删除元素{element}, list01变为{list01}")
4    element = list01.pop(0)
5    print(f"删除元素{element}, list01变为{list01}")
```

运行结果如下。

```
删除元素4，list01变为[1, 2, 3]
删除元素1，list01变为[2, 3]
```

（2）remove()方法

remove()方法的具体语法格式如下。

```
list.remove(x)
```

该语句用于删除列表list中出现的第一个值为x的元素，没有返回值，如果找不到x，程序会发生ValueError异常。

例5-27 remove()方法的使用。

```
1   list01 = [1,2,3,4]
2   list01.remove(2)
3   print(list01)
```

运行结果如下。

```
[1, 3, 4]
```

（3）del语句

del语句可以删除索引、切片、整个列表的内容。

例5-28 del语句的使用。

```
1   list01 = [1,2,3,4,5,6,7,8,9,10]
2   del list01[2]                    #删除索引为2的元素
3   print(list01)
4   del list01[1:3]                  #删除列表中切片[1:3]位置的元素
5   print(list01)
6   del list01[:]                    #删除整个列表内容
7   print(list01)
```

运行结果如下。

```
[1, 2, 4, 5, 6, 7, 8, 9, 10]
[1, 5, 6, 7, 8, 9, 10]
[]
```

5.2.4 列表的排序

可以使用sort()方法对列表进行永久排序，或者用sorted()函数对列表进行临时排序。

1．sort()方法对列表永久排序

sort()方法会永久改变列表元素的排列顺序。

例5-29 使用sort()方法对年龄列表从小到大排序。

```
1   age_list = [17,16,18,19,16,18]
2   age_list.sort()
3   print(age_list)
```

年龄列表age_list变为从小到大排序，并无法恢复原顺序，运行结果如下。

```
[16, 16, 17, 18, 18, 19]
```

如果想要年龄从大到小排序，则需要用到reverse参数。sort()方法默认从小到大排序，传递参数reverse=True即可实现从大到小排序。

例5-30 使用sort()方法对年龄列表从大到小排序。

```
1  age_list = [17,16,18,19,16,18]
2  age_list.sort(reverse=True)
3  print(age_list)
```

运行结果如下。

```
[19, 18, 18, 17, 16, 16]
```

此外，reverse()方法可以将列表中的元素反转，具体使用如例5-31所示。

例5-31 实现诗句的反转。

```
1  poem = "所谓伊人，在水一方"
2  poem_list = list(poem)
3  print("将诗句字符串转化为列表：",poem_list)
4  poem_list.reverse()
5  print("诗句列表反转后变为：",poem_list)
6  poem_reverse = "".join(poem_list)
7  print("使用join()方法将列表合并为字符串：",poem_reverse)
```

运行结果如下。

```
将诗句字符串转化为列表：['所', '谓', '伊', '人', '，', '在', '水', '一', '方']
诗句列表反转后变为：['方', '一', '水', '在', '，', '人', '伊', '谓', '所']
使用join()方法将列表合并为字符串：方一水在，人伊谓所
```

例5-31可以直接用poem[::-1]实现，此处是为了演示列表与字符串的转换及reverse()方法。

2．sorted()函数对列表临时排序

sorted()函数可以对列表进行临时排序，并不影响原列表的排列顺序。

例5-32 sorted()函数的使用。

```
1  age_list = [17,16,18,19,16,18]
2  sort_list = sorted(age_list)
3  print("排序后的列表：",sort_list)
4  print("原列表：",age_list)
```

运行结果如下。

```
排序后的列表：[16, 16, 17, 18, 18, 19]
原列表：[17, 16, 18, 19, 16, 18]
```

从运行结果中可以看出，使用sorted()函数后原列表的顺序没有发生改变。sorted()函数也可以传入参数reverse=True。

例5-33 sorted()函数设置参数reverse=True。

```
1  age_list = [17,16,18,19,16,18]
2  sort_list = sorted(age_list,reverse=True)
3  print("排序后的列表：",sort_list)
```

运行结果如下。

```
排序后的列表：[19, 18, 18, 17, 16, 16]
```

5.2.5 列表的复制

考虑这样一个需求：一个人有游泳、跑步、唱歌等爱好，他（她）的朋友也有这些爱好，用代

码表达这种情况。此时就需要用到列表的复制。列表的复制可以通过两种方式实现：一种方式是创建一个包含整个列表的切片，即同时省略起始索引和终止索引（[:]）；另一种方式是用copy()方法，其语法格式如下。

```
copy_list = list.copy()
```

该语句可以复制list列表，并用copy_list变量保存复制list列表后的副本。下面以切片复制为例，详细介绍列表的复制。例如，创建一个人的爱好列表person_hobbies，从列表person_hobbies中提取一个切片，创建此列表的副本，并用friend_hobbies变量保存此副本。

例5-34 创建个人爱好列表，以切片方式复制出其朋友的爱好列表。

```
1    person_hobbies = ["游泳","跑步","唱歌"]
2    friend_hobbies = person_hobbies[:]
3    print("朋友的爱好：",friend_hobbies)
```

此时打印朋友的爱好列表结果如下。

```
朋友的爱好：['游泳', '跑步', '唱歌']
```

可能某一天，这个人的爱好发生了改变，增加了爱好“爬山”，其朋友的爱好增加了“养花”，修改例5-34中的代码，如例5-35所示。

例5-35 个人及其朋友的爱好列表发生变化。

```
1    person_hobbies = ["游泳","跑步","唱歌"]
2    friend_hobbies = person_hobbies[:]
3    person_hobbies.append("爬山")
4    friend_hobbies.append("养花")
5    print("此人的爱好：",person_hobbies)
6    print("朋友的爱好：",friend_hobbies)
```

运行结果如下。

```
此人的爱好：['游泳', '跑步', '唱歌', '爬山']
朋友的爱好：['游泳', '跑步', '唱歌', '养花']
```

此人的爱好列表person_hobbies成功增加了“爬山”，朋友的爱好列表friend_hobbies成功增加了“养花”，两个列表互不影响，很好地满足了需求。那是否有读者考虑到了用列表的赋值去表达朋友的爱好与此人的爱好相同呢？下面用代码进行尝试。

例5-36 创建个人爱好列表，以赋值方式创建其朋友的爱好列表。

```
1    person_hobbies = ["游泳","跑步","唱歌"]
2    friend_hobbies = person_hobbies
3    print(friend_hobbies)
```

以上代码是将person_hobbies直接赋值给friend_hobbies，打印朋友的爱好列表结果如下。

```
['游泳', '跑步', '唱歌']
```

当此人增加爱好“爬山”、其朋友增加爱好“养花”时，修改例5-36的代码，如例5-37所示。

例5-37 个人及其朋友的爱好列表发生变化。

```
1    person_hobbies = ["游泳","跑步","唱歌"]
2    friend_hobbies = person_hobbies
3    person_hobbies.append("爬山")
4    friend_hobbies.append("养花")
```

```
5   print("此人的爱好：",person_hobbies)
6   print("朋友的爱好：",friend_hobbies)
```

运行结果如下。

```
此人的爱好：['游泳', '跑步', '唱歌', '爬山', '养花']
朋友的爱好：['游泳', '跑步', '唱歌', '爬山', '养花']
```

可以发现，两个列表完全一样：person_hobbies增加“爬山”时，“爬山”也会出现在friend_hobbies中；friend_hobbies增加“养花”时，“养花”也会出现在person_hobbies中。直接赋值使被赋值变量和原变量指向同一个列表，两个变量会同时变化，保持一致。

5.2.6 列表推导式

运用前面所学知识，可以创建一个列表。

例5-38 创建1~10的整数的平方组成的列表。

```
1   square_list = []
2   for item in range(1,11):
3       square_list.append(item ** 2)
4   print(square_list)
```

运行结果如下。

```
[1, 4, 9, 16, 25, 36, 49, 64, 81, 100]
```

通过for循环遍历1~10的整数并计算出平方值，然后添加到列表square_list中。以上代码有更简单的写法，即列表推导式。用列表推导式生成此列表，具体代码如下。

```
square_list = [item ** 2 for item in range(1,11)]
```

square_list是最终要生成的列表；item**2是表达式，用于生成要存储到列表中的值；for循环用于给表达式提供值，for item in range(1,11)将值1~10提供给表达式item**2。

列表推导式提供了一种创建列表的简洁方法，通常是操作某个序列的每个元素，并将其结果作为新列表的元素，或者根据判定条件创建子序列。列表推导式一般由表达式及for语句构成，其后还可以有零到多个for子句或if子句，返回结果是表达式在for语句和if语句的操作下生成的列表。

例5-39 取出列表中的偶数生成新列表。

```
1   origin_list = [1,4,5,12,32,31,54]
2   even_list = []
3   for item in origin_list:
4       if item % 2 == 0:
5           even_list.append(item)
6   print(even_list)
```

运行结果如下。

```
[4, 12, 32, 54]
```

将例5-39中的代码改写为列表推导式形式，如例5-40所示。

例5-40 取出列表中的偶数生成新列表，以列表推导式实现。

```
1   origin_list = [1,4,5,12,32,31,54]
2   even_list = [item for item in origin_list if item % 2 == 0]
3   print(even_list)
```

可以发现，例5-39中的第2~5行可以用例5-40中的第2行表达，代码简洁了许多。

5.3 实战6：制订每日运动计划

运动可以强身健体，坚持运动可以使人们拥有良好的体魄。下面用列表进行每日运动计划的制订。

1．生成每日运动计划

假设运动项目有两个，分别是跑步和游泳。跑步有四个选项：0分钟、20分钟、40分钟和60分钟。游泳有四个选项：0米、200米、400米和600米。从中进行选择，形成每日运动计划，如例5-41所示。

例5-41　生成每日运动计划。

```
1    run_list = ["0分钟","20分钟","40分钟","60分钟"]
2    swim_list = ["0米","200米","400米","600米"]
3    for index,run in enumerate(run_list):
4        print(f"{index+1}、{run}")
5    run_opt = int(input("请选择您要跑的时长选项："))
6    for index,swim in enumerate(swim_list):
7        print(f"{index+1}、{swim}")
8    swim_opt = int(input("请选择您要游泳的长度选项："))
9    print(f"制订每日运动计划：跑步{run_list[run_opt-1]}，游泳{swim_list[swim_opt-1]}")
```

运行结果如下。

```
1、0分钟
2、20分钟
3、40分钟
4、60分钟
请选择您要跑的时长选项：2
1、0米
2、200米
3、400米
4、600米
请选择您要游泳的长度选项：2
制订每日运动计划：跑步20分钟，游泳200米
```

在例5-41的代码中，run_list是跑步的时长列表，swim_list是游泳的长度列表。第3行和第4行用于打印run_list列表。第5行用于选择跑步的时长。第6行和第7行用于打印swim_list列表。第8行用于选择游泳的长度。打印列表时的编号从1开始，故索引index需要加1。第9行用于打印每日运动计划结果，由于选择的序列是加1后的，故从列表取值时，需要减1。

2．运动消耗的热量

假设每跑步20分钟消耗热量200千卡；每游泳200米消耗热量100千卡。计算所有可能的计划方案消耗的热量，算出最大消耗量和最小消耗量，如例5-42所示。

例5-42　计算运动消耗的热量。

```
1    run_list = ["0分钟","20分钟","40分钟","60分钟"]
2    swim_list = ["0米","200米","400米","600米"]
3    calories_list = []
4    for i in range(len(run_list)):
5        for j in range(len(swim_list)):
6            calories_list.append(i * 200 + j * 100)
7    print("热量列表：",calories_list)
8    print(f"运动计划中最多消耗{max(calories_list)}热量，最少消耗{min(calories_list)}热量")
```

运行结果如下。

```
热量列表：[0, 100, 200, 300, 200, 300, 400, 500, 400, 500, 600, 700, 600, 700, 800, 900]
运动计划中最多消耗900热量，最少消耗0热量
```

在例5-42的代码中，第4~6行用于计算所有可能的计划方案中每个计划消耗的热量，并添加到列表calories_list，第8行用于计算calories_list中的最大值、最小值。

5.4 元组：不可变序列

5.4.1 元组的创建

元组与列表类似，也是由一系列按照特定顺序排列的元素组成的，但它是不可变序列，不能增加、修改和删除。创建元组可以通过两种方式：直接通过圆括号“()”创建和通过tuple()函数创建。

1．通过圆括号“()”创建元组

用逗号将元素隔开即可创建一个元组，具体示例如下。

```
tuple_name = "Python",1,2
```

更常见的做法是用圆括号将元素括起来，具体示例如下。

```
tuple_name = ("Python",1,2)
```

当元组中只有一个元素时，也必须在这个元素后面加上逗号，具体示例如下。

```
tuple_name = (1 , )
```

元组的内容也可以为空，即创建一个空元组，具体示例如下。

```
tuple_name = ()
```

元组的内容不可以修改，具体示例如下。

```
tuple_name = (1,2,3,4,5)
tuple_name[2] = "Python"
```

以上代码修改索引为2的元素，此时程序发生异常，异常信息如下。

```
Traceback (most recent call last):
  File "C:\1000phone\parter5\demo1.py", line 2, in <module>
    tuple_name[2] = "Python"
TypeError: 'tuple' object does not support item assignment
```

2．通过tuple()函数创建元组

tuple()函数可以将列表、字符串、range()对象等转换为元组，直接使用tuple()函数可以创建一个空元组。

例5-43 tuple()函数的使用。

```
1   tuple01 = tuple()                      #创建空元组
2   tuple02 = tuple("qianfeng")            #将字符串转换为元组
3   tuple03 = tuple([1,2,3,4,5])           #将列表转换为元组
4   tuple04 = tuple(range(1,5,2))          #将range()对象转换为元组
5   print("tuple01为：",tuple01)
```

```
6   print("tuple02为：",tuple02)
7   print("tuple03为：",tuple03)
8   print("tuple04为：",tuple04)
```

运行结果如下。

```
tuple01为：()
tuple02为：('q', 'i', 'a', 'n', 'f', 'e', 'n', 'g')
tuple03为：(1, 2, 3, 4, 5)
tuple04为：(1, 3)
```

5.4.2 元组的遍历

元组的遍历方式和列表相同：for循环直接遍历、range()函数索引遍历及enumerate()函数遍历。以for循环直接遍历为例，如例5-44所示。

例5-44 for循环直接遍历。

```
1   food_tuple = ("大米饭","南瓜粥","烤鸭")
2   for item in food_tuple:
3       print("遍历元素为：",item)
```

运行结果如下。

```
遍历元素为：大米饭
遍历元素为：南瓜粥
遍历元素为：烤鸭
```

5.4.3 列表与元组的区别

通过前面的学习，可以发现列表和元组均为序列类型，有很多共通之处，如具有索引和切片、可以进行相加和重复、能够判断成员归属等，但两者也有非常明显的区别。列表是可变序列，可以使用append()方法增加元素、通过remove()方法删除元素、使用索引或切片修改元素等；而元组是不可变序列，不能增加、修改和删除元素。

可见，列表比元组更加灵活，功能更加丰富。那么，为什么要有元组这种类型呢？它有什么特别之处呢？

元组是不可替代的，有以下三方面的原因。

（1）元组可以在字典中作为键使用，列表则不行。关于字典的更多内容参见第6章。

（2）元组比列表访问和处理速度快。如果只需要访问元素，而不需要修改元素，建议使用元组。

（3）元组可以作为很多内置函数和方法的返回值。关于函数的更多内容参见第7章。

5.5 实战7：简易购物系统

一个简易的购物系统需要包含商品的价格、用户的余额、购买的商品清单等。用程序实现简易购物系统，可以通过以下几步进行。

（1）创建商品清单，输入用户的购物资金。

（2）打印商品清单，让用户选择要购买的商品。当资金充足时，购买成功，并扣除相应的费用；当资金不足时，提示余额不足，并打印余额。

（3）用户不再购买时，退出系统，并打印购买的商品清单。

例5-45 实现简易购物系统。

```
1    products = [("牛奶",5),("鸡蛋",20),("香蕉",10),("杯子",10)]
2    shopping_list = []
3    money = float(input("请输入您的购物资金: "))
4    while True:
5        print("*"*30)
6        print("商品列表如下: ")
7        for index,product in enumerate(products):
8            print(f"{index+1}.商品: {product[0]}, 价格: {product[1]}")
9        print("*" * 30)
10       option = input("请输入您要购买的商品(退出请键入q): ")
11       if option.isdigit():
12           option = int(option)
13           if 0 <= option-1 < len(products):
14               option_product = products[option - 1]
15               if option_product[1] <= money:
16                   shopping_list.append(option_product)
17                   money -= option_product[1]
18                   print("购买成功! ")
19               else:
20                   print(f"您的余额不足, 余额为: {money}")
21           else:
22               print("您选的商品不存在! ")
23       elif option == "q":
24           print("-" * 10, "购物清单", "-" * 10)
25           for item in shopping_list:
26               print(f"已购商品: {item[0]}, 价格: {item[1]}")
27           print("您的余额为: ", money)
28           break
29       else:
30           print("您的输入不合法! ")
```

运行结果如下。

```
请输入您的购物资金: 25
******************************
商品列表如下:
1.商品: 牛奶, 价格: 5
2.商品: 鸡蛋, 价格: 20
3.商品: 香蕉, 价格: 10
4.商品: 杯子, 价格: 10
******************************
请输入您要购买的商品(退出请键入q): 2
购买成功!
…
请输入您要购买的商品(退出请键入q): q
---------- 购物清单 ----------
已购商品: 鸡蛋, 价格: 20
已购商品: 牛奶, 价格: 5
您的余额为: 0.0
```

例5-45的代码的运行结果内容过长，本书在此不显示完整的运行结果。后续代码中出现的省略号含义与此类似。

在例5-45的代码中，products是商品列表，shopping_list是购物列表，money是用户的资金。在while循环中用户可以不停地购物，直到输入q跳出循环。当用户开始购物时，首先会在第5~9行中打印出商品清单。在第10行中，用户可以选择要购买的商品的编号。第11~22行表示用户输入数字时的情况，如果数字在products索引范围内，则可以进行商品的购买。当商品的价格小于用户的资金时，即可购买成功，此时用户的资金需要减去购买商品的费用，该商品被加入购物列表；当商品的价格大于用户的资金时，提示余额不足。第23~28行表示用户输入“q”时要退出系统，此时打印购物列表shopping_list及用户购买结束的余额。第29行和第30行表示用户输入的既不是数字也不是“q”，输入内容不合法。

本章小结

本章主要介绍了Python的序列类型，讲解了序列的通用操作，介绍了除字符串以外的其他两种主要序列类型：列表和元组。列表以方括号为标志，其元素可以动态变化，本章以“制订每日运动计划”为例将列表运用于实际生活；元组以圆括号为标志，是不可变序列，本章以“简易购物系统”展现了其具体用法。

习题 5

1．填空题

（1）序列的索引从________开始。

（2）序列的长度用________函数求得。

（3）________函数可以将元组转换为列表。

（4）对列表进行永久排序需要使用________方法。

（5）复制列表可以通过________和________两种方式。

2．单选题

（1）下列不属于元组的是（　　）。

A. 'a', 'b', 'c', 'd'　　B. 1,2,3

C. (1,2,3)　　D. [1,2,3]

（2）若list01 = [2,3,1,4]，在经过list01.reverse()操作后，list01为（　　）。

A. [4,3,2,1]　　B. [1,2,3,4]　　C. [4,1,3,2]　　D. (4,1,3,2)

（3）若list01 = [89,23,12,18]，在经过sorted(list01)操作后，list01为（　　）。

A. [89,23,12,18]　　B. [12,18,23,89]　　C. (89,23,12,18)　　D. (12,18,23,89)

（4）若a=(2)，则print(a)输出（　　）。

A. (2 , 0)　　B. (2 ,)　　C. None　　D. 2

3．简答题

（1）什么是序列？序列有什么常用操作？

（2）简述列表与元组的区别。

4．编程题

（1）对于列表num_list=[23,11,12,23,9,2,1,4]，利用程序判断其中是否有重复元素。

（2）创建一个自己喜欢的食物的列表，复制此列表，对复制后的列表进行添加、修改、删除元素等操作，产生一个朋友喜欢的食物列表。

（3）改写实战6中例5-42的代码，使用列表推导式创建列表calories_list。

第6章 字典与集合

本章学习目标

- 掌握字典的创建和使用方法
- 掌握字典的常用操作方法
- 掌握集合的创建和常用操作方法
- 理解集合的基本关系及运算

列表和元组等序列可以存储多个不同类型的值，但是只能通过下标索引对值进行引用。本章将介绍一种通过名字来引用值的数据类型，即Python唯一的内建映射类型——字典。字典中的元素是无序的，以键和值的形式成对存在，可以通过键来获取值。

6.1 字典的创建和使用

6.1.1 字典的创建

字典是一种映射类型，每个元素都是一个键值对，元素之间是无序的。键值对是一种二元关系，源于属性和值的映射关系。键（key）表示一个属性，值（value）表示属性的内容，键值对整体表示一个属性和它对应的值，示例如图6.1所示。

字典以花括号“{}”为标志，元素均为键值对形式；键值对形如“key:value”，以英文冒号“:”为标志；元素之间以逗号“,”分隔。字典中的键必须是不可变的数据类型，如数字、字符串和元组，且不能重复；值可以是任意数据类型，可以重复。字典有两种常用的创建方式：直接通过花括号“{}”创建和通过dict()函数创建。

图 6.1　映射关系和键值对示例

1．通过花括号“{}”创建字典

创建一个空字典，具体示例如下。

```
empty_dict = {}
```

创建一个包含三个元素的字典，键分别表示姓名、学号和年级，具体示例如下。

```
person_dict = {"name":"小千", "stu_id":"202201", "grade":"大二"}
```

也可以使用元组作为字典的键，具体示例如下。

```
student_dict = {(202201,"小千"):"大二", (202202,"小锋"):"大三"}
```

2．通过dict()函数创建字典

使用dict()函数创建一个空字典，具体示例如下。

```
empty_dict = dict()
```

例6-1 用dict()函数将二元组列表转换为字典。

```
1    student_list = [("name","小千"),("stu_id","202201"),("grade","大二")]
2    student_dict = dict(student_list)
3    print(student_dict)
```

运行结果如下。

```
{'name': '小千', 'stu_id': '202201', 'grade': '大二'}
```

在例6-1的代码中，student_list是一个列表，列表中每个元素为元组，每个元组中有两个元素。将student_list通过dict()函数转换为字典，即student_dict。

例6-2 通过在dict()函数中设置关键字参数的方式创建字典。

```
1    student_dict = dict(name="小千",stu_id="202201",grade="大二")
2    print(student_dict)
```

运行结果如下。

```
{'name': '小千', 'stu_id': '202201', 'grade': '大二'}
```

6.1.2 字典的访问

列表和元组是通过下标索引访问元素值，访问字典元素的值可以通过元素的键，也可以使用get()方法。

1．通过键访问字典元素的值

例6-3 创建一个学生的字典，包括其姓名、学号和年级，并访问其学号的值。

```
1    student_dict = {"name":"小千", "stu_id":"202201", "grade":"大二"}
2    print("学号为：",student_dict["stu_id"])
```

运行结果如下。

```
学号为：202201
```

此种访问方式在键不存在时会引发异常，具体情况如下。

```
student_dict = {"name":"小千", "stu_id":"202201", "grade":"大二"}
print("学号为：",student_dict["score"])
```

由于请求了一个不存在的字典键，程序报出异常KeyError，异常信息如下。

```
Traceback (most recent call last):
  File "C:\1000phone\parter6\demo.py", line 2, in <module>
    print("学号为：",student_dict["score"])
KeyError: 'score'
```

2．通过get()方法访问字典元素的值

get()方法的第一个参数用于指定键，是必不可少的；第二个参数用于指定键不存在时要返回的值，是可选的。

例6-4 get()方法的使用。

```
1    student_dict = {"name":"小千", "stu_id":"202201", "grade":"大二"}
2    score_value = student_dict.get("score","此键不存在")
```

```
3    print(score_value)
```

运行结果如下。

```
此键不存在
```

在例6-4中，当字典中有键“score”时，则返回与之对应的值；如果没有，则返回指定的值“此键不存在”，不会报错。在不确定指定的键是否存在时，建议使用get()方法，而不要直接通过键去访问值。

6.1.3 字典的遍历

字典中往往有多个键值对，为了获取字典中的内容，可以对字典进行遍历。字典的特殊之处在于其每个元素都含有一个键和一个值，这就决定了字典的遍历的特殊性，其遍历方式包括遍历所有的键值对、遍历所有的键、遍历所有的值。

1．遍历所有的键值对

可以用items()方法获取字典的键值对元组。设想一个场景，朋友们相互讨论自己的星座，将星座存在字典中并进行遍历。

例6-5　遍历星座信息字典（获取键值对）。

```
1    C_dict = {
2        "小千":"狮子座",
3        "小锋":"金牛座",
4        "小扣":"金牛座",
5        "小丁":"处女座",
6        }
7    for item in C_dict.items():
8        print(item)
```

运行结果如下。

```
('小千', '狮子座')
('小锋', '金牛座')
('小扣', '金牛座')
('小丁', '处女座')
```

在例6-5的代码中，第1~6行定义了一个字典（当字典内容较长时，可以通过这种形式定义）。在左花括号后按回车键，下一行缩进四个空格，指定第一个键值对，在其后加上逗号；此后再按回车键时，编辑器会自动缩进，与第一个键值对缩进量相同。定义好字典，在最后一个键值对的下一行添加右花括号，并缩进四个空格，使其与键对齐。最后一个键值对的逗号可以保留，为以后添加键值对做准备。第7行和第8行是字典的遍历，其中items()方法可以获取字典中的每个键值对，并赋值给item。

如果想要分别获取每个键值对中的键和值，可以将例6-5中的代码改写为例6-6的形式。

例6-6　遍历星座信息字典（单独获取键和值）。

```
1    C_dict = {
2        "小千":"狮子座",
3        "小锋":"金牛座",
4        "小扣":"金牛座",
5        "小丁":"处女座",
6        }
7    for key,value in C_dict.items():
8        print(f"{key}的星座是{value}")
```

运行结果如下。

```
小千的星座是狮子座
```

```
小锋的星座是金牛座
小扣的星座是金牛座
小丁的星座是处女座
```

2．遍历所有的键

可以用keys()方法获取字典中所有的键。

例6-7 遍历星座信息字典（仅获取键）。

```
1    C_dict = {
2        "小千":"狮子座",
3        "小锋":"金牛座",
4        "小扣":"金牛座",
5        "小丁":"处女座",
6        }
7    for name in C_dict.keys():
8        print(name)
```

运行结果如下。

```
小千
小锋
小扣
小丁
```

不使用keys()方法也能遍历字典的键，例如，将第7行代码修改为以下形式。

```
for name in C_dict:
```

运行结果与例6-7相同，但使用keys()方法更容易理解。

还可以使用keys()方法判断某人有没有参加星座的讨论。

例6-8 判断“张三”是否参与了星座讨论。

```
1    C_dict = {
2        "小千":"狮子座",
3        "小锋":"金牛座",
4        "小扣":"金牛座",
5        "小丁":"处女座",
6        }
7    if "张三" not in C_dict.keys():
8        print("张三没有参与星座讨论！")
```

运行结果如下。

```
张三没有参与星座讨论!
```

在例6-8的代码中，keys()方法返回一个列表，包含字典中所有的键。第7行用于判断“张三”是否在这个列表里。

3．遍历所有的值

可以用values()方法遍历字典中所有的值。

例6-9 遍历星座信息字典（仅获取值）。

```
1    C_dict = {
2        "小千":"狮子座",
3        "小锋":"金牛座",
4        "小扣":"金牛座",
5        "小丁":"处女座",
6        }
7    for cons in C_dict.values():
```

```
8        print(cons)
```

运行结果如下。

```
狮子座
金牛座
金牛座
处女座
```

可以发现，运行结果中有重复的星座。为了获取不重复的星座，可以采用6.6节介绍的集合来处理。通过values()方法获取字典中的值的列表，用set()处理后将会变成没有重复元素的集合。

例6-10 打印朋友们提及的星座，已有的星座不能重复打印。

```
1    C_dict = {
2        "小千":"狮子座",
3        "小锋":"金牛座",
4        "小扣":"金牛座",
5        "小丁":"处女座",
6        }
7    for cons in set(C_dict.values()):
8        print(cons)
```

运行结果如下。

```
狮子座
金牛座
处女座
```

6.2 字典的常用操作

6.2.1 字典的成员归属

可以使用成员运算符（in、not in）来判断某键是否在字典中。

例6-11 使用成员运算符判断某键是否在字典中。

```
1    student_dict = {"name":"小千", "stu_id":"202201", "grade":"大二"}
2    if "name" in student_dict:
3        print("字典中含有'name'键")
4    else:
5        print("字典中没有'name'键")
```

运行结果如下。

```
字典中含有'name'键
```

6.2.2 修改、添加和删除字典元素

1．修改字典元素

字典是可变的，可以对字典的元素进行修改、添加和删除。字典元素的修改是通过键来完成的。

例6-12 修改字典元素。

```
1    person_dict = {"name":"小千","age":20}
```

```
2    person_dict["name"] = "小锋"
3    print(person_dict)
```

将键“name”的值从“小千”修改为“小锋”，运行结果如下。

```
{'name': '小锋', 'age': 20}
```

2. 添加字典元素

如果通过键修改值时，键不存在，则会在字典中添加此键值对。

例6-13 添加字典元素。

```
1    person_dict = {"name":"小千","age":20}
2    person_dict["grade"] = "大二"
3    print(person_dict)
```

运行结果如下。

```
{'name': '小千', 'age': 20, 'grade': '大二'}
```

在例6-13中，person_dict中不存在键“grade”，此时给键“grade”赋值“大二”，该键值对就会被直接添加进字典。

还可以通过setdefault()方法添加字典元素，该方法有两个参数，第一个参数表示键，第二个参数表示值。如果键在字典中不存在，那么setdefault()方法会向字典中添加该键，并以第二个参数作为该键的值，没有指定第二个参数的情况下，键的值默认是None。setdefault()方法会返回设置的键对应的值。

例6-14 setdefault()方法的使用。

```
1    person_dict = {"name":"小千","age":20}
2    value = person_dict.setdefault("grade","大二")
3    print(f"返回值:{value}，字典：{person_dict}")
```

运行结果如下。

```
返回值:大二，字典：{'name': '小千', 'age': 20, 'grade': '大二'}
```

如果字典中已经存在这个键，setdefault()方法不会修改键对应的值。

例6-15 setdefault()方法在键已存在时的使用情况。

```
1    person_dict = {"name":"小千","age":20}
2    value = person_dict.setdefault("name","小锋")
3    print(f"返回值:{value}，字典：{person_dict}")
```

运行结果如下。

```
返回值:小千，字典：{'name': '小千', 'age': 20}
```

3. 删除字典元素

字典中若有不再需要的信息，可以使用del语句将对应的元素删除。使用del语句需要指定字典名和要删除的键。

例6-16 删除字典元素。

```
1    person_dict = {"name":"小千","age":20}
2    del person_dict["age"]
3    print(person_dict)
```

运行结果如下。

```
{'name': '小千'}
```

del语句成功删除了键“age”及其对应的值。

6.2.3 字典的复制

与列表的复制类似，字典的复制也是使用copy()方法。例如，统计货架上的货物时，可以用字典存储货物名称及其对应的数量，现在想给货架上货，同时保留原货架上的商品信息，可以用copy()方法来实现。

例6-17 复制货架信息。

```
1    goods_dict = {
2        "牛奶":20,
3        "杯子":10,
4        "薯片":20,
5        }
6    latest_goods = goods_dict.copy()
7    latest_goods["牛奶"] += 10
8    print("原货架商品信息：",goods_dict)
9    print("现货架商品信息：",latest_goods)
```

运行结果如下。

```
原货架商品信息：{'牛奶': 20, '杯子': 10, '薯片': 20}
现货架商品信息：{'牛奶': 30, '杯子': 10, '薯片': 20}
```

在例6-17的代码中，第6行复制原货架信息goods_dict，得到现货架信息latest_goods；第7行用于改变latest_goods中“牛奶”的库存，用复合赋值运算符“+=”给“牛奶”的库存加了10。在运行结果中，可以发现原货架信息没有改变，现货架信息中牛奶库存增加了10。

6.2.4 字典的合并

合并两个字典有多种方式，下面介绍三种方式：update()方法、{**d1, **d2}方法、“|”“|=”运算符。

1．update()方法

update()方法可以将一个字典合并到另一个字典中。

例6-18 update()方法的使用。

```
1    dict01 = {"a":1,"b":2}
2    dict02 = {"a":3,"d":4}
3    dict01.update(dict02)
4    print(dict01)
```

运行结果如下。

```
{'a': 3, 'b': 2, 'd': 4}
```

例6-18的代码将dict02合并到dict01中。如果有相同的键，则用dict02中键对应的值去更新dict01；如果dict02中有dict01中没有的键，则该键值对会被添加到dict01中。

2．{d1, **d2}方法**

利用{**d1, **d2}方法合并两个字典，会生成一个新的字典，包括两个字典中所有的键值对。

例6-19 使用{**d1, **d2}方法合并两个字典。

```
1    dict01 = {"a":1,"b":2}
```

```
2    dict02 = {"a":3,"d":4}
3    dict03 = {**dict01,**dict02}
4    print(dict03)
```

{**d1, **d2}方法中，字典名前需要加上**，如果两个字典有相同的键，则以第二个字典的值进行填充，运行结果如下。

```
{'a': 3, 'b': 2, 'd': 4}
```

3．“|”“|=”运算符

Python 3.9新增了“|”“|=”运算符，用于字典的合并。“|”运算符与{**d1, **d2}方法类似，会将两个字典合并成一个新的字典，两个字典有相同的键时，以第二个字典的值进行填充。

例6-20 “|”运算符的使用。

```
1    dict01 = {"a":1,"b":2}
2    dict02 = {"a":3,"d":4}
3    dict03 = dict01|dict02
4    print(dict03)
```

运行结果如下。

```
{'a': 3, 'b': 2, 'd': 4}
```

“|=”运算符与update()方法类似，可以将第二个字典合并到第一个字典中。

例6-21 “|=”运算符的使用。

```
1    dict01 = {"a":1,"b":2}
2    dict02 = {"a":3,"d":4}
3    dict01 |= dict02
4    print(dict01)
```

运行结果如下。

```
{'a': 3, 'b': 2, 'd': 4}
```

6.2.5 字典推导式

与列表推导式类似，字典推导式是创建字典的简洁方法。

例6-22 创建键为1~5的整数、值为整数平方的字典。

```
1    square_dict = {}
2    for i in range(1,6):
3        square_dict[i] = i**2
4    print(square_dict)
```

运行结果如下。

```
{1: 1, 2: 4, 3: 9, 4: 16, 5: 25}
```

用字典推导式生成square_dict，具体代码如下。

```
square_dict = { i : i*i for i in range(1,6)}
```

要想在字典中筛选出需要的数据，也可以用字典推导式简化代码。例如，有个以姓名和年龄组成的元组为元素的列表，可从中筛选出未成年的人员名单并保存为字典形式。

例6-23 筛选未成年的人员名单。

```
1    person_list = [("小千",20),("小锋",19),("小扣",17),("小丁",18)]
2    teenager_dict = {}
3    for name,age in person_list:
4        if age < 18:
5            teenager_dict[name] = age
6    print(teenager_dict)
```

运行结果如下。

```
{'小扣': 17}
```

将以上代码改写为字典推导式形式，具体代码如下。

```
person_list = [("小千",20),("小锋",19),("小扣",17),("小丁",18)]
teenager_dict = {name:age for name,age in person_list if age < 18}
print(teenager_dict)
```

6.3 实战8：垃圾分类查询

“绿水青山就是金山银山”，保护环境是每一位公民的责任和义务。上海市从2019年7月1日开始实行垃圾分类，垃圾分为可回收垃圾、干垃圾、湿垃圾和有害垃圾。这一新型分类方式让大家不知道该怎么放置垃圾，特别是湿垃圾和干垃圾一度成为人们调侃的对象。于是就产生了很有趣的分类方式：“卖了可以换钱买猪”的是可回收垃圾，“猪不能吃的”是干垃圾，“猪能吃的”是湿垃圾，“猪吃了会生病的”是有害垃圾。（注：在程序设计中，可以将“湿垃圾”“干垃圾”替换为有些城市使用的“厨余垃圾”和“其他垃圾”。）

为了帮助大家更清楚地进行垃圾分类，可以设计一个程序进行垃圾分类查询。程序可以分以下4步进行设计。

（1）创建存放垃圾类别的字典，以垃圾类别作为键，以具体垃圾名称组成的列表作为值。

（2）设计循环，可以输入垃圾名称，如果找到垃圾，则输出垃圾类别。

（3）如果没有找到垃圾，则打印垃圾类别，让用户自行判断，并退出循环。

（4）用户输入q可以退出循环。

例6-24 创建存放垃圾类别的字典。

```
1    waste_dict = {
2          "可回收垃圾":["玻璃","金属","塑料瓶","纸张","衣服"],
3          "干垃圾":["餐巾纸","塑料袋","纸巾","纸尿裤","花盆","陶瓷"],
4          "湿垃圾":["剩饭剩菜","瓜皮果核","花卉绿植","过期食品"],
5          "有害垃圾":["电池","油漆桶","荧光灯管","废药品"],
6          }
```

例6-24的代码中，第1~6行创建了一个垃圾类别的字典waste_dict，此字典是字典嵌套列表组成的，键值对中的值是列表。此时该如何取出值（列表）中的元素呢？具体方式如图6.2所示。

waste_dict["干垃圾"] ——→ ["餐巾纸","塑料袋", "纸巾", "纸尿裤", "花盆", "陶瓷"]

↓

waste_dict["干垃圾"][1]

图 6.2 取字典嵌套列表中的元素

例6-25 查询垃圾所属类别。

```
7     while True:
8         search_waste = input("请输入您要查询的垃圾: ")
9         find = False
10        if search_waste == "q":
11            break
12        for classify,waste in waste_dict.items():
13            if search_waste in waste:
14                find = True
15                print(f"{search_waste}的类别是{classify}")
16                print("-"*30)
17        if find == False:
18            print("没有找到该垃圾的分类，请自行判断")
19            print("-"*30)
20            for classify,waste in waste_dict.items():
21                print(f"{classify}包括: ",end="")
22                for item in waste:
23                    if waste.index(item) == len(waste) - 1:
24                        print(item)
25                    else:
26                        print(item,end=", ")
27            print("-" * 30)
28            break
```

运行结果如下。

```
请输入您要查询的垃圾：餐巾纸
餐巾纸的类别是干垃圾
------------------------------
请输入您要查询的垃圾：贝壳
没有找到该垃圾的分类，请自行判断
------------------------------
可回收垃圾包括：玻璃，金属，塑料瓶，纸张，衣服
干垃圾包括：餐巾纸，塑料袋，纸巾，纸尿裤，花盆，陶瓷
湿垃圾包括：剩饭剩菜，瓜皮果核，花卉绿植，过期食品
有害垃圾包括：电池，油漆桶，荧光灯管，废药品
------------------------------
```

在例6-25的代码中，第7~28行设计了一个无限循环，可以多次查询垃圾所属的分类。第8行提示输入要查询的垃圾。第9行设置了标志find，初始值设置为False，如果find值是True，说明找到了该垃圾的分类，否则就是没找到。第10~11行用于判断用户是否输入了q，输入q则跳出循环，否则继续向下执行。第12~16行在waste_dict中寻找垃圾对应的分类，如果找到，则打印垃圾类别。第17~28行表示没有找到垃圾的类别，则打印所有垃圾名称及其所属类别，让用户自行判断。其中第20~26行用于遍历waste_dict，垃圾名称之间用逗号隔开，每个类别都进行换行处理。

如果在字典中没有找到垃圾所属类别，用户则可以自行判断该垃圾属于哪类。要想将此垃圾添加到字典waste_dict的已有类别中，可以对第28行代码加以修改。

例6-26 将垃圾添加到字典waste_dict的已有类别中。

```
29            while True:
30                option = input("您是否希望将此垃圾加入现有分类中呢(yes/no)? ")
31                if option == "yes":
32                    classify = input("您希望将垃圾加入哪个类别? ")
33                    try:
34                        waste_dict[classify].append(search_waste)
```

```
35                  except KeyError:
36                      print("您的输入有误，没有此类别")
37                  break
38              elif option == "no":
39                  print("可以继续查询垃圾分类")
40                  break
41              else:
42                  print("您的输入有误，请重新输入")
```

运行结果如下。

```
请输入您要查询的垃圾：贝壳
没有找到该垃圾的分类，请自行判断
------------------------------
可回收垃圾包括：玻璃，金属，塑料瓶，纸张，衣服
干垃圾包括：餐巾纸，塑料袋，纸巾，纸尿裤，花盆，陶瓷
湿垃圾包括：剩饭剩菜，瓜皮果核，花卉绿植，过期食品
有害垃圾包括：电池，油漆桶，荧光灯管，废药品
------------------------------
您是否希望将此垃圾加入现有分类中呢(yes/no)? yes
您希望将垃圾加入哪个类别? 干垃圾
请输入您要查询的垃圾：贝壳
贝壳的类别是干垃圾
------------------------------
请输入您要查询的垃圾：q
```

在例6-26的代码中，第29~42行组成一个内层循环，用于处理用户的选择。用户如果输入yes，则把垃圾添加到字典waste_dict的类别中，并跳出此内层循环；如果输入no，则直接跳出内层循环，让用户回到外层循环继续查询；如果输入不是yes或no，则输入有误，跳出内层循环继续外层循环。第33~36行是一个异常处理，如果用户输入的类别在字典waste_dict中不存在，则会出现KeyError异常，利用try…except对其进行处理，当捕获KeyError异常时，提示用户输入有误。

6.4 模块2：jieba库的使用

6.4.1 jieba库的基本介绍

Jieba库是Python重要的第三方中文分词函数库，可以将中文的文本拆分成中文词语，词语之间以逗号隔开。以“为中华之崛起而读书”为例，可以分成“为”“中华”“之”“崛起”“而”“读书”等一系列词语。

例6-27 用jieba库拆分“为中华之崛起而读书”。

```
1   import jieba
2   cut_list = jieba.lcut("为中华之崛起而读书")
3   print(cut_list)
```

运行结果如下。

```
['为', '中华', '之', '崛起', '而', '读书']
```

Jiaba库是第三方库。2.4.2小节介绍过第三方模块，需要使用pip工具进行jieba库的安装。可以在PyCharm的Terminal中键入以下代码。

```
pip install jieba
```

按回车键后，开始安装jieba库。

出现图6.3中的“Successfully installed”等字样表示安装成功。接下来可以导入jieba模块并进行使用了。

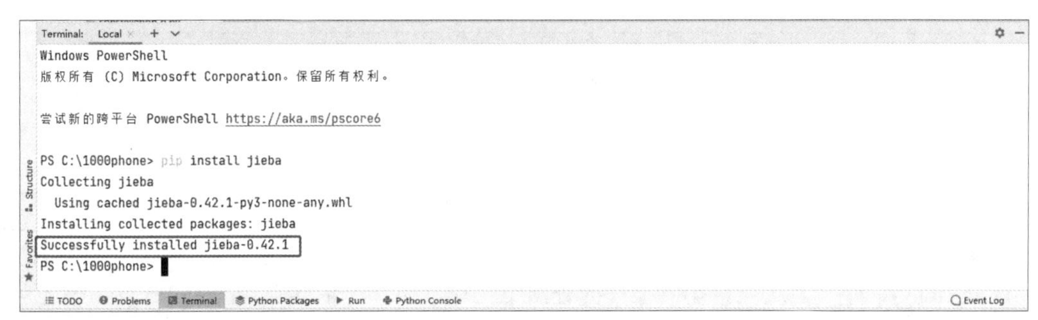

图 6.3 jieba 库的安装

6.4.2 jieba库的常用操作

jieba库中有很多可用的操作，本节将从分词的三种模式、动态修改字典和关键词提取等方面介绍jieba库的使用。

1．分词的三种模式

jieba分词有精确模式、全模式和搜索引擎模式三种模式，如表6.1所示。

表6.1 jieba分词的三种模式

模式	说明
精确模式	将文本精确地切分成词语，适用于文本分析
全模式	将文本里能组成的词语全部输出，速度非常快，但是会产生歧义和冗余
搜索引擎模式	在精确模式的基础上，对长词进行再次切分，适用于搜索引擎分词

为实现这三种模式，jieba库提供了多种分词函数，如表6.2所示。

表6.2 jieba库常用的分词函数

函数	描述
jieba.cut(s)	精确模式，返回一个可迭代的数据类型
jieba.cut(s,cut_all=True)	全模式，输出文本s中所有可能组成的词语
jieba.cut_for_search(s)	搜索引擎模式，返回一个可迭代的数据类型
jieba.lcut(s)	精确模式，返回一个列表类型
jieba.lcut(s,cut_all=True)	全模式，返回一个列表类型
jieba.lcut_for_search(s)	搜索引擎模式，返回一个列表类型

可迭代数据的使用较为不便，列表类型更易于操作，故以下主要介绍lcut()形式的函数。

例6-28 jieba分词的应用。

```
1   from jieba import *
2   sentence = "同一性是指矛盾双方相互依存、相互贯通的性质和趋势"
3   list01 = lcut(sentence)
```

```
4   list02 = lcut(sentence,cut_all = True)
5   list03 = lcut_for_search(sentence)
6   print(f"精确模式分词结果为{list01}")
7   print(f"全模式分词结果为{list02}")
8   print(f"搜索引擎模式分词结果为{list03}")
```

运行结果如下。

```
精确模式分词结果为['同一性', '是', '指', '矛盾', '双方', '相互依存', '、', '相互', '贯通', '的', '性质', '和', '趋势']
全模式分词结果为['同一', '同一性', '是', '指', '矛盾', '双方', '方相', '相互', '相互依存', '依存', '、', '相互', '贯通', '的', '性质', '和', '趋势']
搜索引擎模式分词结果为['同一', '同一性', '是', '指', '矛盾', '双方', '相互', '依存', '相互依存', '、', '相互', '贯通', '的', '性质', '和', '趋势']
```

从分词的结果可以看到，精确模式的分词准确且没有冗余，在此基础上，搜索引擎分词从“同一性”拆分出了“同一”，从“相互依存”拆分出了“相互”和“依存”。全模式分词虽然也将所有的词语都提取出来了，但是有些与语境并不相符，如“方相”，造成了歧义。

2．动态修改字典

通过add_word()函数可以向分词词典中增加新的词。

例6-29 对“千锋教育一直秉持‘用良心做教育’的理念”进行分词。

```
1   import jieba
2   sentence = "千锋教育一直秉持'用良心做教育'的理念"
3   word_list = jieba.lcut(sentence)
4   print(word_list)
```

运行结果如下。

```
['千锋', '教育', '一直', '秉持', "'", '用', '良心', '做', '教育', "'", '的', '理念']
```

其中“千锋教育”是公司品牌，但是jieba库的分词词典不包含这个词，因此将其分成了“千锋”和“教育”。此时可以将“千锋教育”加到分词词典中。

例6-30 将“千锋教育”加到分词词典中。

```
1   import jieba
2   sentence = "千锋教育一直秉持'用良心做教育'的理念"
3   jieba.add_word("千锋教育")
4   word_list = jieba.lcut(sentence)
5   print(word_list)
```

运行结果如下。

```
['千锋教育', '一直', '秉持', "'", '用', '良心', '做', '教育', "'", '的', '理念']
```

除了向分词词典添加词语，也可以通过del_word()函数删除词语。

例6-31 从分词词典中删除“理念”一词。

```
1   import jieba
2   sentence = "千锋教育一直秉持'用良心做教育'的理念"
3   jieba.del_word("理念")
4   word_list = jieba.lcut(sentence)
5   print(word_list)
```

运行结果如下。

```
['千锋', '教育', '一直', '秉持', '"', '用', '良心', '做', '教育', '"', '的', '理',
'念']
```

可以看到，“理念”不再作为一个词语，而是被分成了“理”和“念”。

3．关键词提取

找到一个文本的关键词往往有助于快速理解文本的含义。jieba库支持关键词提取，使用extract_tags()函数实现，其语法格式如下。

```
from jieba.analyse import *
extract_tags(text)
```

也可使用以下语法格式。

```
import jieba.analyse
jieba.analyse.extract_tags(text)
```

关键词的个数默认是20个，也可以自定义关键词的个数，传入参数topK，topK只能设置为整数，具体使用方法如例6-32所示。

例6-32 朱自清的散文《匆匆》片段关键词提取。

```
1   import jieba.analyse
2   congcong_text = """
3   去的尽管去了，来的尽管来着；去来的中间，又怎样地匆匆呢？早上我起来的时候，
4   小屋里射进两三方斜斜的太阳。太阳他有脚啊，轻轻悄悄地挪移了；我也茫茫然跟
5   着旋转。于是——洗手的时候，日子从水盆里过去；吃饭的时候，日子从饭碗里过去；
6   默默时，便从凝然的双眼前过去。我觉察他去的匆匆了，伸出手遮挽时，他又从遮
7   挽着的手边过去，天黑时，我躺在床上，他便伶伶俐俐地从我身上跨过，从我脚边
8   飞去了。等我睁开眼和太阳再见，这算又溜走了一日。我掩着面叹息。但是新来的
9   日子的影儿又开始在叹息里闪过了。
10  """
11  keywords = jieba.analyse.extract_tags(congcong_text,topK=5)
12  print(keywords)
```

运行结果如下。

```
['过去', '太阳', '日子', '叹息', '匆匆']
```

例6-32提取文本congcong_text中的关键词，设置topK=5，即关键词设定为5个。提取出的关键词与文本的意思相符：日子太匆匆。所以读者要把握当下呀！

6.5 实战9：在线商城的评价分析

在线商城中的顾客往往会对商品进行一定的评价，从评价中可以看出顾客对商品的满意度。学习了jieba库后，我们可以用其对评价进行分词处理，并统计出评价中哪些词出现的频率比较高，即进行词频统计，从而对顾客的评价有较为直观的了解。在进行jieba分词之前，需要了解以下两个知识点。

（1）读取文件

文件的操作会在第11章讲解，在此处需要用到文件的读取。读取文件使用open()函数，具体用法如下。

```
open("comment.txt","r",encoding="utf-8")
```

其中第一个参数是文件名，为“comment.txt”；第二个参数是对文件的操作，r表示只读；第三个

参数是编码格式，此处采用UTF-8。如果需要获取文件的内容，还要用到read()函数，具体代码如下。

```
with open("comment.txt","r",encoding="utf-8") as f:
    text = f.read()
```

text即comment.txt的全部文本内容，with关键字用于打开文件，as f是将文件对象命名为f。

（2）对字典进行排序

对字典进行排序需要用到sorted()函数和匿名函数lambda，后面的章节中有详细的介绍。此处对字典进行排序，需要用到以下代码。

```
sort_list = sorted(comment_dict.items(),key=lambda x:x[1],reverse=True)
```

此行代码是将字典comment_dict中的键值对按照值的大小顺序进行排列，reverse的值为True，即按照从大到小的顺序排列。执行sorted()函数后，返回的是一个列表，列表的元素是comment_dict中键值对组成的元组。

在线商城中的商品“脐橙”的评价存在于文件comment.txt中，下面对评价进行分词处理。

例6-33 在线商城的评价分析。

```
1   import jieba
2   with open("comment.txt","r",encoding="utf-8") as f:
3       text = f.read()
4   comment_words = jieba.lcut(text)
5   comment_dict = {}
6   for word in comment_words:
7       if len(word) == 1:
8           continue
9       else:
10          comment_dict[word] = comment_dict.get(word,0) + 1
11  sort_list = sorted(comment_dict.items(),key=lambda x:x[1],reverse=True)
12  for i in range(15):
13      word,count = sort_list[i]
14      print(f"{word:^10}{count:^10}")
```

运行结果如下。

```
    橙子        357
    不错        235
    非常        232
    好吃        227
    水分        146
    味道        145
    新鲜        140
    个头        126
    喜欢        124
    购买        106
    很甜        103
    回购         98
    收到         96
    脐橙         94
    价格         93
```

在例6-33的代码中，第6~10行是对评论文本分词后的词语统计。如果分词只有一个字，则忽略不计，因为在中文分词中，一个字往往是标点或无明确意义的词，如“的”“有”“呀”等。第10行使用get()方法访问字典，如果字典的键中有该分词，则分词对应的值加1；如果字典的键中没有该分词，则给该分词赋值0+1，即1。

打印出评论中高频词语的前15位，可以看出评论的主题是“橙子”，且顾客对商品的评价较为正向，觉得“橙子”是“不错”“好吃”“新鲜”“很甜”的，顾客对于“橙子”很“喜欢”。也可以发现顾客在购买“橙子”时的关注点，包括“水分”“味道”“个头”“价格”等。

此时，考虑一个问题：如果顾客对橙子的评价是“不好吃”“不新鲜”“不喜欢”，jieba库会将其分解成什么呢？下面对comment.txt中的一条负面评价进行分词处理。

例6-34 对负面评价进行分词处理。

```
1    import jieba
2    result = jieba.lcut("太酸涩了，不好吃，严重与描述不符")
3    print(result)
```

运行结果如下。

```
['太', '酸涩', '了', '，', '不', '好吃', '，', '严重', '与', '描述', '不符']
```

“不好吃”一词被分解成了“不”“好吃”，这种分词会对结果产生不小的影响。那该如何解决此问题呢？为了减少分词的歧义，可以将“不好吃”加入分词字典，使jieba库能将其当作完整的词语。

例6-35 将“不好吃”加入分词字典。

```
1    import jieba
2    jieba.add_word("不好吃")
3    result = jieba.lcut("太酸涩了，不好吃，严重与描述不符")
4    print(result)
```

运行结果如下。

```
['太', '酸涩', '了', '，', '不好吃', '，', '严重', '与', '描述', '不符']
```

例6-36 修改分词字典后，再次对在线商城的评价进行分析。

```
1    import jieba
2    text = open("comment.txt","r",encoding="utf-8").read()
3    jieba.add_word("不好吃")
4    jieba.add_word("不新鲜")
5    jieba.add_word("不喜欢")
6    comment_words = jieba.lcut(text)
7    comment_dict = {}
8    for word in comment_words:
9        if len(word) == 1:
10           continue
11       else:
12           comment_dict[word] = comment_dict.get(word,0) + 1
13   sort_list = sorted(comment_dict.items(),key=lambda x:x[1],reverse=True)
14   for i in range(15):
15       word,count = sort_list[i]
16       print(f"{word:^10}{count:^10}")
```

运行结果没有变化，说明以上所述的分词歧义对本商品的评价没有明显影响。

6.6 集合的创建及运算

6.6.1 集合的创建

集合类型与数学中的集合概念一致，由无序排列、不重复的元素组成。集合中的元素类型只能是不可变数据类型，如整型、浮点型、字符串、元组等，不能是列表、字典等可变数据类型。集合分为可变集合（set）和不可变集合（frozenset），以下只介绍常用的可以进行添加、删除元素操作的可变集合。

可变集合有两种创建方式：一种是直接用花括号“{}”创建，元素之间以逗号隔开；另一种是以set()函数创建。其他数据类型也可以通过set()函数转换为集合。

1．通过花括号“{}”创建集合

使用“{}”可以创建一个空字典，但是不能创建一个空集合。“{}”只能创建有元素的集合。

例6-37 通过“{}”创建集合。

```
1   dict01 = {}
2   print("{}的类型是：",type(dict01))
3   set01 = {"小千","小锋"}
4   print("set01的类型是",type(set01))
```

运行结果如下。

```
{}的类型是：<class 'dict'>
set01的类型是 <class 'set'>
```

可以看到，不包含元素的“{}”创建的是一个空字典。“{}”中的元素是键值对时，则是字典类型；“{}”中的元素是单个元素并以逗号隔开时，则是集合类型。

集合中的元素是不重复的。若创建集合时输入了重复的元素，则会自动只保留一个。

例6-38 创建集合存在重复元素的情况。

```
1   set01 = {"小千","小锋","小千"}
2   print(set01)
```

运行结果如下。

```
{'小锋', '小千'}
```

创建set01时，输入了重复元素“小千”，在打印set01时，仅保留了一个“小千”。

2．通过set()函数创建集合

使用set()函数可以创建一个空集合，具体示例如下。

```
empty_set = set()
```

set()函数也可以将字符串、元组、列表、字典等序列类型和映射类型转换为集合。

例6-39 set()函数的使用。

```
1   set01 = set("qianfeng")
2   set02 = set(("小千","小锋"))
3   set03 = set(["小千","小锋"])
4   set04 = set({"小千":19,"小锋":18})
5   print("set01:",set01)
6   print("set02:",set02)
7   print("set03:",set03)
8   print("set04:",set04)
```

运行结果如下。

```
set01: {'q', 'a', 'n', 'f', 'e', 'g', 'i'}
set02: {'小千', '小锋'}
set03: {'小千', '小锋'}
```

```
set04: {'小千', '小锋'}
```

在例6-39中，set01集合是set()函数将字符串“qianfeng”的字符去重后组成的，set02是set()函数由元组转换成的集合，set03是set()函数由列表转换成的集合，set04是set()函数由字典转换成的集合（set()函数只转换字典的键）。

6.6.2 添加和删除集合元素

1．添加集合元素

向集合中添加元素使用add()函数。

例6-40 添加集合元素。

```
1    language_set = {"汉语","英语","法语"}
2    language_set.add("俄语")
3    print(language_set)
```

运行结果如下。

```
{'汉语', '俄语', '法语', '英语'}
```

2．删除集合元素

从集合中删除元素可以使用remove()方法和discard()方法。其中remove()方法删除一个元素，如果元素不存在，则会产生KeyError；discard()方法删除一个元素，元素不存在不会报错。

例6-41 删除集合元素。

```
1    language_set = {"汉语","英语","法语"}
2    language_set.discard("英语")
3    print(language_set)
4    language_set.remove("法语")
5    print(language_set)
```

运行结果如下。

```
{'法语', '汉语'}
{'汉语'}
```

6.6.3 集合的运算

集合可以参与多种运算，如表6.3所示。

表6.3 集合中的运算

运算	说明
x in S	如果x在S中，则返回True，否则返回False
S==T	如果S与T相同，则返回True，否则返回False
S<=T或者S.issubset(T)	如果S与T相同或者S是T的子集，则返回True，否则返回False，S<T可以判断S是不是T的真子集
S>=T或者S.issuperset(T)	如果S与T相同或者S是T的超集，则返回True，否则返回False，S>T可以判断S是不是T的真超集
S-T或者S.difference(T)	差集，返回一个新集合，包括在集合S中但不在集合T中的元素
S&T或者S.intersection(T)	交集，返回一个新集合，包括同时在集合S和集合T中的元素
S^T或者S.symmetric_difference(T)	对称差集，返回一个集合，包括集合S和集合T中的元素，但是不包括同时在两集合中的元素

续表

运算	说明
S|T或者S.union(T)	并集，返回一个包括集合S和集合T中所有元素的新集合
S|=T或者S.update(T)	更新集合S，将集合T中的元素并入集合S中

集合的4种基本操作为交集（&）、并集（|）、差集（-）、对称差集（^），它们与数学中的定义相同，如图6.4所示。

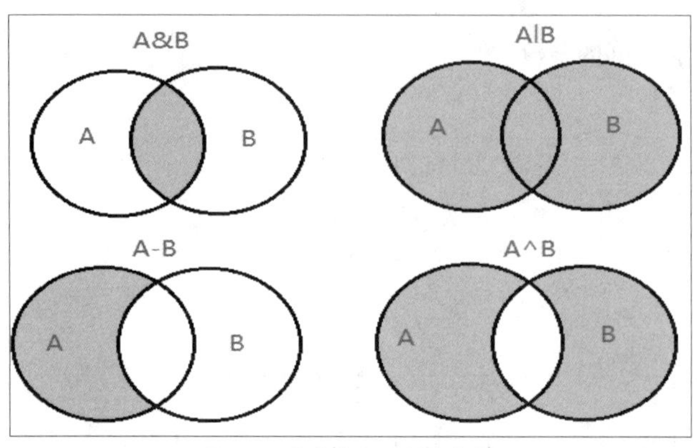

图 6.4　集合的 4 种基本操作

例6-42　集合的运算。

```
1    set01 = {1,2,3,4}
2    set02 = {3,4,5,6}
3    print("set01&set02:",set01&set02)        #交集
4    print("set01|set02:",set01|set02)        #并集
5    print("set01-set02:",set01-set02)        #差集
6    print("set01^set02:",set01^set02)        #对称差集
```

运行结果如下。

```
set01&set02: {3, 4}
set01|set02: {1, 2, 3, 4, 5, 6}
set01-set02: {1, 2}
set01^set02: {1, 2, 5, 6}
```

本章小结

本章主要介绍了Python的字典与集合的创建及常用操作：首先介绍了字典的访问、遍历和合并等操作，并用字典实现“垃圾分类查询”，展现了字典在生活中的应用场景；其次介绍了中文分词模块jieba，此模块和字典结合使用可以进行词频统计，本章用实战“在线商城的评价分析”加深读者对其的理解；最后讲述了集合的创建和运算，由于集合是由不重复的元素组成的，故常用于去重。

习题 6

1．填空题

（1）字典中的每个元素都是由________组成的。

（2）________方法可以获取字典中所有的键值对。

（3）字典的合并可以用________和________运算符。

（4）向集合中添加元素使用________函数。

（5）集合的交集运算符是________。

2．单选题

（1）下列属于字典的是（　　）。

A. {1:2, 3:4}　　B. [1, 2, 3, 4]

C. (1, 2, 3, 4)　　D. {1, 2, 3, 4}

（2）下列不可以作为字典键的是（　　）。

A. 4　　B. (3, 2, 4, 1)

C. [4,1,3,2]　　D. '4'

（3）下列可以获取字典中所有值的是（　　）。

A. values()　　B. keys()

C. get()　　D. getValues()

（4）集合中元素类型不能为（　　）。

A. 元组　　B. 字符串

C. 数字　　D. 集合

（5）set01 = set(“千锋”)，set02 = set("教育")，set01|set02的结果可能是（　　）。

A. { “千锋教育"}　　B. {"锋", "千", "教", "育"}

C. “千锋教育"　　D. ["千锋教育"]

3．简答题

（1）简述访问字典中的值的方法。

（2）遍历字典有几种形式？请简单说明。

4．编程题

（1）由用户输入学生学号和姓名，将数据存在字典中，最终输出学生信息（按学号从小到大展示）。

（2）用循环的方式通过输入创建一个字典favorite_dict，用于保留自己喜欢的食物，并打印出来。favorite_dict可以参考以下形式。

```
favorite_dict = {
    "food":["fish","cabbage","chicken"],
    "pet":["cat","dog","rabbit"],
    "sport":["play football","running"],
}
```

（3）利用集合判断一个列表中是否存在重复元素。

（4）选择一篇喜欢的文章，对文章进行词频统计，并提取出文章的关键词。

第7章 函数

本章学习目标

- 掌握函数的基本使用方法
- 掌握函数的参数传递方式
- 理解变量的作用域
- 理解函数的递归调用

编写代码往往是为了实现特定的功能，如果需要使用一个功能多次，也要写同样的代码多次吗？答案是否定的。本章将讲解函数。当执行一个任务多次时，我们不需要反复编写完成此任务的代码，只需要调用执行该任务的函数。函数的使用会让程序更加简洁，可读性更强，更易于维护。

7.1 函数的基本使用

7.1.1 函数的定义

2.3.1小节对函数进行了简要的介绍，下面将对函数进行详细的讲解。函数是具有特定功能、可以重复使用的代码块，每个函数都有名字，可通过函数名对函数进行调用。当在程序中多次执行同一任务时，不需要反复编写完成此任务的代码，调用执行该任务的函数即可。

Python自带一些函数和方法，前面已经介绍过一些内置函数，如eval()函数、print()函数和input()函数等，也介绍过模块中的函数和方法，如jieba模块中的lcut()函数、turtle模块中的setup()函数等。用户也可以自己编写函数，即自定义函数，其语法格式如下。

```
def 函数名(参数列表):
    函数体
    return 返回值列表
```

关于此语法格式，需要注意以下5点。

（1）def是关键字，用于定义一个函数。

（2）函数名是一个标识符，不能与关键字重复。

（3）参数可以有零个、一个或多个，没有参数时圆括号也需要保留。

（4）在函数体的起始位置可以选择以注释形式进行函数说明，此处的注释在Python程序中被称为文档字符串。

（5）return语句可以省略，当需要返回值时，return语句是函数结束的标志，会将返回值列表返回给调用者。

例7-1 定义计算矩形面积的函数。

```
1   def cal_square(length,width):
2       return length * width
3   result = cal_square(4,3)
4   print(result)
```

运行结果如下。

```
12
```

在例7-1中，第1行和第2行代码定义了一个cal_square()函数。关于自定义函数cal_square()的详细说明，如图7.1所示。

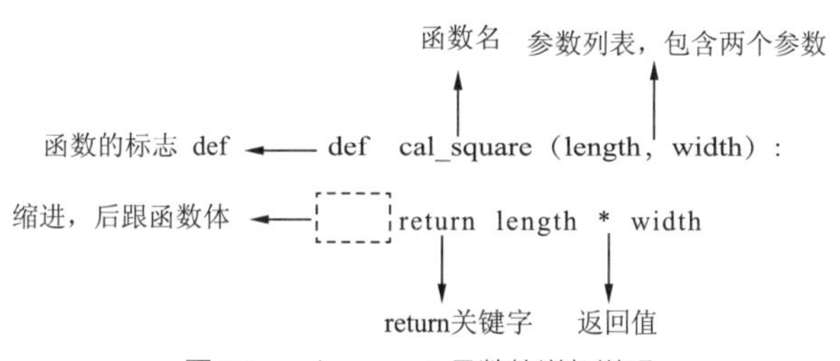

图 7.1 cal_square() 函数的详细说明

定义函数后，函数不会自动被执行，需要进行调用，才能使函数行使其功能。第3行代码调用了cal_square()，并向函数传递了两个参数4、3。函数计算了4*3的值，并返回赋值给result。当需要计算矩形的面积时，直接调用cal_square()即可。例7-1用cal_square(4,3)计算了长、宽分别为4、3的矩形面积，也可以传入其他参数。

需要注意的是，定义函数时的参数列表里面的参数是形式参数，简称为“形参”，在例7-1中指的是length和width；当调用函数时，要传递给函数的参数是实际参数，简称为“实参”，在例7-1中指的是cal_square(4,3)中的4和3。

7.1.2 函数的返回值

进行函数调用时，传递参数实现了从函数外部向函数内部的数据传输，而return语句则实现了从函数内部向函数外部输出数据。函数的返回值可以是空值、一个值或者多个值。

如果定义函数时没有return语句，或者只有return语句而没有返回数据，则Python会认为此函数返回的是None，None表示空值。

例7-2 打印借阅书籍情况。

```
1   def borrow_books(name,book,day):
2       print(f"{name}借阅了书籍《{book}》,预计借阅{day}天")
3   borrow_books("小千","红楼梦",14)
4   borrow_books("小锋","西游记",10)
```

运行结果如下。

```
小千借阅了书籍《红楼梦》,预计借阅14天
小锋借阅了书籍《西游记》,预计借阅10天
```

在例7-2的代码中，第1行和第2行定义了borrow_books()函数，用于打印借阅书籍的情况，函数中的形参包括name、book和day；第3行和第4行分别调用borrow_books()函数，即调用了两次，传入了不同的实参。

定义的borrow_books()函数是不含return语句的，此时调用borrow_books()函数返回的值是None。为了验证这一点，可以将第4行代码修改如下。

```
result = borrow_books("小锋","西游记",10)
print(result)
```

此时的运行结果如下。

```
小千借阅了书籍《红楼梦》,预计借阅14天
小锋借阅了书籍《西游记》,预计借阅10天
None
```

调用函数会执行函数体，执行完成后返回None，并赋值给result。打印result的结果为None。

return语句可以在函数中的任何位置，当执行到return语句时，函数停止执行，return语句后的代码不再执行。

例7-3 返回两数中的较大值。

```
1   def number_max(a,b):
2       if a > b:
3           return a
4       else:
5           return b
6       print("函数执行完成")
7   result = number_max(3,5)
8   print(result)
```

运行结果如下。

```
5
```

在例7-3的代码中，第1~6行定义了number_max()函数，形参为a、b，当a大于b时，返回a；当b大于等于a时，返回b。第7行调用了此函数，传入实参3、5，分别传递给形参a、b后，开始执行函数体，由于a小于b，执行else后的return语句，函数调用结束，不再执行后续第6行的代码，函数的返回值为5。

当函数有多个返回值时，返回的多个值是以逗号隔开的，此时就有了构成元组的标志，即函数的返回值构成了一个元组。

例7-4 求一个三位数百、十、个位的值。

```
1   def cal_digit(number):
2       high = number // 100
3       mid = number // 10 % 10
4       low = number % 10
5       return high, mid, low
6   result = cal_digit(543)
7   print(result)
8   a,b,c = cal_digit(543)
9   print(a,b,c)
```

运行结果如下。

```
(5, 4, 3)
5 4 3
```

在例7-4的代码中，第1~5行定义了一个cal_digit()函数，用于计算三位数的百、十、个位数，其中high为百位数，mid为十位数，low为个位数。第5行的return语句返回这三个值。第6行调用cal_digit()函数，并用变量result接收返回值，打印结果是一个元组。也可以用多个变量来接收函数返回的

元组的各个元素，如第8行和第9行的形式。

7.1.3 函数的注释

假如需要知道一个年份是不是闰年，可以定义一个函数去实现这个功能，但是函数体的内容暂不确定，此时可以用pass语句进行占位，具体代码如下。

```
def is_leap():
    pass
```

当定义函数却没有写函数体时，代码会高亮显示，表示语法有问题，程序无法顺利运行。此时用pass语句代替函数体可使整个程序能够正常运行。if、for、while等语句后的语句块，也可以用pass语句进行占位。

闰年的年份是4的倍数。当年份是整百数时，能被400整除才是闰年。厘清这个思路后，可以对函数进行完善。

例7-5 判断年份是不是闰年。

```
1   def is_leap(year):
2       if (year%4 == 0 and year%100 != 0) or year%400 == 0:
3           return True
4       else:
5           return False
```

定义is_leap()函数，形参是year，当year能整除4且不能整除100时，是闰年；当year能整除400时，也是闰年。year是闰年则返回True，否则返回False。定义函数后，如果暂时不需要用它，下次再看到这段代码时，是不是可能忘了这个函数的功能呢？那么可以在函数体的起始位置键入三引号进行函数注释（注：在PyCharm中输入三引号并按回车键，可以自动生成部分函数注释），也称为文档字符串。文档字符串一般包括函数的功能、参数及返回值。可以通过__doc__属性查看文档字符串。

例7-6 为函数添加注释。

```
1   def is_leap(year):
2       """
3       判断年份是不是闰年
4       :param year:年份
5       :return:返回值为布尔型
6       """
7       if (year%4 == 0 and year%100 != 0) or year%400 == 0:
8           return True
9       else:
10          return False
11  print(is_leap.__doc__)
```

运行结果如下。

```
    判断年份是不是闰年
    :param year:年份
    :return:返回值为布尔型
```

7.2 函数的参数传递

定义一个函数时，可能会设置多个形参，那么在调用函数时也会传递多个实参。参数的传递方式很多：参数的位置传递要求实参的顺序与形参的顺序相同；参数的关键字传递中，实参由变量名和值组成；除此之外，还可以通过参数的包裹传递来传递任意个数的参数，等等。

7.2.1 参数的位置传递

参数的位置传递是指调用函数时根据函数定义的形参位置传递实参，将形参和实参顺序关联。

例7-7 显示人员喜欢的名胜古迹（参数的位置传递）。

```
1   def favorite_place(name,place):
2       print(f"我的名字是{name}")
3       print(f"我最喜欢的名胜古迹是{place}")
4   favorite_place("小千","万里长城")
```

运行结果如下。

```
我的名字是小千
我最喜欢的名胜古迹是万里长城
```

在例7-7的代码中，第1~3行定义了favorite_place()函数，第4行对此函数进行调用。其数据传递如图7.2所示。

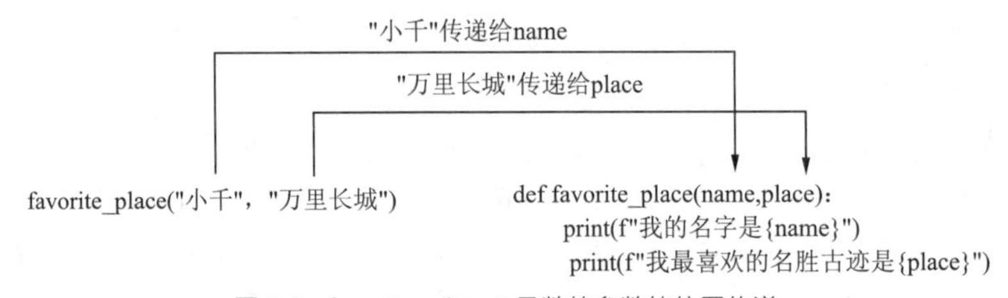

图 7.2 favorite_place() 函数的参数的位置传递

在参数的位置传递中，函数调用时，实参的传递顺序与定义函数形参的顺序需要保持一致，如果顺序不正确，结果会不符合预期。例如，将例7-7中第4行代码修改如下。

```
favorite_place("万里长城","小千")
```

此时“万里长城”会被传递给name，“小千”会被传递给place，运行的结果如下所示。

```
我的名字是万里长城
我最喜欢的名胜古迹是小千
```

需要注意的是，实参和形参的类型和个数必须匹配，否则程序就会报错。在例7-7中，favorite_place()函数有两个形参，此时将第4行代码修改如下。

```
favorite_place("小千","万里长城","避暑山庄")
```

运行程序后，就会出现以下异常。

```
Traceback (most recent call last):
  File "C:\1000phone\parter7\scenic_spots.py", line 4, in <module>
    favorite_place("小千","万里长城","避暑山庄")
TypeError: favorite_place() takes 2 positional arguments but 3 were given
```

异常信息指出，favorite_place()函数只接收两个参数，但是却传递了三个。

7.2.2 参数的关键字传递

参数的关键字传递中，会直接将形参的名称和实参的值关联起来，故允许传递实参的顺序与定义函数时的形参顺序不一致。

例7-8 显示人员喜欢的名胜古迹（参数的关键字传递）。

```
1   def favorite_place(name,place):
2       print(f"我的名字是{name}")
3       print(f"我最喜欢的名胜古迹是{place}")
4   favorite_place(place="桂林山水",name="小锋")
```

运行结果如下。

```
我的名字是小锋
我最喜欢的名胜古迹是桂林山水
```

在例7-8的代码中，favorite_place()函数的定义和例7-7中一致，但是调用此函数时，向Python指明了各个实参对应的形参，可以清楚地知道实参“桂林山水”和“小锋”分别对应形参place和name。参数的关键字传递中，实参的顺序并不重要，Python可以判断出每个实参应该赋给哪个形参。以下两种函数调用方式是等效的。

```
favorite_place(place="桂林山水",name="小锋")
favorite_place(name="小锋",place="桂林山水")
```

7.2.3 参数的默认值传递

在定义函数时，可以给形参指定默认值。在调用函数时，如果给形参提供了实参，函数将使用指定的实参值；如果不提供实参，函数将使用形参的默认值。故而，当形参有指定的默认值时，可以在函数调用中省略相应的实参。需要注意的是，有默认值的形参必须在没有默认值的形参的右侧，否则函数将会报错。

例如，在统计一个班里的人喜欢的名胜古迹时，发现多数人都喜欢“万里长城”，此时就可以给例7-8中的形参place设置默认值“万里长城”。

例7-9 显示人员喜欢的名胜古迹（参数的默认值传递）。

```
1   def favorite_place(name,place="万里长城"):
2       print(f"我的名字是{name}")
3       print(f"我最喜欢的名胜古迹是{place}")
4   favorite_place(name="小千")
```

运行结果如下。

```
我的名字是小千
我最喜欢的名胜古迹是万里长城
```

在例7-9的代码中，给形参place设置默认值“万里长城”后，调用favorite_place()函数可以只给形参name指定实参。

即使形参place有默认值，也可以在调用函数时给其传入实参，具体代码如下。

```
favorite_place(name="小锋",place="桂林山水")
```

此时函数中的place不再使用默认值，而是使用传入的实参“桂林山水”，运行结果如下。

```
我的名字是小锋
我最喜欢的名胜古迹是桂林山水
```

7.2.4 参数的包裹传递

在定义函数时，有时候不知道调用时会传递多少个实参。Python提供了能够接收任意数量实参的传参方式，即参数的包裹传递。

设想这样一个场景，对程序员喜欢的编程语言进行调研，每个人喜欢的编程语言并不一致，现在要设计一个函数用于打印程序员喜欢的编程语言，该如何进行呢？传递不确定长度的实参，可以在形参前面加上星号（*）来实现。

例7-10 展示程序员喜欢的编程语言。

```
1    def favorite_language(*languages):
2        print(languages)
3    favorite_language("Python")
4    favorite_language("C","C++","Python")
```

运行结果如下。

```
('Python',)
('C', '+C++', 'Python')
```

在例7-10中，形参*languages中的“*”让Python创建了一个名为languages的空元组，并将传入函数的实参全部封装在此元组中。第3行和第4行代码分别传入一个和三个实参。

现在修改函数，传入程序员的姓名和喜欢的编程语言，并对编程语言进行遍历输出。需要注意的是，让函数接收不同类型的实参时，Python会先匹配位置实参和关键字实参，然后将余下的实参收集到最后一个形参中。

例7-11 函数接收不同类型的实参的情况。

```
1    def favorite_language(name,*languages):
2        print(f"{name}喜欢的编程语言如下：")
3        for language in languages:
4            print(language)
5    favorite_language("小千","Python")
6    favorite_language("小锋","C","C++","Python")
```

运行结果如下。

```
小千喜欢的编程语言如下：
Python
小锋喜欢的编程语言如下：
C
C++
Python
```

参数的包裹传递还包括接收关键字参数并将其存放到字典中，需要使用双星号（**）来实现。例如，当进行问卷调查时，被调查者有的题目没有填写，导致每份问卷中的有效数据个数不同，此时打印问卷中的数据，如例7-12所示。

例7-12 打印问卷中的有效数据。

```
1    def personinfo(**info):
2        return info
3    result = personinfo(id=1,name="小千",age=19,grade="大二")
4    print(result)
```

运行结果如下。

```
{'id': 1, 'name': '小千', 'age': 19, 'grade': '大二'}
```

在例7-12中，形参**info中的“**”让Python创建了一个名为info的空字典，并将传入函数的关键字实参全部放到此字典中。函数personinfo()返回一个字典，赋值给result。

现在对函数进行修改，传入被调查者的个人信息和喜欢的编程语言。注意：形参的排列顺序是先位置形参，然后关键字形参，再是*元组形参，最后是**字典形参，否则程序就会异常。

例7-13 函数形参的顺序。

```
1   def personinfo(*languages,**info):
2       for key,value in info.items():
3           print(f"{key}:{value}")
4       print("喜欢的编程语言如下：")
5       for language in languages:
6           print(language,end=" ")
7   personinfo("C","C++","Python",id=1,name="小千",age=19,grade="大二")
```

运行结果如下。

```
id:1
name:小千
age:19
grade:大二
喜欢的编程语言如下：
C C++ Python
```

7.2.5 参数的解包裹传递

星号（*）和双星号（**）除了在函数的形参中使用，还可以在调用函数时使用，作为实参进行传递，这就是参数的解包裹传递。参数的解包裹传递机制：当实参为元组或列表时，将其拆分，使得元组或列表中的每一个元素对应一个位置形参；当实参为字典时，将字典拆分，使得字典中的每一个键值对作为一个关键字传递给形参。

例如，计算三个数值的乘积，可以将实参设置为元组或列表。

例7-14 计算三个数值的乘积。

```
1   def product(a,b,c):
2       return a * b * c
3   tuple01 = (22,10,22)
4   print(product(*tuple01))
5   list01 = [22,10,22]
6   print(product(*list01))
```

运行结果如下。

```
4840
4840
```

在例7-14的代码中，第4行在调用函数时给实参tuple01前加上了“*”，此时将tuple01中的3个元素分别传递给a、b、c。也可以通过列表进行参数的解包裹传输，如第6行所示。

可以将例7-14中的实参改为字典形式，如例7-15所示。

例7-15 传入字典形式的实参。

```
1   def product(a,b,c):
```

```
2        return a * b * c
3    dict01 = {
4        "a":22,
5        "b":10,
6        "c":22
7    }
8    print(product(**dict01))
```

运行结果如下。

```
4840
```

在例7-15的代码中，dict01的前面加上了“**”，dict01中的键值对分别根据相应的关键字被传递给函数中的形参，例如，键c的值22会传递给形参中的c。

7.3 可变对象作为参数

在Python中，存在数值、字符串、元组等不可变的数据类型，也存在列表、字典等可变的数据类型，可变数据类型和不可变数据类型在作为函数的实参时，有很大的差别。

当不可变对象作为实参时，函数内参数的改变不会影响该不可变对象的值。这是由于不可变对象作为参数时，向函数传递的是参数对应的值，如果在函数内部修改参数，相当于把参数的值复制一份后再进行修改，此时会开辟一个新的地址，函数内的变量指向这个新的地址，不会对不可变对象产生影响。

现设计一个函数，用于根据品牌的名称拼出官网的网址。

例7-16 拼接网址。

```
1    def join_str(brand_str):
2        brand_str = "www." + brand_str + ".com"
3        return brand_str
4    brand = "codingke"
5    url = join_str(brand)
6    print("品牌名称为：",brand)
7    print("网址为：",url)
```

运行结果如下。

```
品牌名称为：codingke
网址为：www.codingke.com
```

在例7-16中可以发现，不可变对象brand作为实参传入join_str()函数后，brand的值赋给了形参brand_str，虽然在join_str()函数中参数brand_str发生了改变，拼接成了网址，但是不可变对象brand本身的值并没有受到影响。

可变对象作为参数就不一样了。在函数内，参数的改变会使可变对象发生改变。可变对象作为参数，相当于将可变对象直接传入函数，函数中的任何变动都会直接影响可变对象。

例如，货架上有不同类型的商品，用多个列表去存储每个货架上的商品，现节日将至，需要增加一个货架用于摆放礼盒，如例7-17所示。

例7-17 修改货架商品。

```
1    def change_shelves(goods_list):
2        goods_list.append("礼盒")
3        return goods_list
```

```
4    alist = ["牛奶","薯片","巧克力"]
5    result = change_shelves(alist)
6    print(alist)
7    print(result)
```

运行结果如下。

```
['牛奶', '薯片', '巧克力', '礼盒']
['牛奶', '薯片', '巧克力', '礼盒']
```

在例7-17中，可变对象alist被传入change_shelves()函数，参数goods_list新增元素“礼盒”后，可变对象alist也发生了改变，增加了元素“礼盒”。

如果希望保留原货架信息，应该怎么处理呢？此时就可以运用列表的复制。在调用函数时，将列表复制后再传入函数，原列表信息就不会变化了，也就是将例7-17的代码中的第5行修改为如下代码。

```
result = change_shelves(alist.copy())
```

也可运用列表的切片复制，代码如下。

```
result = change_shelves(alist[:])
```

此时，将列表复制后的值传入函数，运行结果如下。

```
['牛奶', '薯片', '巧克力']
['牛奶', '薯片', '巧克力', '礼盒']
```

需要注意的是，虽然将列表复制后再向函数传递这种方式可以保留原列表信息，但是如非必要，建议不要这么做。这是由于复制列表需要花费时间和内存，向函数传入原列表可以避免这些开销。

7.4 实战10：哥德巴赫猜想

哥德巴赫猜想是世界近代三大数学难题之一。这个猜想最初是由哥德巴赫在1742年给欧拉的信中提出的，具体内容是“任一大于2的整数都可写成3个素数之和”。哥德巴赫自己无法证明它，就去请教了大数学家欧拉，欧拉直到过世也没能完成此猜想的证明。当前哥德巴赫猜想已经演变成欧拉的版本，即“任一大于2的偶数都可以写成两个素数之和”。

我国伟大的数学家陈景润曾发表《表达偶数为一个素数及一个不超过两个素数的乘积之和》(简称“1+2”)，成为哥德巴赫猜想研究上的里程碑。这一成果在国际上被誉为“陈氏定理”，而陈景润被称为哥德巴赫猜想第一人。哥德巴赫猜想被逐渐验证，陈景润已经解决了“1+2”的问题，但是“1+1”的问题至今也没有完全证明。虽然无法证明此猜想，但是却可以用程序去验证它。以下将设计程序随机验证一个大于5的偶数是否能写成两个素数之和。

为了验证猜想，需要解决三个问题：如何判断一个数是不是偶数？如何判断一个数是不是素数？如何将一个数分解成两个素数之和？下面对这三个问题一一进行分析。

(1) 判断一个数是不是偶数

如果一个数能整除2，那么这个数就是偶数。那么如何用函数去判断一个数是不是偶数呢？

例7-18 判断一个数是否为偶数。

```
1    def is_even(number):
2        if number%2 == 0:
3            return True
4        else:
```

```
5           return False
```

向is_even()函数中输入一个数number，如果number是偶数，则返回True；如果number不是偶数，则返回False。

（2）判断一个数是不是素数

一个数是不是素数有多种判断方法，在此处采用以下方式：对于一个数number，如果number能被2 ~ $\sqrt{number}$的所有整数整除，则number不是素数；否则number是素数。根据此思路，可以写出判断素数的函数。

例7-19 判断一个数是否为素数。

```
1   import math
2   def is_prime(number):
3       if number < 2:
4           return False
5       sqrt_number = int(math.sqrt(number))
6       for i in range(2, sqrt_number + 1):
7           if number % i == 0:
8               return False
9       return True
```

向is_prime()函数中输入一个数number，如果number是素数，则返回True，否则返回False。number小于2时不是素数；number能整除2 ~ $\sqrt{number}$时也不是素数。

（3）将一个数分解成两个素数

定义能将一个数分解为两个素数的函数，如例7-20所示。

例7-20 将一个数分解成两个素数。

```
1   def can_split(number):
2       equo_list = []
3       for i in range(1,number//2+1):
4           j = number - i
5           if is_prime(i) and is_prime(j):
6               equo_list.append(f"{number}={i}+{j}")
7       if not equo_list:
8           equo_list.append(f"{number}无法分解成两个素数")
9       return equo_list
```

在can_split()函数中，传入参数number，当number能分解成两个素数时，则将分解式添加到equo_list中；当number无法分解成两个素数时，则将“number无法分解成两个素数”添加到equo_list中。can_split()函数的返回值是equo_list。第3~6行代码将number分解，i表示从1到$\frac{number}{2}$的数，j表示从$\frac{number}{2}$到number的数。这样写的好处是不会出现重复的式子，例如，9=2+7也可以写成9=7+2，这样就重复了。

截至目前，三个问题都已经解决了，下面将以上代码合并。

例7-21 验证哥德巴赫猜想。

```
1   import math
2   def is_even(number):
3       """判断一个数是不是偶数"""
4       if number%2 == 0:
5           return True
6       else:
7           return False
```

```
8    def is_prime(number):
9        """判断一个数是不是素数"""
10       if number < 2:
11           return False
12       sqrt_number = int(math.sqrt(number))
13       for i in range(2,sqrt_number+1):
14           if number % i == 0:
15               return False
16       return True
17   def can_split(number):
18       """判断一个数能否分解成两个素数的和，返回一个列表"""
19       equo_list = []
20       for i in range(1,number//2+1):
21           j = number - i
22           if is_prime(i) and is_prime(j):
23               equo_list.append(f"{number}={i}+{j}")
24       if not equo_list:
25           equo_list.append(f"{number}无法分解成两个素数")
26       return equo_list
27   if __name__ == "__main__":
28       random_num = input("请输入一个大于5的偶数")
29       if random_num.isdigit():
30           random_num = int(random_num)
31           if random_num > 5 and is_even(random_num):
32               result_list = can_split(random_num)
33               for equo in result_list:
34                   print(equo)
35           else:
36               print("输入的数字不符合要求！")
37       else:
38           print("请输入整数！")
```

运行结果如下。

```
请输入一个大于5的偶数124
124=11+113
124=17+107
124=23+101
124=41+83
124=53+71
```

在例7-21的代码中，第27~38行是程序的主要执行内容，第2~26行分别定义了三个函数。第27行代码曾在2.4.2小节的自定义模块中介绍过，表示仅执行“__name__”是“__main__”的模块，在这里指的是仅在本文件中执行if __name__ == "__main__"下的代码。用在此处是为了分隔主要运行内容和函数的定义，使代码看起来更清晰。从运行结果可以看到，偶数124可以被分成两个素数之和，而且有5种分解方式。如果存在一个偶数无法被分解，那么哥德巴赫猜想就会被推翻，但是这样的运行结果现在还没有出现哦！

7.5 变量的作用域

变量起作用的代码范围称为变量的作用域。根据变量作用域的不同，变量可以分为局部变量和全局变量。本节将对这两个概念进行详细说明。

7.5.1 局部变量

局部变量是指在函数内部使用的变量，只在函数内部起作用。在函数执行结束后，局部变量将不复存在。关于局部变量的具体示例如下。

```
def func(a):
    return a
result = func(2)
print(a)
```

在示例中，a是存在于func()函数中的局部变量，仅在func()中起作用。在func()函数外用print()函数打印变量a，会发现变量a处的代码高亮。运行此示例代码，程序出现异常，异常信息如下。

```
Traceback (most recent call last):
  File "C:\1000phone\parter7\demo3.py", line 4, in <module>
    print(a)
NameError: name 'a' is not defined
```

异常信息提示变量a没有被定义，进一步说明变量a不能在函数外使用，属于在函数内部使用的局部变量。

不同函数中的局部变量名称可以相同，且互不影响，如例7-22所示。

例7-22 显示宠物及其主人的名字。

```
1   def person_name(name):
2       print("宠物主人的名字是：",name)
3   def pet_name(name):
4       print("宠物的名字是：",name)
5   person_name("小千")
6   person_name("旺财")
```

运行结果如下。

```
宠物主人的名字是：小千
宠物主人的名字是：旺财
```

在例7-22的代码中，person_name()函数和pet_name()函数中的局部变量虽然都是name，但是两个函数之间并不影响，运行的结果也与预期相符。

7.5.2 全局变量

全局变量是指在函数之外进行定义的变量，能在整个程序中使用。

例7-23 全局变量的使用。

```
1   x = 3
2   def func():
3       print(x)
4   func()
```

运行结果如下。

```
3
```

在例7-23的代码中，变量x是定义在函数之外的全局变量，所以在func()函数中可以获取全局变量x的值。但是在func()函数中不能改变全局变量x的值，例如，在func()函数中尝试给x的值增加2，如例7-24所示。

例7-24 在函数内使用全局变量。

```
1   x = 3
2   def func():
3       x = x + 2
4       print(x)
5   func()
```

程序出现异常，异常信息如下。

```
Traceback (most recent call last):
  File "C:\1000phone\parter7\demo3.py", line 5, in <module>
    func()
  File "C:\1000phone\parter7\demo3.py", line 3, in func
    x = x + 2
UnboundLocalError: local variable 'x' referenced before assignment
```

程序异常的原因是，func()函数有自己的内存空间，它将x=x+2语句理解为使局部变量x增加2，但是在func()函数内部又没有定义局部变量x，x没有预先定义的值，增加2的操作就无法执行。

那么如果希望在函数里实现全局变量x增加2，要如何操作呢？那就需要func()函数将x当作全局变量。使用关键字global可以声明该变量是全局变量。

例7-25 关键字global的使用。

```
1   x = 3
2   def func():
3       global x
4       x = x + 2
5       print(x)
6   func()
```

运行结果如下。

```
5
```

在func()函数中将x用global关键字声明为全局变量，就可以在func()函数中对其进行操作了，全局变量x成功增加了2。

需要注意的是，当列表、字典等数据类型作为全局变量时，在函数内部可以对全局变量进行修改，不需要用global关键字进行声明，如例7-26所示。

例7-26 修改人员字典中的年级信息。

```
1   stu_dict = {
2       "name":"小千",
3       "stu_id":202101,
4       "grade":"大二",
5   }                                 #定义全局变量stu_dict
6   def change_grade():
7       stu_dict["grade"] = "大三"      #在函数中修改全局变量stu_dict
8   change_grade()                    #调用change_grade()函数
9   print(stu_dict)
```

运行结果如下。

```
{'name': '小千', 'stu_id': 202101, 'grade': '大三'}
```

在例7-26中可以发现，在change_grade()函数里修改全局变量stu_dict中的键对应的值，stu_dict发生了改变。但是如果在change_grade()函数内部已经创建过名称为stu_dict的变量，则函数内部对stu_dict的操作不会对全局变量stu_dict产生影响，如例7-27所示。

例7-27 在函数外创建字典后，在函数内对字典进行操作。

```
1   stu_dict = {
2       "name":"小千",
3       "stu_id":202101,
4       "grade":"大二",
5   }                                       #定义全局变量stu_dict
6   def change_grade():
7       stu_dict = {}                       #在函数内部创建局部变量stu_dict
8       stu_dict["grade"] = "大三"
9       print("change_grade()函数内的stu_dict: ",stu_dict)
10  change_grade()                          #调用change_grade()函数
11  print("全局变量stu_dict: ",stu_dict)
```

运行结果如下。

```
change_grade()函数内的stu_dict: {'grade': '大三'}
全局变量stu_dict: {'name': '小千', 'stu_id': 202101, 'grade': '大二'}
```

对于局部变量和全局变量，可以总结出以下原则。

（1）不可变的数据类型作为局部变量，仅能在函数内部创建和使用，函数执行结束后，变量就会被释放。如果全局变量中有与其同名的变量，不会受到影响。

（2）不可变的数据类型可以用global关键字转换为全局变量，函数执行结束后，此变量能够保留且能改变同名全局变量的值。

（3）当可变的数据类型作为全局变量时，如果在函数中没有创建同名的局部变量，则在函数内部可以直接使用并修改全局变量的值。

（4）当可变的数据类型作为全局变量时，如果在函数中已经创建同名的局部变量，则函数内部仅对局部变量进行操作，函数执行结束后，局部变量被释放，不影响全局变量的值。

如果需要查看局部变量与全局变量，可以使用globals()函数与locals()函数获取。例如，查看例7-16代码中的局部变量和全局变量，如例7-28所示。

例7-28 拼接网址。

```
1   def join_str(brand_str):
2       brand_str = "www." + brand_str + ".com"      #局部变量
3       print("局部变量: ",locals())
4       return brand_str
5   brand = "codingke"                               #全局变量
6   url = join_str(brand)                            #全局变量
7   print("全局变量: ",globals())
```

运行结果如下。

```
    局部变量: {'brand_str': 'www.codingke.com'}
    全局变量: {'__name__': '__main__', '__doc__': None, '__package__':
None, '__loader__': <_frozen_importlib_external.SourceFileLoader object at
0x000001DEBE186D00>, '__spec__': None, '__annotations__': {}, '__builtins__':
<module 'builtins' (built-in)>, '__file__': 'C:\\1000phone\\parter7\\check_varible.
py', '__cached__': None, 'join_str': <function join_str at 0x000001DEBE1CF040>,
'brand': 'codingke', 'url': 'www.codingke.com'}
```

globals()函数和locals()函数的返回值是字典，查看函数内部的局部变量需要在函数内使用locals()函数。全局变量的返回值中不但有自定义的全局变量，还有Python内置的全局变量。

7.5.3 关键字nonlocal

Python允许函数中嵌套函数，也就是说，可以在函数中定义函数。

例7-29 函数中嵌套函数。

```
1   def func02():
2       print("func02()函数开始")
3       def func01():
4           print("func01()函数开始")
5           print("func01()函数结束")
6       func01()
7       print("func02()函数结束")
8   func02()
```

运行结果如下。

```
func02()函数开始
func01()函数开始
func01()函数结束
func02()函数结束
```

例7-29中代码执行顺序是，第8行调用func02()函数，进入func02()函数，执行第2行代码后，执行第6行调用func01()函数，进入func01()函数，执行函数体第4行和第5行代码，func01()函数执行后，执行第7行代码，如图7.3所示。

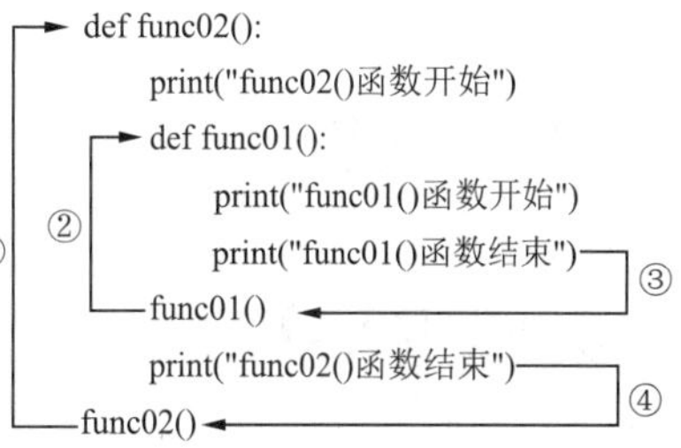

```
def func02():
    print("func02()函数开始")
    def func01():
        print("func01()函数开始")
        print("func01()函数结束")
    func01()
    print("func02()函数结束")
func02()
```

①②③④

图7.3 函数中嵌套函数的执行过程

在例7-29的这种情况下，只能在func02()函数中调用func01()函数，在func02()函数外不能对func01()函数进行调用。设想一下，如果在func02()函数中存在一个参数，那么func01()函数能对其进行使用吗？可以尝试一下，如例7-30所示。

例7-30 函数中嵌套函数。

```
1   def func02():
2       x = 5
3       def func01():
4           print(x)
5       func01()
6   func02()
```

运行结果如下。

```
5
```

如果在func01()函数中增加一个赋值语句x = x+1呢？此时程序会出现异常。可以发现，参数x对于func01()函数像是全局变量，但它又存在于函数之中，并不是全局变量。为了使func01()函数也能使用参数x，就不能再用global关键字了，而需要用nonlocal关键字。

例7-31 关键字nonlocal的使用。

```
1   def func02():
2       x = 5
3       def func01():
4           nonlocal x
5           x = x + 1
6       func01()
7       print(x)
8   func02()
```

运行结果如下。

```
6
```

例7-31在func01()函数中用nonlocal关键字对参数x进行声明后，fun01()函数就可以操作x了。原本func02()函数中x的值为5，调用func01()函数使x增加1后，再输出x，x的值就变为6了。

7.6 函数的递归调用

7.6.1 递归的定义

递归是指在函数的定义中调用函数自身的方式。为了帮助读者更好地理解递归，这里介绍数学中的经典递归例子——阶乘。n的阶乘即$n!$的定义如下。

$$n = n\times(n-1)\times(n-2)\times\cdots\times2\times1$$

为了计算n的阶乘，可以考虑4!的计算，过程如下。

$4! = 4\times3!$

$3! = 3\times2!$

$2! = 2\times1!$

$1! = 1\times0!$

$0! = 1$

从上述计算过程发现$n!= n\times(n-1)!$，因此计算阶乘可以写为以下形式。

$$n!=\begin{cases}1, n=0\\ n\times(n-1)!, n>0\end{cases}$$

此计算过程中，$n!$可以逐步分解出比它小1的阶乘，直到分解到0!。0!的值为1，是已知的值，被称为递归的基例。将0!的值逐步回带到分解出的式子中，即可求出$n!$的值。

设想一个函数，它的函数体不进行任何操作，只是返回它本身，具体示例如下。

```
def recursion():
  return recursion()
```

当对这个函数进行调用时，程序会直接发生异常，异常信息是“RecursionError: maximum recursion depth exceeded”，即超过了最大的递归深度。这是由于Python最多支持997次递归，但recursion()函数是无法终止、无限递归的。这种递归被称为无穷递归，类似于while可能会造成的无限循环。

可以发现，有用的递归有以下两个关键条件。

（1）递归实例可以进行分解。

（2）递归以一个或多个基例结尾，此后不再继续递归，保证递归可终止。

7.6.2 递归的使用方法

要用函数的递归调用来进行阶乘的计算，可以先将阶乘的计算用数学式表达出来，具体如下。

$$f(0)=1$$
$$f(n)=n\times f(n-1), n>0$$

例7-32　阶乘的计算。

```
1    def cal_factorial(n):
2        if n == 0:
3            return 1
4        return n * cal_factorial(n-1)
```

```
5    number = int(input("请输入一个非负整数："))
6    print(cal_factorial(number))
```

运行结果如下。

```
请输入一个整数：4
24
```

在例7-32的代码中，第4行cal_factorial()函数在其内部调用了自身。当n==0时，cal_factorial()函数不再递归，返回数值1，n为0的情况是此递归中的基例，保证递归的正常结束。当n>0时，n!的问题就分解成了n*(n-1)!的问题，这个问题会持续分解，直至到达结束条件n==0。到结束条件后，程序开始将结果返回给调用者，持续返回，一直到返回给顶层的调用者，返回终止。阶乘的计算过程展现了函数的递归调用，以计算4!为例，如图7.4所示。

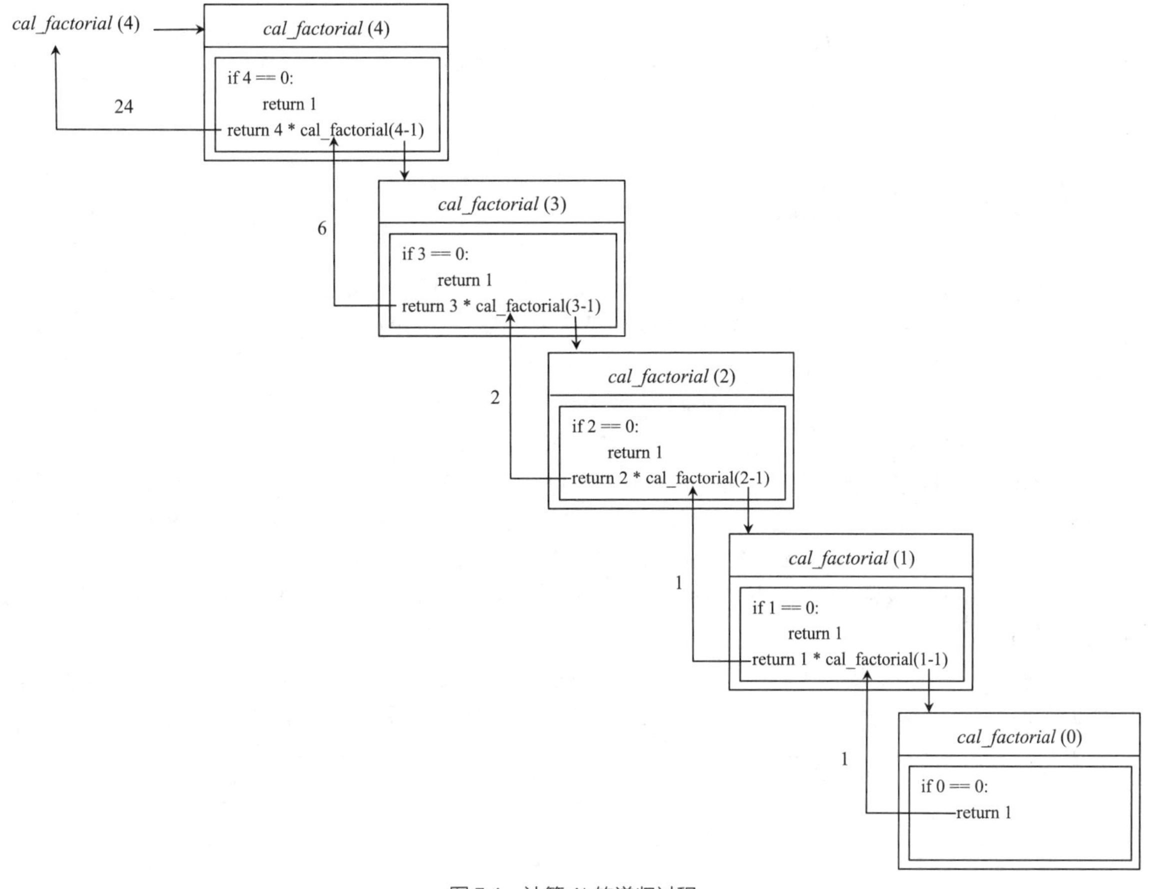

图 7.4　计算 4! 的递归过程

理解了用递归实现阶乘的计算后，可以思考另一个例子：计算一个数的n次方时，常用“**”运算符或pow()函数来实现，那么用递归如何实现呢？以计算2^3为例，2^3的计算可以分解成如下形式。

$2^3 = 2 \times 2^2$

$2^2 = 2 \times 2^1$

$2^1 = 2 \times 2^0$

$2^0 = 1$

可以发现，递归很适合解决此问题。对于任何数字，其0次方都是1，0次方是递归的基例；一个数的n次方可以写成这个数乘这个数的n-1次方。用数学式表示如下。

$$f(x,0)=1$$
$$f(x,n)=x\times x^{n-1}$$

例7-33 计算一个数的n次方（也称为n次幂）。

```
1   def cal_power(x,n):
2       if n == 0:
3           return 1
4       return x * cal_power(x,n-1)
5   result = cal_power(2,3)
6   print(result)
```

运行结果如下。

```
8
```

在例7-33的代码中，当n==0时，cal_power()函数不再递归，返回数值1，n为0的情况是此递归中的基例，保证递归的正常结束。当n>0时，计算x的n次方就转换为了x乘x的n-1次方，这个问题会持续分解，直至到达结束条件n==0。

7.7 实战11：快速排序

快速排序是一种高效的排序方法，采用“分而治之”的思想，主要是将需要排序的数据分割成独立的两部分，其中一部分的数据比另一部分的所有数据都小；分别对两部分进行拆分并快速排序，排序过程可以递归进行，直到数据变成有序为止。

为实现快速排序，可以将排序过程细化，分为以下几步。

（1）挑选基准值：从数据中挑选出一个元素，称为“基准”。

（2）分解：重新排序数据，将比基准小的排列在基准之前，比基准大的排列在基准之后，与基准相等的则放在基准的任意一边。排列结束后，基准位于正确的位置，无须参与后续排序。

（3）递归：递归地对小于基准和大于基准的两部分数据进行快速排序。

以对列表[9,3,1,5,8,6,2,4]中的数据排序为例，将列表中的最后一个数4设置为基准，对列表进行分解的过程如下。

（1）首先设置4个变量，表示4个索引位置。low表示数据的左端，high表示数据的右端。left初始指向数据左端的左边，即索引为-1的位置，right初始指向数据左端，即索引为0的位置，如图7.5所示。

left	low,right							high
	9	3	1	5	8	6	2	4

图 7.5 索引初始位置

（2）right每次增加1，不断地右移。当right的值小于等于基准4时，left的值就会增加1，left的值和right的值就会互换。最终的结果就是left左侧的数据都是小于基准的，如图7.6所示。

（3）当right移动到右端的前一位时，分解过程结束。此时left及其左侧都是比基准4小的数据，left右侧都是比4大的数据，需要left指向后一位，再与基准进行交换，才能保证基准的左侧都是比其小的数据，如图7.7所示。

（4）此后，基准的左侧和右侧分别递归，进行快速排序，递归结束的条件是low和high位置重合，这意味着传入函数的数据只有一个，不需要再进行递归排序。

列表[9,3,1,5,8,6,2,4]的整个排序过程如图7.8所示。

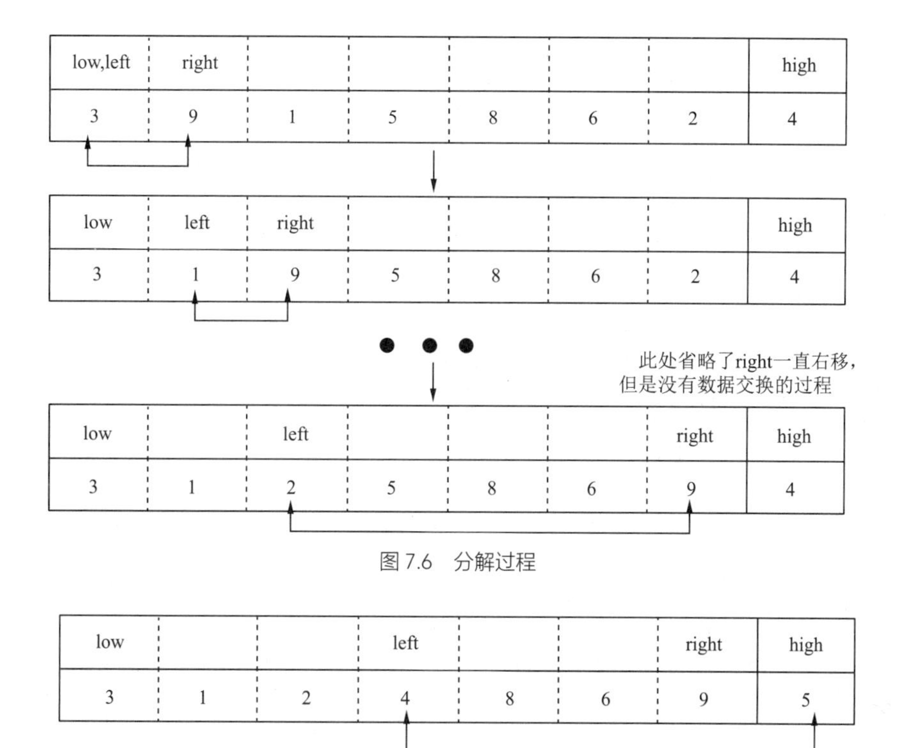

图 7.6　分解过程

图 7.7　快速排序结束

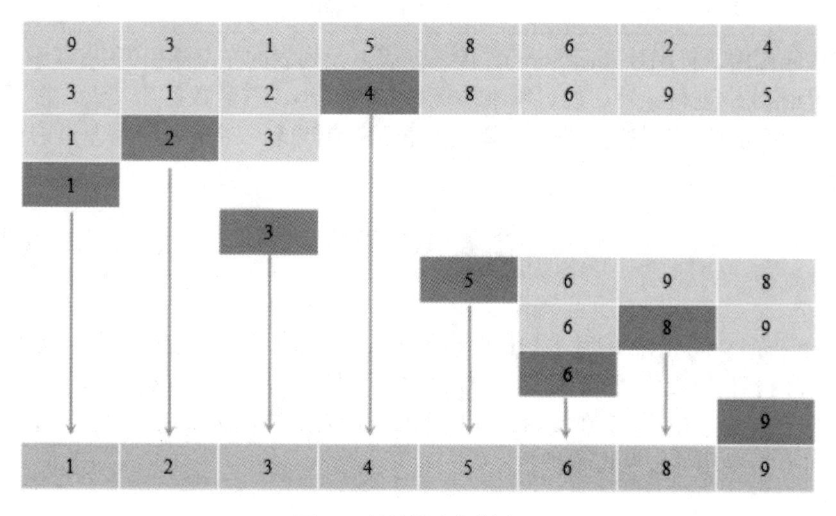

图 7.8　快速排序完整过程

例7-34　快速排序。

```
1    def partition(array,low,high):
2        """
3        分解过程
4        :param array:整体数据
5        :param low:数据的左端
6        :param high:数据的右端
7        :return:基准的位置
8        """
```

```
9       left = low - 1
10      pivot = array[high]
11      for right in range(low,high):
12          if array[right] <= pivot:
13              left += 1
14              array[left],array[right] = array[right],array[left]
15      array[left+1],array[high] = array[high],array[left+1]
16      return left+1
17  def quickSort(array,low,high):
18      """
19      快速排序函数，无返回值，直接改变列表内容
20      :param array:整体数据
21      :param low:数据的左端
22      :param high:数据的右端
23      """
24      if low < high:
25          pivot = partition(array,low,high)
26          quickSort(array,low,pivot-1)
27          quickSort(array,pivot+1,high)
28  if __name__ == "__main__":
29      list01 = [9,3,1,5,8,6,2,4]
30      quickSort(list01,0,len(list01)-1)
31      print(list01)
```

运行结果如下。

```
[1, 2, 3, 4, 5, 6, 8, 9]
```

例7-34的代码调用快排函数quickSort()，传入列表以及列表的左端索引0和右端索引len(list01)-1。列表在partition()函数中进行分解，使得基准左侧数据比其小，右侧数据比其大。接下来，递归调用quickSort()函数，先分解基准左侧数据，不断分解直至数据只剩一个；再分解基准右侧数据，不断分解直至数据只剩一个，递归结束。

本章小结

本章主要介绍了Python函数的基本知识，包括函数的定义、函数的返回值、函数的参数传递、函数的递归调用等内容；以数学难题“哥德巴赫猜想”为例讲解了函数如何运用于实际问题，并介绍了如何用递归实现“快速排序”。在实际编写程序时，读者应当尽量采用函数去简化一些代码，以提高代码的可读性、可复用性以及可维护性。

习题 7

1．填空题

（1）定义一个函数需要用到________关键字。

（2）通过________语句可以返回函数值并退出函数。

（3）在函数内部声明全局变量，需要用到________关键字。

（4）嵌套函数中，内部函数如果需要使用外部函数的变量，应在内部函数中用________关键字声明变量。

（5）定义函数时省略return语句，调用函数将返回________。

2．单选题

（1）查看一个函数的文档字符串，需要使用（　　）属性。

A. __doc__　　B. __name__

C. __func__　　D. __str__

（2）当函数返回多个值时，用一个变量接收返回值，此时返回值类型为（　　）。

A. 列表　　B. 元组　　C. 字典　　D. 集合

（3）在定义函数时，形参已经设置了值，此时调用函数称为参数的（　　）传递。

A. 默认值　　B. 位置　　C. 关键字　　D. 包裹

（4）查看程序中的全局变量，可以使用（　　）函数。

A. locals()　　B. local()　　C. global()　　D. globals()

（5）存在一个列表list01=[3,2,1,4]，将其传递给预先定义的函数，赋给形参alist，已知函数的功能是实现alist.append(5)，执行完函数后list01的值是（　　）。

A. []　　B. [3,2,1,4]　　C. [3,2,1,4,5]　　D. [5]

3．简答题

（1）如何区分参数的包裹传递和解包裹传递？

（2）简述局部变量和全局变量的区别。

4．编程题

（1）编写一个函数，传入自己喜欢的景点、景点所在的省份以及省份的简称，函数用于对这些信息进行打印。打印格式如下所示。

```
我最喜欢的景点是避暑山庄
它位于河北省
河北省的简称是冀
```

调用此函数时，请采用参数的解包裹传递。

（2）编写一个函数，用于计算多个数字的乘积，参数的个数不确定，计算后返回乘积。

（3）求斐波那契数列的第n项。斐波那契数列由0和1开始，后面的每一项数字都是前两项数字之和，用数学式表达如下。

$$F(0)=0$$
$$F(1)=1$$
$$F(n)=F(n-1)+F(n-2), n>1$$

请设计函数，根据给出的n，计算$F(n)$的值（注：用递归解决）。

第8章 类和对象

本章学习目标

- 理解类和对象的概念
- 掌握类的基本使用方法
- 理解私有属性和类属性
- 理解私有方法、类方法和静态方法
- 掌握导入模块中的类的方法

类和对象

面向对象程序设计是最有效的软件设计方法之一，类与对象是它的基本概念。面向对象编程会对现实世界中的事物和情景进行抽象，抽象出多个类，并基于这些类来创建对象。对象往往具有通用行为，每个对象在拥有通用行为的同时，还可以有其独特的属性和行为。下面我们来初步了解类和对象，并用其解决实际问题吧！

8.1 类和对象概述

提及类和对象，我们很容易联想到程序员的调侃：没有对象怎么办？自己创建一个就有了，创建多个都行。不过，这里的对象可不是男朋友或者女朋友。那么如何理解类和对象呢？可以通过图8.1直观地进行理解。

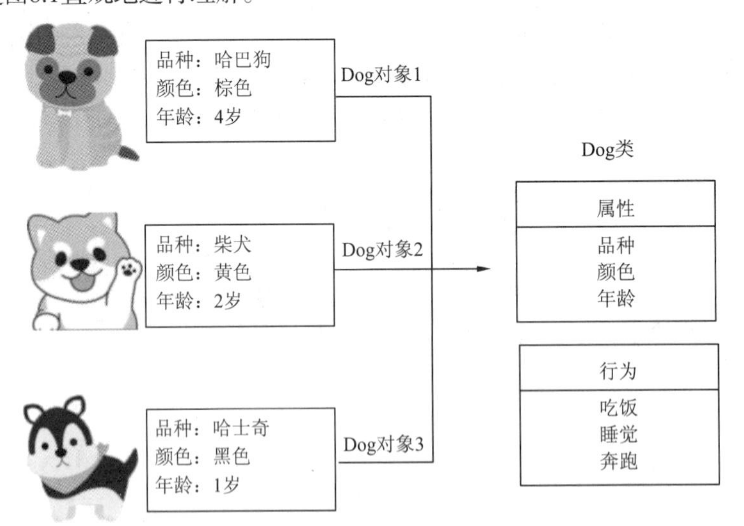

图 8.1　类和对象

在图8.1中可以发现，对象是类的一个实例，有属性和行为。对于狗来说，一只狗是一个对象，它有自己的属性，包括品种、颜色、年龄等，也有自己的行为，如吃饭、睡觉、奔跑等。类则可以看作一个模板，用于描述一类对象的属性和行为。1只4岁棕色的哈巴狗和1

只2岁黄色的柴犬都属于狗类。

面向对象程序设计需要以对象为单位来思考问题，即将现实中的实体抽象为对象，并考虑这个对象对应的属性和行为。例如，有一家宠物医院，需要记录所有的宠物信息，要怎么记录呢？难道要每个都单独记录吗？单独记录宠物信息如图8.2所示。

在图8.2中可以发现，每个宠物都被单独记录，其中有很多文字是重复的，如“姓名”“品种”“颜色”等，而且所有的宠物混在一起，感觉有些杂乱无章。此时该如何使记录更加清晰明确呢？根据面向对象程序设计的思想，可以将此问题按以下步骤解决。

（1）从此问题中抽象出对象。对象是宠物医院的每一只宠物。

（2）识别出对象的属性。每一只宠物都有姓名、品种、颜色、年龄。

姓名：小巴
品种：哈巴狗
颜色：棕色
年龄：4岁
可以吃1碗狗粮，睡觉时间约8小时，不喜欢跑。

姓名：小柴
品种：柴犬
颜色：黄色
年龄：2岁
可以吃1碗狗粮，睡觉时间约8小时，喜欢跑。

姓名：小喵
品种：暹罗猫
颜色：黑白
年龄：1岁
可以吃1碗猫粮，睡觉时间约8小时，喜欢玩猫玩具。

图 8.2 单独记录宠物信息

（3）识别对象的动态行为。在识别动态行为时，可发现宠物的行为并不完全相同。

有一类宠物吃狗粮、睡觉、跑步，而另一类宠物吃猫粮、睡觉、玩猫玩具。此时，就可以将宠物分成两类：一类是狗，具备姓名、品种、颜色和年龄属性，行为是吃狗粮、睡觉和跑步；一类是猫，具备姓名、品种、颜色和年龄属性，行为是吃猫粮、睡觉和玩猫玩具。

至此，对宠物的抽象完成了，记录可以转化为图8.3所示的方式。

类：狗						
属性				行为		
姓名	品种	颜色	年龄	吃狗粮（碗）	睡觉（小时）	跑步（喜欢 √，不喜欢则不填）
小巴	哈巴狗	棕色	4	1	8	
小柴	柴犬	黄色	2	1	8	√

类：猫						
属性				行为		
姓名	品种	颜色	年龄	吃猫粮（碗）	睡觉（小时）	猫玩具（喜欢 √，不喜欢则不填）
小喵	暹罗猫	黑白	1	1	8	√

图 8.3 以面向对象的方式记录宠物信息

这样看起来是不是就简洁、清晰了很多呢？当信息量变大时，面向对象的优势就更为明显。可以发现，类实质上就是封装对象属性和行为的载体，而对象则是类中具体的一个实例。这也是面向对象程序设计的核心思想。把事物的共同特征抽象出来，创建一个类，类的使用会使代码的逻辑更加清晰，减少代码的冗余，提高代码的可复用性和可维护性。运用面向对象程序设计的思想，可以建立实际生活中实体概念、具体事物与编程语言中类、对象之间的对应关系，如图8.4所示。

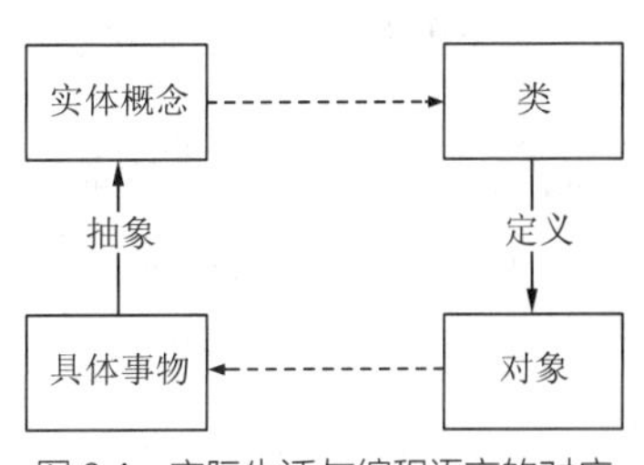

图 8.4 实际生活与编程语言的对应

8.2 类的基本使用

8.2.1 类的定义

在Python程序中，定义一个类需要使用class关键字，类名的首字母常用大写。下面将创建一个Dog类，每个实例都存储姓名、品种和年龄，并赋予每个实例吃狗粮（eat()）、奔跑（run()）的行为。

例8-1　创建Dog类。

```
1   class Dog:
2       def __init__(self,name,breed,age):
3           """初始化属性name、breed和age"""
4           self.name = name
5           self.breed = breed
6           self.age = age
7       def eat(self):
8           """小狗正在吃狗粮"""
9           print(f"{self.name}正在吃狗粮")
10      def run(self):
11          """小狗正在奔跑"""
12          print(f"{self.name}在奔跑玩耍")
```

在例8-1的代码中，第1行创建了一个名为Dog的类，类的定义中没有圆括号，其下的缩进代码块第2~12行均是这个类中的内容。下面将对类中的内容进行介绍。

1．构造方法__init__()

在类中存在的函数都称为方法，与函数的不同在于调用方式。类中有一种特殊的方法，也就是例8-1第2~6行代码中定义的构造方法__init__()。构造方法一般用于类的初始化操作，在创建实例对象时被自动调用和执行。值得注意的是，构造方法的开头和末尾各有两个下画线。

2．self的作用

构造方法__init__()包含四个形参，分别是self、name、breed和age。其中形参self必不可少，且需要位于其他形参之前。self的作用是代表将来要创建的实例对象本身，让实例能够访问类中的属性和对象。

在例8-1的代码中，创建Dog类的实例对象时，Python会调用Dog类中的方法__init__()，仅向Dog()传递name、breed和age即可，self会自动引用实例对象本身。除此之外，第4~6行中的self.name、self.breed、self.age称为实例属性，在类的方法中访问实例属性需要以self为前缀。self.name=name指创建实例对象时，会将传入的name值赋给当前创建的实例对象的属性self.name。self.breed=breed和self.age=age的作用与之类似。

3．实例方法

例8-1的代码中的第7~9行和第10~12行分别定义了两个方法：eat()和run()。这两个方法执行时不需要其他参数，仅需访问实例属性，所以只传入了形参self，用于获取相应的实例属性。这种最少含有一个self参数、用于绑定实例对象的方法称为实例方法，可以被实例对象直接调用。

8.2.2 创建实例对象

类的使用与函数类似，当定义一个类时，其中的代码不会被执行，当调用类来创建对象时，类中的代码才真正起作用。

例8-2 创建Dog类的实例对象。

```
1   class Dog:
2       def __init__(self,name,breed,age):
3           """初始化属性name、breed和age"""
4           self.name = name
5           self.breed = breed
6           self.age = age
7       def eat(self):
8           """小狗正在吃狗粮"""
9           print(f"{self.name}正在吃狗粮")
10      def run(self):
11          """小狗正在奔跑"""
12          print(f"{self.name}在奔跑玩耍")
13  d1 = Dog("小巴","哈巴狗",4)                #创建实例对象
```

在例8-2的代码中，第13行创建了一个实例对象，此代码在调用Dog类时仅传入了三个参数“小巴”“哈巴狗”和4，构造方法__init__()自动被调用，三个参数分别传给形参name、breed和age，在__init__()方法内部又分别赋给三个实例属性self.name、self.breed和self.age。接下来，Python返回一个表示这只狗狗的实例，赋给变量d1。

1．访问属性

访问属性需要使用“实例名.属性”的方式。

例8-3 访问Dog类的属性。

```
1   class Dog:
2       """类的定义与例8-2一致，在此处省略部分代码"""
3   d1 = Dog("小巴","哈巴狗",4)                       #创建实例对象
4   print(f"狗狗的姓名是{d1.name}")                   #访问name属性
5   print(f"狗狗的品种是{d1.breed}")                  #访问breed属性
6   print(f"狗狗的品种是{d1.age}")                    #访问age属性
```

运行结果如下。

```
狗狗的姓名是小巴
狗狗的品种是哈巴狗
狗狗的品种是4
```

例8-3中Dog类的定义与例8-2一致，在此处省略类中的代码。访问属性d1.name的过程是先找到实例d1，再找到与其相关联的实例属性self.name。访问属性d1.breed和d1.age与之类似。

2．调用实例方法

创建实例对象后，可以调用类中的实例方法。与访问属性类似，调用实例方法的形式是“实例名.实例方法”。

例8-4 访问Dog类的实例方法。

```
1   class Dog:
2       """类的定义与例8-2一致，在此处省略部分代码"""
3   d1 = Dog("小巴","哈巴狗",4)                       #创建实例对象
4   d1.eat()                                          #调用eat()方法
5   d1.run()                                          #调用run()方法
```

运行结果如下。

```
小巴正在吃狗粮
小巴在奔跑玩耍
```

在例8-4中，执行d1.eat()时，Python会在Dog类中查找eat()方法并运行其中的代码。在eat()方法中可以通过self获取实例对象d1中的属性的值。

3．创建多个实例对象

可以创建多个实例对象，每个实例对象相互独立，有自己的属性，且都可以调用类中的方法。

例8-5 创建Dog类的多个实例对象。

```
1    class Dog:
2        """类的定义与例8-2一致，在此处省略部分代码"""
3    d1 = Dog("小巴","哈巴狗",4)        #创建一个实例对象d1
4    print(f"{d1.name}的品种是{d1.breed}，年龄是{d1.age}")
5    d1.eat()
6    d2 = Dog("小柴","柴犬",1)          #创建一个实例对象d2
7    print(f"{d2.name}的品种是{d2.breed}，年龄是{d2.age}")
8    d2.run()
```

运行结果如下。

```
小巴的品种是哈巴狗，年龄是4
小巴正在吃狗粮
小柴的品种是柴犬，年龄是1
小柴在奔跑玩耍
```

可以看到，例8-5中创建了两个实例对象，分别有自己的一组属性，存储在不同的变量d1和d2中。

8.2.3 设置属性的默认值

创建一个类保存大二学生的个人信息，类名为Student，大二学生的年龄大多为19岁，此时可以给学生类的age属性设置默认值19。给类中的属性设置默认值，需要在构造方法__init__()中操作，类似于函数中参数的默认值传递。

例8-6 创建Student类，并为age属性设置默认值19。

```
1    class Student:
2        def __init__(self,name,id,age=19):
3            self.name = name
4            self.id = id
5            self.age = age
6    s1 = Student("小千",202201)
7    print(f"{s1.name}的年龄是{s1.age}")
```

运行结果如下。

```
小千的年龄是19
```

例8-6创建了Student类，并在构造方法__init__()中设置实例属性self.name、self.id及self.age，分别代表学生的姓名、学号和年龄。构造方法__init__()中给age设置了默认值19，因此，当创建Student的实例对象时，可以不传入age对应的实参。可以看到，虽然第6行代码中，只传入了两个参数，分别对应name和id，但是第7行代码打印学生的年龄时，age是有对应的值的，这意味着默认值起了作用。如果不想使用实例属性self.age的默认值19，可以在第6行创建实例对象时传入三个参数，具体示例如下。

```
s1 = Student("小千",202201,20)
```

给age属性设置默认值，还可以通过在构造方法内部给age赋值的形式，例如，将例8-6的第2~5行代码改为如下形式。

```
    def __init__(self, name, id):
        self.name = name
        self.id = id
        self.age = 19
```

这样一来，在创建实例对象时，构造方法会自动创建一个实例属性self.age，并为其赋值19。注意：在创建实例对象时不能给设置了默认值的实例属性赋值，否则程序会报错，因为构造函数中的形参仅有三个：self、name和id。

8.2.4 修改属性的值

思考一个问题：如果在Student类的构造函数内部直接给实例属性赋值，那如何修改此属性的值呢？Student类的内部代码如下。

```
class Student:
    def __init__(self,name,id):
        self.name = name
        self.id = id
        self.age = 19
```

我们已经了解到，创建实例对象时，不能向类中传递参数age，这意味着创建实例对象时，age的值只能是19。可以通过以下两个方式修改属性的值，分别是直接修改属性的值和通过方法修改属性的值。

1. 直接修改属性的值

创建实例对象后，可以通过“实例名.属性”的方式访问属性的值，那么可以通过此形式给属性赋值吗？答案是肯定的。

例8-7 创建Student类的实例对象，并修改其属性age为20。

```
1   class Student:
2       def __init__(self,name,id):
3           self.name = name
4           self.id = id
5           self.age = 19
6   s1 = Student("小千",202201)                  #创建一个实例对象
7   print(f"{s1.name}的年龄初始为{s1.age}")
8   s1.age = 20                                 #修改实例对象的属性age
9   print(f"修改{s1.name}的年龄为{s1.age}")
```

运行结果如下。

```
小千的年龄初始为19
修改小千的年龄为20
```

可以看到，例8-7通过给实例对象的属性进行赋值的方式，成功修改了实例对象的age值。

2. 通过方法修改属性的值

可以在类中写一个方法，通过调用此方法来修改属性的值。

例8-8 在Student类中编写方法，用于修改属性的值。

```
1   class Student:
2       def __init__(self,name,id):
3           self.name = name
4           self.id = id
5           self.age = 19
```

```
6       def update_age(self,age):
7           """用于修改属性age的值"""
8           self.age = age
9   s1 = Student("小千",202201)                    #创建实例对象
10  print(f"{s1.name}的年龄是{s1.age}")
11  s1.update_age(20)                               #调用修改年龄的方法
12  print(f"{s1.name}的年龄修改为{s1.age}")
```

运行结果如下。

```
小千的年龄是19
小千的年龄修改为20
```

例8-8代码的第6~8行在Student类中定义了方法update_age()，接收一个age值，并将其赋给self.age。第11行调用此方法向其传入了实参20后，s1的age属性就被修改为了20。

8.3 属性

8.3.1 私有属性

在Python程序中，在属性前加两个下画线可以定义私有属性。所谓私有属性，是指不允许外界进行访问，只能在类内访问。例如，创建一个Room类，用于保存房间信息，房间属性包括房间的名称，但并不希望房间的名称被随便访问和修改，此时可以将名称属性设置为私有属性。

例8-9 创建一个Room类，并定义私有属性。

```
1   class Room:
2       def __init__(self,name):
3           self.__name = name                      #定义私有属性__name
4   r1 = Room("房间1")                               #创建一个实例对象
5   print(r1.__name)                                #访问私有属性
```

运行此代码后，发现程序出现异常，因为私有属性不能在类外进行访问，异常信息如下。

```
Traceback (most recent call last):
  File "C:\1000phone\parter8\room.py", line 5, in <module>
    print(r1.__name)
AttributeError: 'Room' object has no attribute '__name'
```

错误提示表明，Room类的对象没有属性__name。但是在类内可以访问私有属性，方式是在类内定义一个print_name()方法，如例8-10所示。

例8-10 在类内访问Room类中的私有属性。

```
1   class Room:
2       def __init__(self,name):
3           self.__name = name          #定义私有属性__name
4       def print_name(self):           #定义方法访问私有属性
5           print(f"房间的名称为{self.__name}")
6   r1 = Room("房间1")                   #创建一个实例对象
7   r1.print_name()
```

运行结果如下。

```
房间的名称为房间1
```

可以看到，在类内可以访问私有属性__name的值，print_name()方法中打印了__name属性的值。

Python并没有从语法上严格地保证属性是私有的，只是给私有属性换了一个名称，来妨碍对私有属性的访问。实际上，如果知道私有属性的命名规则，仍然可以访问到它们，命名规则为"对象名._类名__属性"，类名前面是单个下画线，属性前面用是两个下画线。

例8-11 在类外访问Room类中的私有属性。

```
1    class Room:
2        def __init__(self,name):
3            self.__name = name                 #定义私有属性__name
4    r1 = Room("房间1")                          #创建一个实例对象
5    name = r1._Room__name                      #访问Room中的私有属性，并赋值给name
6    print(name)
```

运行结果如下。

```
房间1
```

例8-11的第5行代码通过r1._Room__name获取了实例对象r1的__name属性的值。

8.3.2 类属性

在类中可以定义类属性，类属性可以通过类名直接访问。下面定义一个Book类，里面有类属性number，用于记录图书的总数，每一个实例对象表示一本特定的书，书的实例属性包括书的名称。

例8-12 创建一个Book类，并定义类属性。

```
1    class Book:
2        number = 0                             #创建一个类属性number
3        def __init__(self,name):
4            self.name = name                   #self.name是实例属性
5    print(Book.number)                         #直接用类名访问类属性
6    Book.number += 1                           #修改类属性
7    print(Book.number)
```

运行结果如下。

```
0
1
```

对于类属性，可以通过"类名.类属性"直接访问或修改。通过实例对象也可以访问类属性。实例对象访问属性时，首先会查找是否有同名的实例属性，如果没有，则会去查找是否有同名类属性，如果再找不到，就会抛出异常，如例8-13所示。

例8-13 通过实例对象访问类属性。

```
1    class Book:
2        number = 0                             #定义类属性number
3        def __init__(self,name):
4            self.name = name
5    b1 = Book("《红楼梦》")                      #创建实例对象b1
6    print(b1.number)
```

创建了实例对象b1后，可以对类属性进行访问，运行结果如下。

```
0
```

需要注意的是，实例对象不能对类属性进行修改，只有类对象能修改类属性的值。思考下面一个问题：如果每创建一个实例对象，也就是新增一本书，类属性number的值就增加1，那么是不是就能统计出书的总数了呢？

例8-14 通过类属性统计图书总数。

```
1    class Book:
2        number = 0                          #创建一个类属性number
3        def __init__(self,name):
4            self.name = name
5            Book.number += 1                #类属性number增加1
6    b1 = Book("《红楼梦》")
7    b2 = Book("《水浒传》")
8    b3 = Book("《西游记》")
9    print("图书的总数是：",Book.number)
```

运行结果如下。

```
图书的总数是：3
```

例8-14初始化类属性number为0，每创建一个实例对象，都会调用构造方法__init__()，类属性number的值就会增加1。创建3个实例对象，也就是定义3本书后，类属性number的值就变成了3，即统计出了图书的总数。

8.4 方法

8.4.1 私有方法

私有方法的定义与私有属性类似，以两个下画线开头，在类外不能进行访问。例如，对员工进行管理时，工资根据工作年限、绩效等计算，但是计算过程中并不希望随意改变内部的参数，这时就要用到私有方法。

例8-15 创建员工Employee类，并定义私有方法。

```
1    class Employee:
2        def __init__(self,name,year,performance):
3            self.__name = name                      #定义私有属性姓名
4            self.__year = year                      #定义私有属性工作年限
5            self.__performance = performance        #定义私有属性绩效
6        def __cal_salary(self):
7            """用于计算工资"""
8            salary = self.__year*2000 + self.__performance
9            return salary
10       def print_salary(self):
11           print(f"{self.__name}的工资是{self.__cal_salary()}")
12   e1 = Employee("张三",2,3000)
13   e1.print_salary()
```

运行结果如下。

```
张三的工资是7000
```

在例8-15的代码中，构造方法__init__()定义私有属性self.__name、self.__year和self.__performance，分别表示姓名、工作年限和绩效。私有方法__cal_salary()通过工作年限和绩效计算工资，print_salary()

用于打印工资。所有的工资计算都是在类内进行的，使得工资的计算更为私密。与私有属性类似，Python也没有在语法上严格保证方法是私有的，在类外也能访问私有方法，访问方式是“对象名._类名__方法”。在类外访问私有方法__cal_salary()，具体代码如下。

```
e1._Employee__cal_salary()
```

8.4.2 类方法

在类中可以定义类方法，调用类方法可以用类名，也可以用实例对象。类方法需要通过装饰器@classmethod进行定义，关于装饰器的详细讲解参见第10章。定义类方法的语法格式如下。

```
class 类名:
    @classmethod
    def 类方法名(cls):
        方法体
```

其中，cls表示类本身，通过它可以访问类的相关属性，但是不可以访问实例属性。例如，在Employee类中，定义类属性number来表示员工的总数，并定义类方法count_num()，用于打印员工的总数，通过cls访问类属性，如例8-16所示。

例8-16 计算员工的总数。

```
1   class Employee:
2       number = 0                              #类属性用于计算员工的总数
3       def __init__(self,name):
4           self.name = name
5           Employee.number += 1                #类属性number加1
6       @classmethod
7       def count_num(cls):                     #类方法用于打印类属性
8           print("员工个数：",cls.number)       #cls表示类本身，即Employee
9   e1 = Employee("张三")
10  e2 = Employee("李四")
11  e3 = Employee("王五")
12  e1.count_num()                              #用实例对象调用类方法
13  Employee.count_num()                        #用类名调用类方法
```

运行结果如下。

```
员工个数：3
员工个数：3
```

在例8-16的代码中，创建3个实例对象后，类属性number的值变为了3，类方法count_num()通过“cls.类属性”的方式访问类属性number。注意：用实例对象和类名都可以调用类方法count_num()。

8.4.3 静态方法

静态方法需要用装饰器@staticmethod进行定义。静态方法不同于实例方法，不需要填写形参self；也不同于类方法，不需要填写形参cls。静态方法可以通过类名或实例对象进行调用，其语法格式如下。

```
class 类名:
    @staticmethod
    def 静态方法名():
        方法体
```

静态方法可以访问类属性，不能访问实例属性。

例8-17 计算员工的总数。

```
1    class Employee:
2        number = 0                                    #类属性用于计算员工的总数
3        def __init__(self,name):
4            self.name = name
5            Employee.number += 1                      #类属性number加1
6        @staticmethod
7        def count_num():                              #实例方法用于打印类属性
8            print("员工个数：",Employee.number)
9    e1 = Employee("张三")
10   e2 = Employee("李四")
11   e3 = Employee("王五")
12   e1.count_num()                                    #用实例对象调用实例方法
13   Employee.count_num()                              #用类名调用实例方法
```

运行结果如下。

```
员工个数：3
员工个数：3
```

在例8-17的代码中，创建3个实例对象后，类属性number的值变为了3，静态方法count_num()可以通过类名访问类属性number并打印。注意：用实例对象和类名都可以调用静态方法count_num()。

8.5 实战12：人机猜拳游戏

遇到事情犹豫不决的时候，可以通过猜拳来决定。人与人能进行猜拳，那人和机器能玩猜拳游戏吗？下面就让我们用程序来尝试实现吧！

人机猜拳游戏可以分解成玩家的动作、机器的动作以及人和机器的互动，即游戏的过程。玩家可以一直和机器进行游戏，想退出时则可以退出游戏。玩家赢，则玩家得一分；机器赢，则机器得一分。游戏结束后，统计总的猜拳次数，玩家和机器谁的分更高，谁就获得游戏的最终胜利。下面将需求细化。

1．玩家的动作

创建玩家类Player，每个玩家都有属性“姓名”和“分数”，其中“分数”用于统计玩家的得分。每个玩家都有猜拳的动作，玩家的选择从键盘输入，直接以实参的形式传递到猜拳的方法中。Player类的具体代码如下。

```
class Player:
    def __init__(self,score=0):
        self.name = "玩家"                             #玩家的姓名，默认为“玩家”
        self.score = score                             #玩家的得分
    def player_action(self, option):                   #方法用于打印玩家猜拳的动作
        if option == 1:
            print(f"{self.name}出石头")
        elif option == 2:
            print(f"{self.name}出剪刀")
        elif option == 3:
            print(f"{self.name}出布")
```

玩家类Player包含实例属性self.name和self.score，分别代表姓名和分数。player_action()方法用于

打印玩家猜拳的动作，从类外传入玩家的选择，其中1表示出石头，2表示出剪刀，3表示出布。

2．机器的动作

创建机器类Computer，与玩家类似，机器也有属性“姓名”和“分数”，其中“分数”用于统计机器的得分。机器的猜拳动作由程序自动生成，以实参的形式传递到猜拳的方法中。Computer类的具体代码如下。

```
class Computer:
    def __init__(self,score=0):
        self.cname = "计算机"                    #机器的姓名，默认为“计算机”
        self.score = score                       #机器的得分
    def computer_action(self,option):            #方法用于打印机器猜拳的动作
        if option == 1:
            print(f"{self.cname}出石头")
        elif option == 2:
            print(f"{self.cname}出剪刀")
        elif option == 3:
            print(f"{self.cname}出布")
```

机器类Computer包含实例属性self.cname和self.score，分别代表姓名和分数。computer_action()方法用于打印机器猜拳的动作，机器的选择通过random模块中的randint()函数生成，从类外传入该方法，其中1表示出石头，2表示出剪刀，3表示出布。

3．游戏的过程

玩家和机器进行猜拳的过程，也用一个类来表达，这个类就用于玩家和机器的交互。给这个类起名为PlayGame，这个类的功能包括计算猜拳的次数、打印每次玩家和机器猜拳的结果、打印最终全场的游戏结果。构建的代码大致如下。

```
class PlayGame:
    count = 0                                    #对战次数
    def __init__(self):
        """每创建一个PlayGame的实例对象就会自动生成一个玩家和机器的实例"""
        self.player = Player()                   #创建一个玩家实例
        self.computer = Computer()               #创建一个机器实例
    def show_result(self):
        """
        用于展示最终的比赛结果
        1.打印比赛的场次
        2.打印玩家和机器的得分
        3.判断玩家和机器中的胜利者是谁
        """
    def start_game(self):
        """
        用于展示每次玩家和机器的猜拳结果
        1.玩家选择是否开始游戏
        2.建立循环用于机器和玩家猜拳，玩家猜拳动作从键盘输入，机器猜拳动作由程序自动生成
        3.在循环中判断每一次猜拳中机器和玩家谁取得胜利
        判断过程：
        (1)当机器和玩家的猜拳动作相同则平局;
        (2)玩家出石头且机器出剪刀/玩家出剪刀且机器出布/玩家出布且机器出石头时，玩家获胜
        (3)其他情况下，机器获胜
        4.结束循环时，调用show_result()方法打印最终结果
        """
```

例8-18 人机猜拳游戏。

```
1    from random import *
```

```
2   class Player:
3       def __init__(self,score=0):
4           self.name = "玩家"                          #玩家的姓名，默认为“玩家”
5           self.score = score                          #玩家的得分
6       def player_action(self, option):                #方法用于打印玩家猜拳的动作
7           if option == 1:
8               print(f"{self.name}出石头")
9           elif option == 2:
10              print(f"{self.name}出剪刀")
11          elif option == 3:
12              print(f"{self.name}出布")
13  class Computer:
14      def __init__(self,score=0):
15          self.cname = "计算机"                       #机器的姓名，默认为“计算机”
16          self.score = score                          #机器的得分
17      def computer_action(self,option):               #方法用于打印机器猜拳的动作
18          if option == 1:
19              print(f"{self.cname}出石头")
20          elif option == 2:
21              print(f"{self.cname}出剪刀")
22          elif option == 3:
23              print(f"{self.cname}出布")
24  class PlayGame:
25      count = 0                                       #对战次数
26      def __init__(self):
27          self.player = Player()                      #创建一个玩家实例
28          self.computer = Computer()                  #创建一个机器实例
29      def show_result(self):
30          print(f"一共比赛了{PlayGame.count}场")
31          print(f"{self.player.name}的最终得分为{self.player.score}")
32          print(f"{self.computer.cname}的最终得分为{self.computer.score}")
33          if self.player.score > self.computer.score:
34              print("恭喜您获得全场比赛的胜利！")
35          elif self.player.score == self.computer.score:
36              print("全场比赛平局啦！")
37          else:
38              print("很遗憾，本场比赛您失败了")
39      def start_game(self):
40          print("-"*15,"欢迎进入猜拳游戏","-"*15)
41          print("出拳规则：1.石头  2.剪刀  3.布")
42          print("*"*40)
43          choose = input("是否开始游戏（y表示是，n表示否）？")
44          while choose == "y":
45              player_option = input("请选择您要出什么拳？")
46              if player_option.isdigit():
47                  player_option = int(player_option)
48                  self.player.player_action(player_option)
49              else:
50                  print("您的输入有误，请重新输入")
51                  continue
52              computer_option = randint(1,3)
53              self.computer.computer_action(computer_option)
54              if player_option == computer_option:
55                  print("平局啦！")
56              elif (player_option == 1 and computer_option == 2) \
57                      or (player_option == 2 and computer_option == 3)\
58                      or (player_option == 3 and computer_option == 1):
59                  print("玩家胜利啦！")
60                  self.player.score += 1
61              else:
```

```
62                  print("玩家失败了，再接再厉哦")
63                  self.computer.score += 1
64              PlayGame.count += 1
65              choose = input("是否进入下一轮(y表示是，n表示否)")
66          self.show_result()
67  if __name__ == "__main__":
68      game = PlayGame()
69      game.start_game()
```

运行结果如下。

```
--------------- 欢迎进入猜拳游戏 ---------------
出拳规则：1.石头  2.剪刀  3.布
****************************************
是否开始游戏（y表示是，n表示否）？ y
请选择您要出什么拳？ 3
玩家出布
计算机出剪刀
玩家失败了，再接再厉哦
是否进入下一轮(y表示是，n表示否)y
请选择您要出什么拳？ 2
.
.
.
是否进入下一轮(y表示是，n表示否)n
一共比赛了4场
玩家的最终得分为1
计算机的最终得分为2
很遗憾，本场比赛您失败了
```

例8-18创建了3个类，分别用于描述玩家的动作、描述机器的动作、实现玩家和机器的猜拳过程。为了让类发挥作用，创建类PlayGame的实例对象，并调用start_game()方法。注意：第56行和第57行代码中的转义字符“\”表示代码太长，一行写不下，需要用转义字符进行换行。

8.6 导入模块中的类

前面章节已经介绍过如何从模块导入变量和函数，以及如何使用它们。那么如何导入模块中的类呢？又如何使用模块中的类呢？本节将进行详细说明。

8.6.1 导入模块中特定的类

导入模块中特定的函数后，直接调用函数即可。导入模块中特定的类后，需要给类创建对象进行使用。在8.5节中，为了实现人机猜拳游戏，定义了三个类，可以将此游戏的代码存入game.py文件，并作为模块导入其他文件，即导入自定义模块中的类。当game.py文件作为模块时，if __name__ == "__main__"下的代码在其他文件中不会执行，具体解释参见2.4.2小节。导入自定义模块需要将模块所在的文件夹设置为根目录，如图8.5所示。

将文件夹设置为根目录后，在Python文件中导入game.py模块中的Player类。

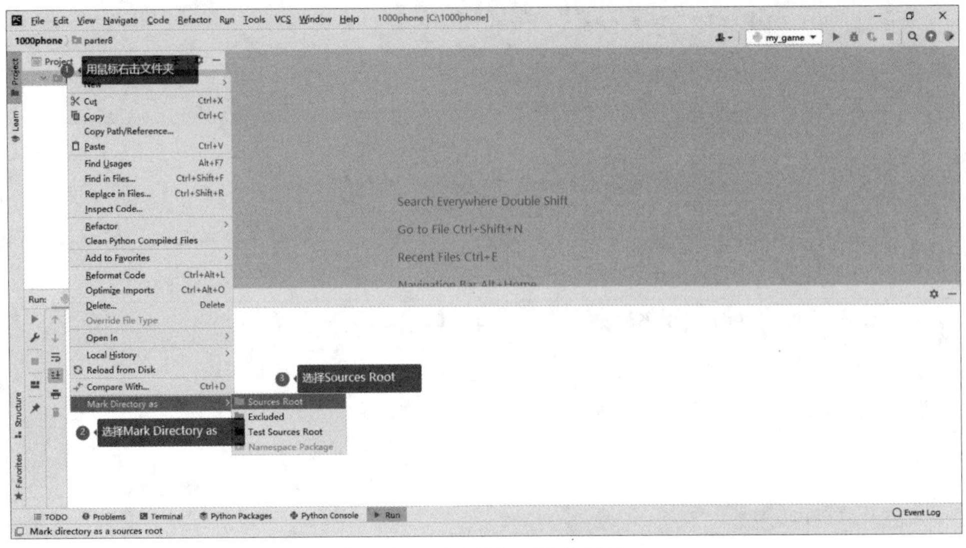

图 8.5　将文件夹设置为根目录

例8-19　导入并使用Player类。

```
1    from game import Player              #从game.py模块中导入Player类
2    p1 = Player()                        #创建Player类的实例对象
3    print(p1.name)                       #访问实例属性
4    p1.player_action(1)                  #访问实例方法
```

运行结果如下。

```
玩家
玩家出石头
```

在例8-19的代码中，第1行从game.py模块中导入了Player类，这样就可以使用Player类，就像在这个文件中定义了此类一样。从运行结果可以看出，此方式正确输出了name的默认值，且正确调用了player_action()方法。

在Python文件中，不但可以导入模块中某个特定的类，还可以导入多个特定的类。下面导入和使用game.py模块中的Player类和Computer类。

例8-20　导入并使用Player类、Computer类。

```
1    from game import Player,Computer#从game.py模块中导入Player类、Computer类
2    p1 = Player()                            #创建Player类的实例对象
3    print(p1.name)
4    p1.player_action(1)
5    c1 = Computer()                          #创建Computer类的实例对象
6    print(c1.cname)
7    c1.computer_action(2)
```

运行结果如下。

```
玩家
玩家出石头
计算机
计算机出剪刀
```

8.6.2 导入模块中的所有类

导入模块中的所有类，其语法格式如下。

```
from 模块名 import *
```

下面导入game.py模块中的Player类。

例8-21 导入并使用Player类。

```
1   from game import *                       #导入game.py模块中的所有类
2   p1 = Player()                            #创建Player类的实例对象
3   print(p1.name)
4   p1.player_action(1)
```

运行结果如下。

```
玩家
玩家出石头
```

在例8-21中可以看到，在导入模块中的所有类后，使用类只需要通过类名。这种导入方式有两个缺点：第一，不能明确看出程序使用了哪些类，不能像8.6.1小节中那样对导入的模块一目了然；第二，不能确定哪些类属于这个模块，如果导入了多个模块，还会出现与其他变量同名的可能。所以不建议通过这种导入方式导入模块中所有的类。

导入模块中的所有类还可以通过导入整个模块的方式，这种方式在使用类时，需要采用“模块.类名”的形式，故而不会与其他模块或者文件中的名称发生冲突。下面导入game.py模块中Player类。

例8-22 导入并使用Player类。

```
1   import game                         #导入整个game.py模块
2   p1 = game.Player()                  #创建Player类的实例对象
3   print(p1.name)
4   p1.player_action(1)
```

运行结果如下。

```
玩家
玩家出石头
```

例8-22的第1行代码导入了整个game.py模块，之后使用Player类时，用的代码是第2行的game.Player()。

8.7 模块3：datetime库的使用

8.7.1 datetime库概述

Datetime库是Python提供的时间处理库，可以从系统获取时间，并以用户选择的格式输出。datetime以格林尼治时间为基础，每天的时间为3600×24秒。其含有两个常量，分别是datetime.MINYEAR和datetime.MAXYEAR，表示datetime表示的最小年份1和最大年份9999。datetime库提供了多种日期和时间的表达方式，如表8.1所示。

表8.1　　datetime库中日期和时间的表达方式

类名	说明
date	日期表示类，可以表示年、月、日等
time	时间表示类，可以表示小时、分、秒、毫秒等
datetime	日期和时间表示类，功能涵盖date类和time类
timedelta	与时间间隔有关的类
tzinfo	与时区有关的类

其中datetime模块中的datetime类表达形式最为丰富，以下将对此类进行详细介绍。导入自定义模块中的类和导入内置模块中的类的方式一样，本节中用以下语法格式。

```
from datetime import datetime
```

8.7.2 获取当前时间

在datetime类中存在获取当前时间的两个类方法，用类名可以直接调用。datetime.now()可以获得当前日期和时间，datetime.utcnow()可以获得当前日期和时间对应的UTC（世界标准时）。两个方法具体介绍如下。

1．datetime.now()

datetime.now()方法不需要传入参数，调用后返回一个datetime对象，表示当前的日期和时间，精确到微秒。

例8-23　datetime.now()方法的使用。

```
1   from datetime import datetime
2   today = datetime.now()
3   print(type(today))
4   print(today)
```

运行结果如下。

```
<class 'datetime.datetime'>
2021-10-22 11:32:30.710408
```

2．datetime.utcnow()

datetime.utcnow()方法不需要传入参数，调用后返回一个datetime对象，为当前日期和时间的UTC表示，精确到微秒。

例8-24　datetime.utcnow()方法的使用。

```
1   from datetime import datetime
2   today = datetime.utcnow()
3   print(type(today))
4   print(today)
```

运行结果如下。

```
<class 'datetime.datetime'>
2021-10-22 03:37:57.890792
```

下面对datetime类的使用进行分析。创建一个datetime类的对象的方法如下。

```
datetime(year,month,day,hour=0,minute=0,second=0,microsecond=0)
```

此处创建的datetime类对象与datetime.now()方法和datetime.utcnow()方法返回的datetime对象的格式是一致的。其中year、month、day、hour、minute、second、microsecond均为datetime类的常用属性，如表8.2所示。

表8.2　　datetime类的常用属性

属性	说明
year	年份，MINYEAR<=year<=MAXYEAR
month	月份，1<=month<=12
day	日期，1<=day<=对应月份的日期最大值
hour	小时，0<=hour<=24
minute	分，0<=minute<=60
second	秒，0<=second<=60
microsecond	微秒，0<=microsecond<1000000

8.7.3 格式化时间

datetime类中有3种常用的格式化时间的方法，如表8.3所示（注：表8.3中date是指datetime类的对象）。

表8.3　　datetime类中格式化时间的方法

方法	说明
date.isoformat()	采用ISO 8601标准显示时间
date.isoweekday()	计算日期对应的星期，返回值为1~7，表示星期一到星期日
date.strftime(str)	根据字符串str的形式格式化显示日期

例8-25　isoformat()方法和isoweekday()方法的使用。

```
1   from datetime import datetime
2   date = datetime(2022,1,1,12,11,13,1900)
3   print(date.isoformat())
4   print(date.isoweekday())
```

运行结果如下。

```
2022-01-01T12:11:13.001900
6
```

strftime()方法格式化时间，有多种格式化类型，如表8.4所示。

表8.4　　strftime()方法的格式化类型

格式化类型	说明	范围
%Y	年份	0001~9999
%y	年份的后两位	00~99
%m	月份	01~12
%B	月份名称	January~December

续表

格式化类型	说明	范围
%b	月份名称缩写	Jan~Dec
%d	日期	01~31
%A	星期	Monday~Sunday
%a	星期缩写	Mon~Sun
%H	小时（24h制）	00~23
%M	分	00~59
%S	秒	00~59
%x	日期	月/日/年，如01/01/2022
%X	时间	时：分：秒，如12：11：13

例8-26 将本日的日期格式化。

```
1    from datetime import datetime
2    today = datetime.now()
3    result1 = today.strftime("%Y-%m-%d")
4    print(result1)
5    result2 = today.strftime("%Y/%m/%d")
6    print(result2)
```

运行结果如下。

```
2021-10-22
2021/10/22
```

例8-27 通过格式化字符串的形式格式化输出日期。

```
1    from datetime import datetime
2    today = datetime.now()
3    print(f"今天是{today:%Y}年{today:%m}月{today:%d}日")
```

运行结果如下。

```
今天是2021年10月22日
```

日期字符串也可以转化为datetime对象，需要用到strptime()方法。

例8-28 strptime()方法的使用。

```
1    from datetime import datetime
2    day = datetime.strptime("2021-12-12","%Y-%m-%d")
3    print(day)
```

运行结果如下。

```
2021-12-12 00:00:00
```

strptime()方法中的第一个参数是日期字符串，第二个参数是日期的格式化形式，返回的是datetime类型。如果没有传入hour、minute、second和microsecond参数，默认值为0。

8.8 实战13：倒计时日历

当某一天特别有纪念意义时，人们会想把它记录下来，还会去计算这一天已经过去了多久，比如与某个人的邂逅，比如令人难忘的事。人们也会想了解距离过年还有多少天、距离生日还有多少天等。那么如何计算某日期与当前时间的间隔呢？下面设计一个倒计时日历，通过键盘输入具体的日期，计算其与当前时间的间隔，最后打印出每个输入的日期以及与当前时间的间隔。

先讲解一个新的知识点，即两个datetime对象的间隔如何计算。定义一个计算时间间隔的函数day_between()，具体代码如下。

```
def day_between(date1,date2):
    """计算两个日期之间的间隔"""
    minus = date2 - date1
    if minus.days > 0:
        return f"还有{minus.days}天"
    else:
        return f"已经过了{-minus.days}天"
```

在day_between()函数中，date1和date2表示两个datetime对象，其中date1表示当前日期，date2表示某个特定的日期。两个对象可以直接相减，得到的是datetime模块下的timedelta类的对象，即minus是一个timedelta对象，使用minus.days属性即可获得两个日期相差的天数。需要注意的是，使用两个日期直接相减的方式获得两个日期的间隔，会精确到时、分、秒和微秒，所以传入此函数的两个datetime对象要将时、分、秒等设置为0，避免造成天数的误差。当date1大于date2时，表示这个特定的日期已经过去了，将返回已经过了多少天，此时minus.days是负值，需要转化成正值；当date1小于date2时，表示这个特定的日期还没到，将返回还有多少天到这个日期。

例8-29 倒计时日历。

```
1   from datetime import datetime
2   def day_input():
3       """用于输入纪念日名称和日期，保存在字典中"""
4       day_dict = {}
5       while True:
6           holiday = input("请输入节日名称：")
7           if holiday == "":
8               break
9           day = input("请输入日期，格式写成“年-月-日”的形式：")
10          day_dict[holiday] = day
11      return day_dict
12  def day_between(date1,date2):
13      """计算两个日期的间隔"""
14      minus = date2 - date1
15      if minus.days > 0:
16          return f"还有{minus.days}天"
17      else:
18          return f"已经过了{-minus.days}天"
19  def display(result_dict):
20      """用于展示最终结果"""
21      print("*"*40)
22      for holiday,count in result_dict.items():
23          print(f"距离{holiday}{count}")
24      print("*"*40)
25  if __name__ == "__main__":
26      input_dict = day_input()
27      today = datetime.now()
```

```
28      today = today.strftime("%Y-%m-%d")
29      today = datetime.strptime(today,"%Y-%m-%d")
30      count_dict = {}
31      for key,value in input_dict.items():
32          value = datetime.strptime(value,"%Y-%m-%d")
33          result = day_between(today,value)
34          count_dict[key] =result
35      display(count_dict)
```

运行结果如下。

```
请输入节日名称：生日
请输入日期，格式写成“年-月-日”的形式：2022-06-20
请输入节日名称：我们相遇的日子
请输入日期，格式写成“年-月-日”的形式：2019-01-01
请输入节日名称：
****************************************
距离生日还有241天
距离我们相遇的日子已经过了1025天
****************************************
```

在例8-29的代码中，第27~29行是为了获得当天的日期，并将时、分、秒均设置为0，也可以直接用datetime.today()方法，返回的是datetime对象。day_input()函数用于循环输入特定日期，保存在字典中，当特定日期输入为空时，则结束循环，函数返回值是这个字典。

本章小结

本章主要介绍了Python的类和对象：首先讲解了类和对象的基本使用，其次介绍了类的私有属性和类属性，再次介绍了类的私有方法、类方法和静态方法，最后介绍了如何导入模块中的类。实战以“人机猜拳游戏”讲解了类和对象的具体应用，以datetime模块的相关知识实现了“倒计时日历”。

习题 8

1．填空题

（1）定义一个类需要用到________关键字。

（2）类的实例方法中必须有一个________形参。

（3）类方法通过装饰器________在类中定义。

（4）类中的构造方法的名称是________。

（5）静态方法通过装饰器________在类中定义。

2．单选题

（1）关于对象和类，不正确的是（　　）。

A．对象是类的实例　　B．类是对象的抽象

C．一个类只能产生一个对象　　D．类包含方法和属性

（2）实例属性可以通过（　　）访问。

A．实例对象名　　B．类对象名　　C．类名　　D．上述3项

（3）一般将（　　）作为类方法的第一个参数名称。

A．cls　　B．this　　C．self　　D．类名

（4）构造方法的作用是（　　）。

A．类的初始化　B．对象的初始化　C．对象的建立　D．一般成员方法

3．简答题

（1）简述实例属性与类属性的区别。

（2）简述实例方法、类方法和静态方法的区别。

4．编程题

（1）设计一个Circle（圆）类，包括半径、颜色等属性，且包括计算其周长和面积的方法。创建Circle类的实例对象，传入其半径和颜色，计算出该实例对象的周长和面积。

（2）设计一个House（房子）类，包括房子名称、长、宽等属性，同时包括计算房子面积的方法，并设置类属性用于计算房子的总数。创建House类的多个实例对象，传入其长和宽，计算出房子的总数和每个房子的面积。

（3）设计一个Medicine（药品）类，包括药名（name）、价格（price）、生产日期（pd）、失效日期（exp）等属性。将价格、生产日期和失效日期设置为私有属性，不允许随意修改。类需要包括计算保质期的方法guarantee_period()和计算药品是否过期的方法is_expire()。注意：计算保质期会用到实战13中计算两个datetime对象的时间间隔的知识点，请复习此知识点。

第9章 面向对象程序设计

本章学习目标

- 理解面向对象的基本概念
- 掌握面向对象的三大特性
- 了解自定义异常类的方法

在掌握类和对象的使用方法后，我们要正式开始接触面向对象程序设计。理解面向对象的思想有助于对现实世界的问题进行抽象，以更加宏观、整体的方式去看待程序。本章将主要介绍面向对象的三大特性——封装、继承和多态，它们能增强代码的安全性、可重用性和可维护性。

9.1 面向对象概述

9.1.1 面向对象的基本概念

在第8章之前，本书基本是以面向过程的程序设计思想来编写程序的。面向过程程序设计是一种自上而下的设计方法，围绕事件进行，分析出解决问题的步骤，划分任务并逐步实现功能。面向过程程序设计与日常生活中按步骤解决问题的方法很接近，能很好地满足较为简单的需求。然而，面向过程程序设计往往一个过程只能解决一个问题，对于复杂问题难以进行设计，如果有需求变动，则会牵一发而动全身。

相比于面向过程程序设计，第8章开始讲解的面向对象程序设计更接近于人看待事物的思维。与面向过程不同，面向对象是一种自底而上的设计方法。在面向对象程序设计（Object-Oriented Programming，OOP）中，客观世界中的每一个具体的事物都是一个对象，同类型的对象拥有共同的属性和行为，则形成了类，这一过程就是抽象。抽象是面向对象程序设计的本质，类是其关键，类与对象是抽象与具体的对应。面向对象程序设计将数据和操作看成一个整体，可以提高程序的开发效率，使程序结构清晰，提高程序的可维护性，提高代码的可复用性。

9.1.2 面向对象的三大特性

面向对象程序设计的主要特性可以概括为封装、继承和多态。下面将对这三大特性进行简单介绍。

1．封装

封装是面向对象程序设计的核心思想。将对象的属性和行为封装起来，避免了外界直接访问对象而造成的过度依赖，也阻碍了外界修改对象的内部数据而导致难以预见的结果。例如，手机的内部有CPU、内存和SIM卡槽等组件，生产厂家会将这些组件用外壳封装起来，用户在使用手机时，不需要关心其内部的组件，如图9.1所示。

2．继承

继承主要描述的是类与类之间的关系，也是面向对象程序设计中提高可重用性的重要措施。继承可以在无须编写原有类的情况下，对原有类的功能进行扩展，既可以使用原有类的所有属性和行为，又可以定义自身的属性和行为，这称为继承了原有类。原有类称为父类或基类，继承原有类的这个类称为子类或派生类。例如，动物类有其属性和行为，当描述狗、猫或者其他动物时，可以直接继承动物类，然后定义狗、猫或者其他动物特有的属性和行为，不需要重复描述它们具有的动物已有的属性和行为，如图9.2所示。

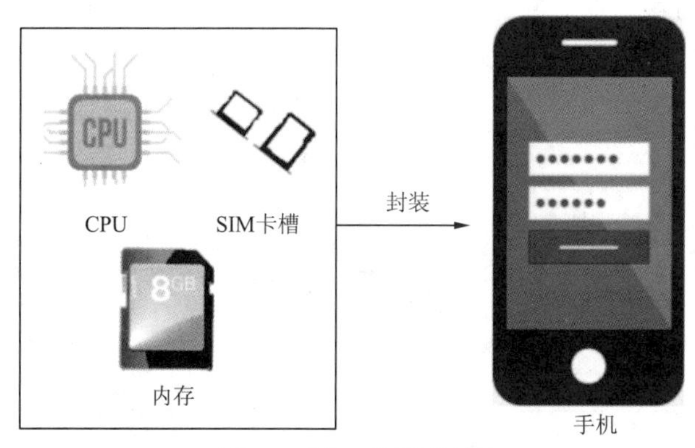

图 9.1 手机及其组件封装

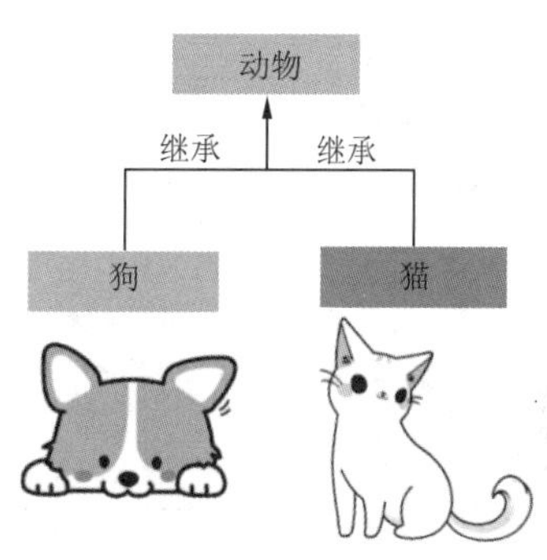

图 9.2 动物与狗和猫的继承关系

3．多态

多态是指属性或者行为在基类及其派生类中具有不同的含义或者形式。多态特性使得程序设计更加科学，更符合人类的思维习惯。例如，在基类中定义了一种求几何图形面积的方法，但这个方法并不普适于所有的几何图形，于是再定义一些派生类，包括三角形、正方形、圆形等，计算面积时，虽然继承了基类的计算方法，但是对于每一个派生类都要根据具体几何图形面积的计算公式重写此方法，如图9.3所示。

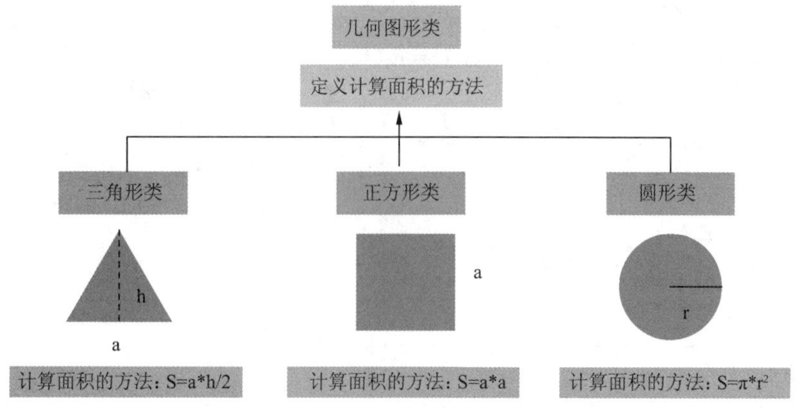

图 9.3 几何图形求面积的多态实现

9.2 封装

9.2.1 封装的概念

8.3.1小节介绍了私有属性，8.4.1小节介绍了私有方法，私有属性和私有方法都属于Python封装的形式，通过在属性和方法前加上两个下画线的方式，阻碍类外对类内属性和方法的访问和修改。但是Python的私有属性和私有方法不是完全私有化的，只是一种通过改变名称来阻碍类外访问的方式，实际上还是可以通过“_类名__属性名”或者“_类名__方法名”的形式对其进行访问。例如，定义Student类，将成绩score设置为私有属性，将获取成绩的方法get_score()设置为私有方法，如例9-1所示。

例9-1 定义Student类的私有属性和私有方法。

```
1    class Student:
2        def __init__(self,score):
3            self.__score = score
4        def __get_score(self):
5            return self.__score
6    s1 = Student(100)
7    print(s1._Student__score)                     #访问私有属性__score
8    print(s1._Student__get_score())               #访问私有方法__get_score()
```

运行结果如下。

```
100
100
```

私有属性和私有方法不能直接访问，否则就会报错。通过加上类名的形式进行访问，能够成功访问，但并不建议采用这种访问方式。

9.2.2 @property的使用

@property是Python内置的装饰器，能够修改属性的读写权限。装饰器的具体介绍参见第10章。装饰器能对函数或方法的具体功能进行修改。例如，有一个成绩类Score，现在希望其私有属性__data只能读，也就是只能访问，不能修改，如例9-2所示。

例9-2 定义Score类，将其属性权限设置为只读。

```
1    class Score:
2        def __init__(self,data):
3            self.__data = data                    #定义私有属性__data
4        @property                                 #使用@property将属性变为只读的
5        def data(self):
6            return f"私有属性的值为{self.__data}"
7    s1 = Score(60)
8    print(s1.data)                                #访问属性
```

运行结果如下。

```
私有属性的值为60
```

例9-2定义了私有属性self.__data，@property将其权限变为只读时，需要定义一个与属性同名的方法data()，方法中不带下画线，见第5行代码。data()方法用于返回该私有属性，见第6行代码。当在类外访问此属性时，相当于将方法data()当作属性进行调用，使用“对象名.方法名”进行访问，见第

8行代码。调用data()方法后返回的是私有属性self.__data的值。Score类中的私有属性变成了只读的，不能进行修改。例如，运行以下代码。

```
s1.data = 100
```

出现AttributeError异常，异常信息如下。

```
Traceback (most recent call last):
  File "C:\1000phone\parter9\score.py", line 9, in <module>
    s1.data = 100
AttributeError: can't set attribute
```

如果希望将Score类中的私有属性变为可修改的，需要在@property装饰的方法名后加“.setter”。

例9-3 将Score类中的属性权限设置为可读写。

```
1   class Score:
2       def __init__(self,data):
3           self.__data = data                      #定义私有属性__data
4       @property                                   #使用@property将属性变为只读的
5       def data(self):
6           return f"私有属性的值为{self.__data}"
7       @data.setter                                #使用data.setter将属性变为可修改的
8       def data(self,value):
9           if value < 0 or value > 100:
10              raise ValueError("您的输入有误，输入范围为0~100")
11          else:
12              self.__data = value
13  s1 = Score(60)
14  print(s1.data)
15  s1.data = 100
16  print(s1.data)
```

运行结果如下。

```
私有属性的值为60
私有属性的值为100
```

可以发现，属性的值修改成功了。第10行出现了一个新的语句——raise语句，用于主动抛出异常，其语法格式如下。

```
raise 异常类型(异常说明)
```

在例9-3的第7~12行代码中，定义了可以修改属性的方法，用的装饰器是@data.setter，见第7行。方法名与设置属性为只读时一致，为data()，不同的是此时方法里传入了参数value，为属性要被修改的值。第9~12行代码的含义是，如果value的值大于100或者小于0，则主动抛出异常ValueError，并显示输入有误，否则将修改self.__data的值为value。在本例中，self.__data的值修改成功了，如果将第15行代码修改如下，则会抛出异常。

```
s1.data = -1
```

此时主动抛出ValueError异常，异常信息如下。

```
Traceback (most recent call last):
  File "C:\1000phone\parter9\score_2.py", line 15, in <module>
    s1.data = -1
  File "C:\1000phone\parter9\score_2.py", line 10, in data
```

```
    raise ValueError("您的输入有误，输入范围为0~100")
ValueError: 您的输入有误，输入范围为0~100
```

9.3 继承

类与类之间可以存在继承关系，一个类继承另一个类时，会获得另一个类的所有属性和方法。原有的类称为父类或基类，新定义的类称为子类或派生类。派生类继承了基类的所有属性和方法，还可以定义自己的属性和方法。

9.3.1 单一继承

单一继承是指定义的派生类只有一个基类，其语法格式如下。

```
class 基类名:                    #也可以写成class 基类名(object):
    类体
class 派生类名(基类名):
    类体
```

以上语法格式中，派生类继承自基类，可以使用基类中的所有公有成员，不能使用基类中的私有成员。派生类可以定义新的属性和方法，从而完成对基类的扩展。注意：Python所有的类都继承自object类，这种继承写法可以省略。例如，猫和狗都继承自动物，创建动物类Animal，动物有姓名name和年龄age等属性，也有吃饭eat()和睡觉sleep()等方法，狗Dog类和猫Cat类可以继承动物Animal类中的属性和方法。

例9-4 动物和狗、猫的继承关系。

```
1   class Animal:
2       def __init__(self,name,age):
3           self.name = name                     #姓名属性
4           self.age = age                       #年龄属性
5       def eat(self):                           #吃饭行为
6           print(f"{self.name}正在吃东西")
7       def sleep(self):                         #睡觉行为
8           print(f"{self.name}正在睡觉")
9   class Dog(Animal):                           #Dog类继承Animal类的属性和方法
10      pass
11  class Cat(Animal):                           #Cat类继承Animal类的属性和方法
12      def play(self):                          #在Cat类中创建新的方法
13          print(f"{self.name}正在玩耍")
14  if __name__ == "__main__":
15      my_dog = Dog("小汪",4)                   #创建Dog类的实例对象
16      my_dog.eat()                             #调用基类中的方法
17      my_cat = Cat("小喵",2)                   #创建Cat类的实例对象
18      my_cat.play()                            #调用Cat类中的方法
```

运行结果如下。

```
小汪正在吃东西
小喵正在玩耍
```

在例9-4的代码中，可以看到Dog类中没有写任何内容，只是继承了Animal类，便能使用Animal类中的属性和方法。第15行和第16行中创建了Dog类的实例对象，并成功使用了基类Animal类中的属

性和方法。Cat类在继承Animal类的基础上，还定义了新的方法。第17行和第18行中创建了Cat类的实例对象，使用了基类Animal类中的属性，并调用了Cat类中新定义的方法。

9.3.2 方法重写

当派生类继承基类的内容时，如果发现基类的属性和方法不适用于派生类，可以进行重写，其中修改属性要重写构造方法。

1. 重写构造方法

例如，Dog类可以继承Animal类，所有的动物都有姓名和年龄，但是狗还有是否打过疫苗这一属性。此时Dog类要继承Animal类中的姓名属性和年龄属性，还要创建新的是否打过疫苗属性。

例9-5 重写Dog类中的构造方法。

```
1   class Animal:
2       def __init__(self,name,age):
3           self.name = name                        #姓名属性
4           self.age = age                          #年龄属性
5   class Dog(Animal):                              #Dog类继承Animal类的属性和方法
6       def __init__(self,name,age,vaccine):
7           super().__init__(name,age)              #继承Animal类中的属性
8           self.vaccine = vaccine                  #是否打过疫苗属性
9   if __name__ == "__main__":
10      my_dog = Dog("小汪",4,"True")
11      if my_dog.vaccine:
12          print(f"{my_dog.name}打过疫苗了")
13      else:
14          print(f"{my_dog.name}还没打过疫苗")
```

运行结果如下。

```
小汪打过疫苗了
```

在例9-5的代码中，Dog类重写了构造方法__init__()，其中super()是一个特殊函数，能够调用基类的方法，见第7行。这行代码让Python调用了Animal类中的构造方法，从而让Dog类包含Animal类构造方法中定义的所有属性。第7行代码还可以写成如下形式。

```
super(Dog, self).__init__(name,age)
Animal.__init__(self,name,age)
```

2. 重写基类方法

当派生类重写基类方法时，要定义与基类同名的方法，派生类对象调用方法时，会调用派生类中定义的同名方法，而不会去调用基类中的方法。例如，Cat类虽然可以继承Animal类中的eat()方法，但是需要在Cat类中将eat()方法定义得更加具体。

例9-6 重写Cat类中的eat()方法。

```
1   class Animal:
2       def __init__(self,name,age):
3           self.name = name                        #姓名属性
4           self.age = age                          #年龄属性
5       def eat(self):                              #吃饭行为
6           print(f"{self.name}正在吃东西")
7   class Cat(Animal):                              #Cat类继承Animal类的属性和方法
8       def eat(self):                              #重写eat()方法
9           print(f"{self.name}正在吃猫粮")
```

```
10 if __name__ == "__main__":
11     my_cat = Cat("小喵",2)                    #创建Cat类的实例对象
12     my_cat.eat()                              #调用Cat类中的方法
```

运行结果如下。

```
小喵正在吃猫粮
```

在例9-6中，创建Cat类的实例对象后，调用eat()方法时，虽然基类和派生类中都有eat()方法，但是Python自动选择了派生类Cat类中的eat()方法。

9.3.3 多重继承

多重继承是指派生类继承了多个基类，其语法格式如下。

```
class 基类1:
    类体
class 基类2:
    类体
class 派生类(基类1,基类2):
    类体
```

例如，非全日制是边工作边学习的一种学习形式，非全日制学生的身份是双重的，既是职员，又是学生。非全日制学生映射到面向对象程序设计中，就可以通过多重继承来实现，如图9.4所示。

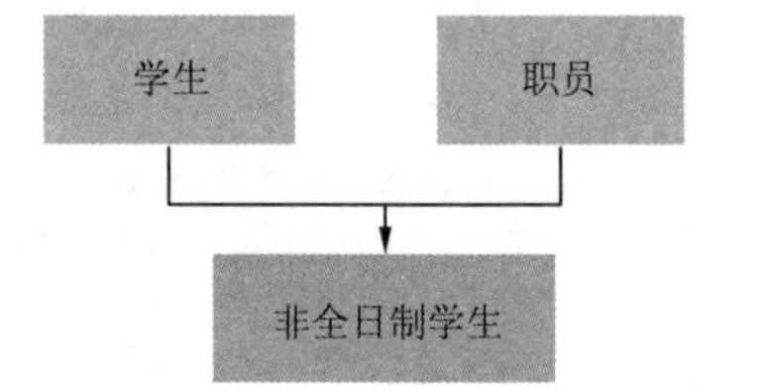

图 9.4 职员、学生与非全日制学生的多重继承关系

例9-7 职员、学生与非全日制学生的多重继承关系。

```
1  class Student:
2      def __init__(self,name,score):
3          self.name = name
4          self.score = score
5      def stu_info(self):
6          print(f"姓名：{self.name}，分数：{self.score}")
7  class Staff:
8      def __init__(self,id,salary):
9          self.id = id
10         self.salary = salary
11     def staff_info(self):
12         print(f"ID：{self.id}，薪资：{self.salary}")
13 class PartTimeStudent(Student,Staff):
14     def __init__(self,name,score,id,salary):
15         Student.__init__(self,name,score)
16         Staff.__init__(self,id,salary)
17 p1 = PartTimeStudent("小千",100,"202201",10000)
18 p1.stu_info()
19 p1.staff_info()
```

运行结果如下。

```
姓名：小千，分数：100
ID：202201，薪资：10000
```

在例9-7中，派生类PartTimeStudent类继承了两个基类，分别是Student类和Staff类。派生类继承了两个基类中的所有公有成员，并在构造方法中调用了两个基类的构造方法。第17~19行代码创建了派生类的实例对象，并调用了两个基类中的方法stu_info()和staff_info()。

9.4 多态

9.4.1 多态的概念

多态的含义是"有多种形式"。在面向对象程序设计中，多态是指基类的同一个方法在不同派生类对象中具有不同的表现和行为，当调用该方法时，程序会根据对象选择合适的方法。9.3.2小节中的方法重写蕴含的就是多态的思想。举个例子，Python中的加法运算，可以用于两个整数，也可以用于两个字符串，具体示例如下。

```
1 + 2
"千锋" + "教育"
```

上述代码中，加法运算符对不同类型的对象执行了不同的操作，这也是多态的一种体现。9.1.2小节介绍面向对象的多态特性时，提到在基类中定义了求几何图形面积的方法，但是此方法不适用于所有几何图形，此时可以在派生类中重写此方法。

例9-8 几何图形求面积的多态体现。

```
1   import math
2   class Graphic:
3       def __init__(self,name):
4           self.name = name
5       def cal_square(self):
6           pass
7   class Triangle(Graphic):
8       def __init__(self,name,height,border):
9           super().__init__(name)
10          self.height = height
11          self.border = border
12      def cal_square(self):
13          square = 1/2 * self.height * self.border
14          print(f"{self.name}的面积是{square:.2f}")
15  class Circle(Graphic):
16      def __init__(self,name,radius):
17          super().__init__(name)
18          self.radius = radius
19      def cal_square(self):
20          square = math.pi * pow(self.radius,2)
21          print(f"{self.name}的面积是{square:.3f}")
22  t1 = Triangle("三角形",6,8)
23  t1.cal_square()
24  c1 = Circle("圆",3)
25  c1.cal_square()
```

运行结果如下。

```
三角形的面积是24.00
圆的面积是28.274
```

在例9-8中，Triangle类和Circle类都继承于Graphic类，基类和派生类中都存在cal_square()方法。

可以看到，第23行和第25行代码中都调用了cal_square()方法，但是根据不同对象调用了各类中定义的不同的cal_square()方法。

9.4.2 内置函数重写

在Python程序中，不仅能对自定义类中的方法进行重写，还可以对Python已定义的内置函数进行重写。比较常见的内置函数的重写包括前面已经介绍过的str()函数和repr()函数。这两个函数原本用于将其他数据类型转换为字符串形式，在类中对其进行重写后，就能用于将对象转换为字符串。

重写内置函数str()和repr()，需要在函数名前加两个下画线，函数名后加两个下画线，即__str__()和__repr__()。注意：以两个下画线为开头并以两个下画线为结尾的方法，都是Python的内置方法。3.4.5小节介绍过str()函数和repr()函数的区别，重写后这两个函数也具备原有特性，__str__()函数会将对象转换为人更容易理解的字符串，__repr__()函数会将对象转换为解释器可识别的字符串。

例9-9 定义一个Clock类，不重写内置函数。

```
1   class Clock:
2       def __init__(self,hour,minute,second):
3           self.hour = hour
4           self.minute = minute
5           self.second = second
6   c1 = Clock(2,30,20)
7   print(c1)
```

运行结果如下。

```
<__main__.Clock object at 0x0000028F0E3418E0>
```

在例9-9中，打印实例对象c1，只能显示出c1是一个Clock对象。重写__str__()和__repr__()后，则会出现意想不到的效果。

例9-10 定义一个Clock类，重写内置函数。

```
1   class Clock:
2       def __init__(self,hour,minute,second):
3           self.hour = hour
4           self.minute = minute
5           self.second = second
6       def __str__(self):                      #重写__str__()
7           return f"时{self.hour}，分{self.minute}，秒{self.second}"
8       def __repr__(self):                     #重写__repr__()
9           return f"Clock({self.hour},{self.minute},{self.second})"
10  c1 = Clock(10,20,30)                        #定义实例对象c1
11  print(c1)                                   #打印对象c1
12  c2 = eval(repr(c1))                         #复制c1对象赋值给c2
13  c2.hour = 1                                 #修改c2属性
14  print(c2)                                   #打印对象c2
```

运行结果如下。

```
时10，分20，秒30
时1，分20，秒30
```

在例9-10的代码中，第6行和第7行对__str__()进行了重写，此时，第10行和第11行打印实例对象，就会按照__str__()中定义的字符串格式进行打印。第8行和第9行对__repr__()进行重写，返回的格式是Clock对象的字符串形式，第12行中的eval(repr(c1))的执行过程如图9.5所示。

eval(repr(c1))相当于对c1对象进行了复制。例9-10的第12行代码将c1对象复制后赋值给c2。第13

行代码修改c2对象，但并不影响c1对象。

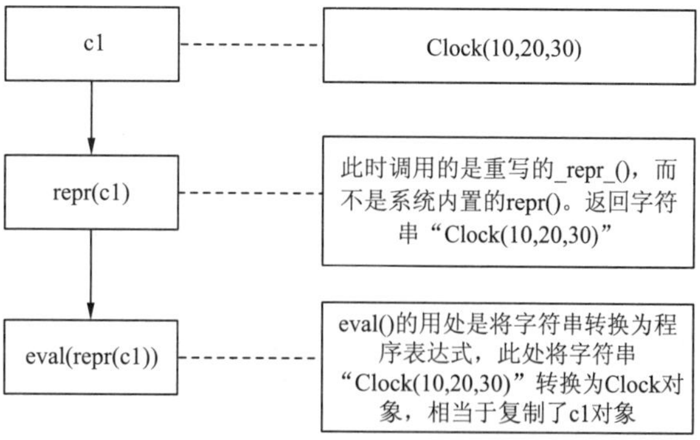

c1　　Clock(10,20,30)

repr(c1)　　此时调用的是重写的_repr_()，而不是系统内置的repr()。返回字符串“Clock(10,20,30)”

eval(repr(c1))　　eval()的用处是将字符串转换为程序表达式，此处将字符串“Clock(10,20,30)”转换为Clock对象，相当于复制了c1对象

图 9.5　eval(repr(c1)) 的执行过程

9.4.3 运算符重载

前面介绍过Python的运算符，可以用于部分数据类型之间的运算。例如，两个字符串可以通过“+”运算符进行拼接，具体代码如下。

```
"www.codingke" + ".com"
```

实际上，“+”运算符的本质是调用了内置的__add__()方法。那么类的对象之间可以进行“+”操作吗？“-”“*”“>”“<”等操作呢？Python可以通过运算符的重载来实现对象之间的运算。运算符对应的方法如表9.1所示，通过在类中重写这些方法，就可以实现类的对象的相应运算。

表9.1　　运算符对应的方法

运算符	方法	说明	示例
+	__add__(self,other)	加	a + b
-	__sub__(self,other)	减	a - b
*	__mul__(self,other)	乘	a * b
/	__truediv__(self,other)	除	a / b
%	__mod__(self,other)	取余	a % b
>	__gt__(self,other)	大于	a > b
>=	__ge__(self,other)	大于等于	a >= b
==	__eq__(self,other)	等于	a == b
<	__lt__(self,other)	小于	a < b
<=	__le__(self,other)	小于等于	a <= b
!=	__ne__(self,other)	不等于	a != b

运算符重载如何应用？设想这样一个场景，学校在举办运动会，其中有一个项目是接力赛跑，需要记录赛跑长度及时长。思考一下：一个参赛队的赛跑长度和时长怎么计算？两队之间取得胜利的是哪队又该如何判断？

例9-11　计算接力赛的赛跑长度及时长，并判断获胜队伍。

```
1   class Race:
2       def __init__(self,length,time):
3           self.length = length
4           self.time = time
5       def __add__(self, other):                          #重载+运算
6           return Race(self.length + other.length,self.time + other.time)
7       def __gt__(self, other):                           #重载>运算
8           if self.length == other.length:
9               return self.time > other.time
10          else:
11              raise TypeError("无法比较")
12      def __eq__(self, other):                           #重载==运算
13          if self.length == other.length:
14              return self.time == other.time
15          else:
```

```
16                  raise TypeError("无法比较")
17          def __str__(self):
18              return f"赛跑长度为{self.length}，赛跑时长为{self.time}"
19  if __name__ == "__main__":
20      team1_1 = Race(200,20)                           #team1的1号队员
21      team1_2 = Race(200,19.8)                         #team1的2号队员
22      team1 = team1_1 + team1_2                        #team1的赛跑长度和时长
23      print(team1)
24      team2_1 = Race(200,18.9)                         #team2的1号队员
25      team2_2 = Race(200,20.1)                         #team2的2号队员
26      team2 = team2_1 + team2_2                        #team2的赛跑长度和时长
27      print(team2)
28      if team1 > team2:
29          print("team2取得胜利")
30      elif team1 == team2:
31          print("team1和team2平局")
32      else:
33          print("team1取得胜利 ")
```

运行结果如下。

```
赛跑长度为400，赛跑时长为39.8
赛跑长度为400，赛跑时长为39.0
team2取得胜利
```

在例9-11的代码中，第5行和第6行重载“+”运算符，使两个对象能够相加，相加过程是两个对象中的属性分别相加，返回的也是一个对象。第22行和第26行对重载的“+”运算符进行使用，两个对象成功相加。第7~16行重载了“>”和“==”运算符，判断两个Race对象的大小关系：首先看属性length是否相等，如果相等，则比较属性time；如果不相等，则主动抛出TypeError异常。此过程的含义是比较接力赛队员的成绩，首先看他们跑的长度是不是一样，跑的长度一样才能去比较赛跑时间，否则无法进行比较。第28~33行对重载的“>”和“==”运算符进行使用，两个队的赛跑长度一样时，时间短的获得胜利。

9.5 实战14：模拟薪资结算

在公司中存在着各类员工，虽然都是员工，但却做着不同的事情，有着不同的职位，薪资也各不相同。假设有个公司有三类员工，分别是产品经理、程序员、测试工程师。三类员工的薪资计算方法如下。

（1）产品经理：按照固定工资分配。

（2）程序员：有基础工资，加班有加班费。当加班时长不超过20小时，加班费为100元/小时；当加班时长超过20小时，按20小时加班计算，超出部分不计入薪资。

（3）测试工程师：有基础工资，存在绩效薪资，每发现一个错误（bug）增加5元绩效薪资。

根据以上信息，可以模拟该公司的薪资结算。将以上过程通过面向对象程序设计思想进行建模，薪资结算模型如图9.6所示。

在图9.6中，员工类是基类，拥有姓名属性和获得薪资的方法。产品经理类、程序员类和测试工程师类可以继承基类中的姓名属性，并定义属于自己的特殊属性。由于三个派生类计算薪资的方法并不相同，所以要重写获得薪资的方法，这是面向对象中多态的体现。

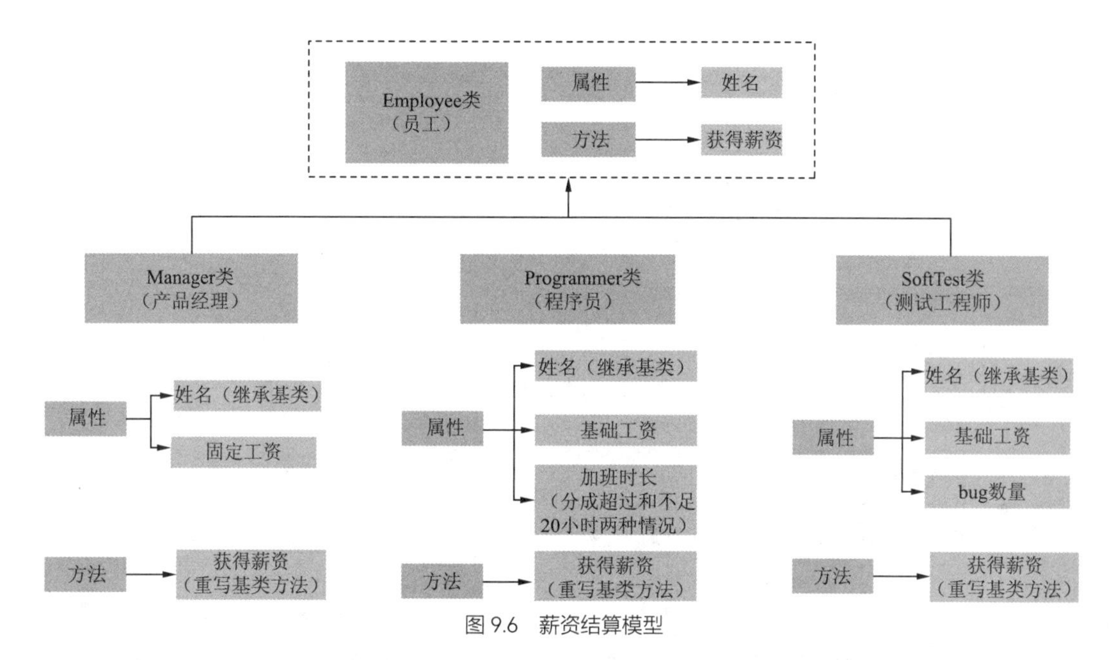

图 9.6 薪资结算模型

在用程序实现此模型之前，需要了解isinstance()函数。isinstance()函数用于判断一个对象是否属于指定的类的实例或者其子类的实例，具体语法格式如下。

```
isinstance(对象,类信息)
```

其中，类信息可以是可以是类名、基本类型或者由它们组成的元组。当对象属于类信息时，会返回True，否则返回False。

例9-12 isinstance()函数的使用。

```
1   class Employee:
2       pass
3   e1 = Employee()
4   if isinstance(e1,Employee):
5       print("e1属于Employee的实例对象")
6   else:
7       print("e1不属于Employee的实例对象")
```

运行结果如下。

```
e1属于Employee的实例对象
```

例9-13 模拟薪资结算。

```
1   class Employee:                              #员工类，作为基类
2       def __init__(self,name):
3           self.name = name                     #定义属性name
4       def get_salary(self):                    #定义获取薪资的方法
5           pass
6   class Manager(Employee):                     #定义产品经理类，继承Employee类
7       def __init__(self,name,salary=15000):
8           super().__init__(name)               #继承父类属性
9           self.salary = salary                 #定义薪资salary
10      def get_salary(self):                    #重写父类方法
11          return self.salary
12      def __str__(self):                       #重写__str__()方法
13          return f"{self.name}的薪资是{self.get_salary()}"
14  class Programmer(Employee):                  #定义程序员类，继承Employee类
```

```
15      def __init__(self, name, base_salary=12000, over_time=0):
16          super().__init__(name)                  #继承父类属性
17          self.base_salary = base_salary          #定义基础工资base_salary
18          self.__over_time = over_time            #定义加班时长
19      def get_salary(self):                       #重写父类方法
20          if self.__over_time < 0:
21              raise ValueError("工作时长的输入有误")
22          elif self.__over_time > 20:
23              self.__over_time = 20   #加班时长不能超过20小时，超出20小时不计入薪资
24          return self.base_salary + 100 * self.__over_time
25      def __str__(self):                          #重写__str__()方法
26          return f"{self.name}的薪资是{self.get_salary()}"
27  class SoftTest(Employee):                       #定义测试工程师类，继承Employee类
28      def __init__(self,name,base_salary=8000,bug_num=0):
29          super().__init__(name)                  #继承父类属性
30          self.base_salary = base_salary          #定义基础工资base_salary
31          self.bug_num = bug_num                  #定义发现的错误个数bug_num
32      def get_salary(self):                       #重写父类方法
33          return self.base_salary + 5 * self.bug_num
34      def __str__(self):                          #重写__str__()方法
35          return f"{self.name}的薪资是{self.get_salary()}"
36  def main():                                     #定义计算所有员工工资的函数
37      employee_list = [
38          Manager("宋江"),Manager("吴用"),Manager("公孙胜",10000),
39          Programmer("花荣"),Programmer("武松",10000,10),Programmer("林冲",
13000,30),
40          SoftTest("朱武"),SoftTest("蒋敬"),SoftTest("柴进",9000,100)
41      ]
42      for emp in employee_list:
43          if isinstance(emp,Programmer):
44              print("程序员：",emp)
45          elif isinstance(emp,Manager):
46              print("产品经理：",emp)
47          else:
48              print("测试工程师：",emp)
49  if __name__ == "__main__":
50      main()
```

运行结果如下。

```
产品经理：宋江的薪资是15000
产品经理：吴用的薪资是15000
产品经理：公孙胜的薪资是10000
程序员：花荣的薪资是12000
程序员：武松的薪资是11000
程序员：林冲的薪资是15000
测试工程师：朱武的薪资是8000
测试工程师：蒋敬的薪资是8000
测试工程师：柴进的薪资是9500
```

例9-13创建了Employee类，Manager类、Programmer类及SoftTest类均继承于它。在第20～23行代码中，Programmer类为了分段处理加班时长__over_time，在get_salary()方法中对__over_time进行了判断：当__over_time小于0时，主动抛出异常ValueError；当__over_time大于20时，__over_time的值会被设置为20；当__over_time为0~20时，__over_time就用原本的值。第36～48行代码设置主函数main()，用于计算所有员工的薪资。所有的员工对象都存放在列表employee_list中，循环遍历对象，求每个对象的薪资。使用isinstance()函数，对象属于哪个类，就会打印这个类的类别。第50行代码调用main()函数，执行程序。

9.6 自定义异常类

4.6节中介绍过Python内置的异常类型，在Python程序中还可以自定义异常类。BaseException类是所有异常类的直接或间接基类，但是自定义的类不能直接继承此类，而要继承Exception类。自定义异常类一般以Error或Exception为后缀进行命名。

设想这样一个情况，要统计所有成年人的个人信息，成年人的年龄值需要大于等于18，且不能超过200。如果年龄不满足成年人的条件，则抛出异常。

例9-14 自定义异常类AgeError。

```
1    class AgeError(Exception):
2        def __init__(self,error_info):
3            self.error_info = error_info
4        def __str__(self):
5            return self.error_info
6    age = int(input("请输入年龄: "))
7    if age < 18 or age > 200:
8        raise AgeError("年龄不在成年人范围内! ")
9    else:
10       print("年龄是: ",age)
```

运行结果如下。

```
请输入年龄: 16
Traceback (most recent call last):
  File "C:\1000phone\parter9\adults.py", line 8, in <module>
    raise AgeError("年龄不在成年人范围内! ")
__main__.AgeError: 年龄不在成年人范围内!
```

例9-14自定义了异常类AgeError，见第1~5行，所有的异常都可以用raise触发。第7~10行代码表示，当输入的年龄age不在18~200这个范围中时，就用raise触发异常，抛出AgeError，并传入错误信息error_info“年龄不在成年人范围内!”。

自定义异常类还可以和try…except语句一起使用，和内置异常类用法类似。try…except语句可以捕获自定义异常，使得程序既能不因异常中断又能报出异常信息。其语法格式如下。

```
try:
    #抛出自定义异常
    raise 自定义异常类名(参数)
except 自定义异常类名 as 变量名:
    #捕获抛出的自定义异常并输出自定义异常的参数
    变量名.参数
```

例9-15 捕获自定义异常类AgeError。

```
1    class AgeError(Exception):
2        def __init__(self,error_info):
3            self.error_info = error_info
4        def __str__(self):
5            return self.error_info
6    age = int(input("请输入年龄: "))
7    try:
8        if age < 18 or age > 200:
9            raise AgeError("年龄不在成年人范围内! ")
10       else:
11           print("年龄是: ",age)
12   except AgeError as a:
13       print(a.error_info)
```

运行结果如下。

```
请输入年龄：16
年龄不在成年人范围内！
```

在例9-15的代码中，第7~13行用于捕获异常，当年龄age不在18~200范围内时，会抛出异常AgeError，try…except语句会捕获AgeError异常，捕获后第13行会打印异常AgeError中的参数error_info。

本章小结

本章主要介绍了面向对象的三大特性，包括封装、继承与多态。封装主要包括私有属性、私有方法及@property装饰器对属性的限制；继承主要包括单一继承、多重继承及派生类对基类中方法的重写；多态主要包括同名方法在不同派生类中的不同使用，内置函数str()、repr()的重写，以及运算符的重载。在掌握面向对象程序设计方法后，还需要了解自定义异常类的使用场景以及和try…except语句等结合使用的方法。

习题 9

1．填空题

（1）________是面向对象程序设计提高可重用性的重要措施。

（2）装饰器________可以将类中的属性设置为只读的。

（3）________是一种行为在多个类中的不同实现。

（4）继承分为单一继承与________。

（5）自定义异常类要继承________类。

2．单选题

（1）下列选项中，与class A等价的写法是（　　）。

A. class A:(object)　　B. class A:Object

C. class AObject　　D. class A(object)

（2）若希望将对象打印成自定义的字符串格式，需要重载（　　）方法。

A. __init__()　　B. __str__()

C. __eq__()　　D. __add__()

（3）下列选项中，关于多重继承正确的是（　　）。

A. class A:B,C　　B. class A:(B,C)

C. class A(B,C):　　D. classA(B:C):

（4）派生类通过（　　）可以调用基类的构造方法。

A. __init__()　　B. super()

C. __repr__()　　D. 派生类名

（5）若基类与派生类中有同名实例方法，派生类实例对象会调用（　　）中的方法。

A. 基类　　B. 派生类

C. 先基类后派生类　　D. 先派生类后基类

3．简答题

（1）简述面向对象的三大特性。

（2）自定义异常类如何定义和使用？

4．编程题

（1）在现实生活中，机动车一般有两种作用，一种是载人，一种是载物，这可以看作两种运行方法。设计程序模拟客车和货车的运行，反映出客车载人数和货车载物数。

① 定义车类Car，包括名称属性name，以及运行方法run()。

② 定义客车类TaxiCar，包括名称属性name、载人属性person_num，以及运行方法run()。

③ 定义货车FreightCar，包括名称属性name、载物属性goods_weight，以及运行方法run()。

④ 创建客车类和货车类的实例对象，并调用其运行方法。

（2）设计一个学生类Student，每个学生都有三门课程的成绩，分别是语文、数学和物理。重载“+”运算符，用于两个学生对象每门成绩的求和，重载方法返回一个学生对象。用程序实现多个学生的成绩求和，并求每门课程成绩的平均分。

（3）扩展训练：模拟大象进冰箱的问题。在此训练中需要注意，一个类中的对象是可以传入另一个类中使用的。需要进行以下操作。

① 定义一个Elphant类，包括名称属性name、打开冰箱方法open()、关闭冰箱方法close()、进入冰箱方法enter()。open()方法和close()方法的实现要调用Fridge类中的相应方法。

② 定义Fridge类，包括名称属性name、打开门方法open_door()和关闭门方法close_door()。两个方法中要传入进入冰箱的大象名称。

③ 模拟大象进冰箱的过程：打开冰箱，进入冰箱，关闭冰箱。

第10章 函数的高级特性

本章学习目标

- 了解迭代器和生成器的用法
- 掌握匿名函数的用法
- 理解高阶函数的概念
- 掌握常用高阶函数的用法
- 掌握装饰器的概念和使用方法

for循环可以遍历列表、元组和字典等，但它是如何运作的呢？它还能遍历其他对象吗？如果函数的函数体只有一行代码，是否有更为简单的写法呢？定义一个函数后，能否在不改变它的情况下增加它的功能呢？在本章中，这些问题都会被一一解答。学习函数的高级特性会加深读者对函数的理解，知其然，也知其所以然。

10.1 迭代器和生成器

10.1.1 迭代器规则

迭代是指重复地做一些事，就像在循环中进行的操作。前面章节介绍过for循环对序列和字典等进行迭代，实际上，for循环也能对其他对象进行迭代，只要这个对象是可迭代对象。可迭代对象是指具有__iter__()方法的对象。而迭代器对象不仅拥有__iter__()方法，还具有__next__()方法，当调用__next__()方法时，迭代器会返回它的下一个值。迭代器没有值可以返回时，就会抛出StopIteration异常。

可以用迭代器对象理解for循环的运行原理，具体过程如下。

（1）for循环调用in后面的对象的__iter__()方法，将可迭代对象转换为迭代器对象。

（2）调用迭代器对象的__next__()方法，将得到的返回值赋给in前面的变量，再执行循环体中的代码。

（3）循环往复，直到取完迭代器中的值，自动捕捉StopIteration异常结束循环。

例如，列表可以用for循环遍历，是可迭代对象，用for循环遍历列表list01=[1,2,3,4]，如例10-1所示。

例10-1 for循环遍历列表。

```
1   list01 = [1,2,3,4]
2   for item in list01:
3       print(item,end=" ")
```

运行结果如下。

```
1 2 3 4
```

对例10-1的for循环过程进行分解，如例10-2所示。

例10-2 for循环遍历列表的具体过程。

```
1   list01 = [1,2,3,4]
2   iterator = list01.__iter__()                #将可迭代对象转化为迭代器对象
3   while True:
4       try:
5           item = iterator.__next__()          #不断获取迭代器对象的下一个值
6           print(item,end = " ")               #打印值
7       except StopIteration:                   #当从迭代器对象中取不到值时，捕获到
StopIteration异常，结束循环
8           Break
```

运行结果如下。

```
1 2 3 4
```

例10-2展示了for循环的具体过程：首先调用__iter__()方法将list01转化为迭代器对象；然后不断地调用__next__()方法获取迭代器对象的下一个值，取不到值时抛出StopIteration异常，用try…except捕获到该异常时，结束循环。

列表可以存放多个数据，通过索引也能获取每个值，那为什么还要有迭代器呢？迭代器规则的关键是什么呢？实际上，如果数据过多，将所有数据存入列表会占用大量内存。迭代器能够在使用一个值时才去获取一个值，不像列表一次性获取所有的值，节约内存，更简单优雅。

10.1.2 创建迭代器

了解迭代器对象及其规则后，就可以创建迭代器了。下面编写程序产生3到9的所有数值。

例10-3 迭代器产生连续数字。

```
1   class Vector:
2       def __init__(self,start,end):
3           self.start = start
4           self.end = end
5       def __iter__(self):
6           return self                         #返回对象本身
7       def __next__(self):
8           if self.start <= self.end:
9               number = self.start
10              self.start += 1
11              return number                   #返回迭代器对象的下一个值
12          else:
13              raise StopIteration             #迭代器中的值取完后，抛出异常
14  v1 = Vector(3,9)
15  for item in v1:
16      print(item,end = " ")
```

运行结果如下。

```
3 4 5 6 7 8 9
```

在例10-3的代码中，第5~6行定义了__iter__()方法，这个方法返回的是迭代器本身。第7~13行定义了__next__()方法，当起始值小于等于终止值时，返回起始值，并令起始值加1；当起始值大于终止值时，抛出StopIteration异常。在定义__iter__()方法和__next__()方法后，Vector类的对象就是迭代

器对象了。第14~16行中创建了Vector的实例对象v1，并用for循环遍历它，调用其__iter__()方法和__next__()方法，获取起始值到终止值的所有数值，直到捕获StopIteration异常。

10.1.3 创建生成器

使用了yield语句的Python函数即生成器函数。当一个生成器函数被调用时，它返回一个称为生成器的迭代器，该生成器控制生成器函数的执行。生成器是特殊的迭代器，不过，生成器的语法比普通迭代器简洁。

例10-4 生成器获得列表中所有的偶数。

```
1   list01 = [2,3,19,34,12]
2   def generator(alist):                        #定义生成器函数
3       for item in alist:
4           if item % 2 == 0:
5               yield item
6   g01 = generator(list01)                      #调用生成器函数
7   for item in g01:                             #遍历生成器
8       print(item,end=" ")
```

运行结果如下。

```
2 34 12
```

在例10-4的代码中，第2~5行定义了一个生成器函数，第5行中的yield是它的标志。yield与return不同，return返回值后函数会直接结束执行，而yield语句每产生一个值，函数就会停在那里，下次被重新唤醒时，函数会从停止处开始执行。第6行调用了生成器函数generator()，赋给变量g01，g01是一个生成器。此时for循环可以遍历g01，每次for循环yield都会返回一个值，取不到值时循环结束。

用生成器也可以实现例10-3的功能，如例10-5所示。

例10-5 生成器产生连续数字。

```
1   class Vector:
2       def __init__(self,start,end):
3           self.start = start
4           self.end = end
5       def get_num(self):
6           while True:
7               if self.start > self.end:
8                   break
9               number = self.start
10              self.start += 1
11              yield number
12  v1 = Vector(3,9)
13  for item in v1.get_num():
14      print(item,end = " ")
```

运行结果如下。

```
3 4 5 6 7 8 9
```

例10-5定义了生成器函数get_num()，第13~14行代码中，for循环遍历生成器，不断地获取yield返回的值。

10.1.4 生成器表达式

生成器表达式以圆括号为标志，结构类似于列表推导式。将例10-4中的生成器改为生成器表达式的形式，如例10-6所示。

例10-6 以生成器表达式的形式获得列表中所有的偶数。

```
1   list01 = [2,3,19,34,12]
2   g01 = (item for item in list01 if item % 2 == 0)          #生成器表达式
3   for item in g01:                                          #遍历生成器
4       print(item,end=" ")
```

运行结果如下。

```
2 34 12
```

在例10-6的代码中，第2行利用生成式表达式生成了生成器g01。尽管生成器表达式与列表推导式类似，但是它们的实现非常不同。列表推导式会一次性执行完成再返回数据，而生成器表达式会一次一次地执行，执行一次返回一个数据。

生成器可以通过list()函数转化为列表形式。将例10-6中的g01转化为列表形式，如例10-7所示。

例10-7 将生成器转化为列表形式。

```
1   list01 = [2,3,19,34,12]
2   g01 = (item for item in list01 if item % 2 == 0)          #生成器表达式
3   list02 = list(g01)
4   print(list02)
```

运行结果如下。

```
[2, 34, 12]
```

10.2 匿名函数

10.2.1 函数作为参数

一个函数可以作为参数传入另一个函数。

例10-8 函数作为参数传入另一个函数。

```
1   def output():
2       print("打印一句话")
3   def display(func):
4       func()
5   display(output)
```

运行结果如下。

```
打印一句话
```

在例10-8的代码中，display()函数的作用是通过传入的函数名对函数进行调用，见第3~4行。第5行将output()函数的函数名output作为参数传入display()函数，实现对output()函数的调用。

设想这样一种情况：对列表进行处理，希望得到列表中的偶数、大于10的数以及能被3整除的数。此时，可以定义3个条件函数，分别表示偶数、大于10以及能被3整除这3个条件，再定义一个处理列表的函数，将这3个条件函数以参数的形式传入其中。

例10-9 处理列表数据，得到列表中的偶数、大于10的数以及能被3整除的数。

```
1    def condition1(item):                          #条件1：偶数
2        return item % 2 == 0
3    def condition2(item):                          #条件2：大于10
4        return item > 10
5    def condition3(item):                          #条件3：能被3整除
6        return item % 3 == 0
7    def change_list(alist,condition):              #处理列表的生成器函数
8        for item in alist:
9            if condition(item):
10               yield item
11   list01 = [12,22,43,55,9,33]
12   l1 = change_list(list01,condition1)            #生成一个生成器l1
13   for item in l1:
14       print(item)
```

运行结果如下。

```
12
22
```

在例10-9的代码中，第1~6行定义了3个条件函数，分别代表3个条件。第7~10行创建了处理列表的生成器函数change_list()，可以将条件函数的函数名传入其中。第9行对条件函数进行调用。第12行向生成器函数change_list()传入函数名condition1，得到列表中的所有偶数。也可以将函数名改为condition2或condition3，对列表进行条件2或条件3的处理。

10.2.2 匿名函数的使用

匿名函数是指没有名称的、临时使用的微函数，用lambda表达式进行声明，其语法格式如下。

```
lambda 参数列表:表达式
```

其中“参数列表”表示函数的参数，“表达式”表示函数体。匿名函数的函数体只能包含一个表达式，具备return语句的作用，计算结果作为函数的返回值。匿名函数中不能有赋值语句等复杂的语句，但在表达式中可以调用其他函数。

例10-10 匿名函数的使用。

```
1    func = lambda x:f"得到的值为{x}"
2    print(func(1))
```

运行结果如下。

```
得到的值为1
```

在例10-10的代码中，第1行定义了一个匿名函数，匿名函数有一个参数x，返回值是一个f字符串。将匿名函数赋值给func()，就能对func()进行调用。第2行中使用func(1)对匿名函数进行调用，传入参数1，返回了结果“得到的值为1”。第1行的代码相当于以下代码。

```
def func(x):
    return f"得到的值为{x}"
```

回忆一下例10-9，代码中的函数condition1()、condition2()和condition3()均只含一个表达式，可以使用匿名函数来简化代码。

例10-11 使用匿名函数处理列表数据，得到列表中的偶数。

```
1    def change_list(alist,condition):
2        for item in alist:
3            if condition(item):
4                yield item
5    list01 = [12,22,43,55,9,33]
6    l1 = change_list(list01,lambda item:item % 2 == 0)
7    for item in l1:
8        print(item)
```

运行结果如下。

```
12
22
```

在例10-11的代码中，第6行对匿名函数的使用简化了代码过程，不用再去特意定义一个函数。匿名函数传入参数item，返回表达式item%2==0，将匿名函数以参数的形式传入change_list()生成器函数中。第3行表示对匿名函数进行了调用。

10.3 内置高阶函数

将函数作为参数传入或者将函数作为返回值的函数被称为高阶函数。10.2节中出现的将函数作为参数的函数即为高阶函数。本节主要介绍Python程序中常用的内置高阶函数的含义及使用方法，包括filter()、map()以及sorted()。

10.3.1 filter()函数

filter()函数可以对可迭代对象进行过滤操作，其语法格式如下。

```
filter(function,iterable)
```

其中，function为函数名，也可以是匿名函数，function的返回值是布尔值，用于过滤可迭代对象iterable。function的返回值是True时，留下可迭代对象中的元素，否则过滤掉可迭代对象中的元素。filter()函数的返回值是迭代器对象，迭代器对象中为过滤后的元素，可以遍历获取，也可以用list()函数转化为列表。下面使用filter()函数对列表进行过滤，得到列表中所有的偶数。

例10-12 使用filter()函数过滤列表。

```
1    list01 = [1,2,3,4,5,6]
2    f1 = filter(lambda x:x%2 == 0,list01)
3    for item in f1:
4        print(item,end=" ")
```

运行结果如下。

```
2 4 6
```

例10-12用filter()函数过滤列表list01，第2行代码向filter()函数中传入匿名函数lambda x:x%2 == 0以及list01。当list01中的值是偶数时，匿名函数返回True，数值被保留；当list01中的值不是偶数时，匿名函数返回False，数值被过滤。f1表示过滤后返回的迭代器对象，第3~4行代码对其进行遍历。

10.3.2 map()函数

map()函数用于对可迭代对象中的每一个元素进行同一操作，返回对每一个元素处理后的结果，返回值是一个迭代器。其语法格式如下。

```
map(function,iterable,…)
```

其中，function为函数名，也可以是匿名函数。map()函数的返回值是迭代器对象，迭代器对象中为function处理后的返回值，可以遍历获取，也可以用list()函数转化为列表。

例10-13 使用map()函数求列表中每个元素的平方。

```
1    list01 = [1,2,3,4,5,6]
2    m1 = map(lambda x:x**2,list01)
3    print(list(m1))
```

运行结果如下。

```
[1, 4, 9, 16, 25, 36]
```

例10-13用map()函数对列表list01中的每个元素进行处理，第2行代码向map()函数中传入匿名函数lambda x:x**2以及list01。匿名函数求得list01中每个元素的平方并返回，map()函数用迭代器存储这些返回值。第3行代码将迭代器m1转化为列表形式。

实际上，map()函数可以接收多个可迭代对象并同时进行处理，当最短的可迭代对象处理完成时，处理终止。需要注意的是，可迭代对象的个数需要与函数的参数个数保持一致。

例10-14 求两个列表中对应位置的元素平方和。

```
1    list01 = [1,2,3,4]
2    list02 = [5,6,7]
3    m1 = map(lambda x,y:x**2 + y**2,list01,list02)
4    print(list(m1))
```

运行结果如下。

```
[26, 40, 58]
```

在例10-14的代码中，list01中有4个元素，list02中仅有3个元素，所以map()函数在处理时，仅会处理两个列表中的前3个元素。在第3行中，匿名函数用于计算两个列表对应位置元素的平方和，返回迭代器赋值给m1。第4行将m1转化为列表打印。可以看到运行结果中有3个元素，分别是list01和list02中的前3个元素的平方和。

10.3.3 sorted()函数

5.2.4小节曾介绍过sorted()函数。对列表进行排序时，sort()方法会直接改变原有列表，而sorted()函数会创建新的列表，用于保存排序后的列表。实际上，sort()方法只能对列表进行排序，而sorted()函数可以对所有可迭代对象进行排序，返回一个将可迭代对象中所有元素升序排列的新列表。sorted()函数的具体语法格式如下。

```
sorted(iterable,*,key=None,reverse=False)
```

其中，iterable表示可迭代对象，*表示其后的参数必须采用关键字传递的形式传入。key代表一个带参数的函数，可以是匿名函数，默认值为None，用于从iterable中选择要排序的内容。reverse表示一个布尔值，当其设置为True时，将返回倒序排列的数据。

假设有一个列表，列表中的每个元素都是存放学生信息的字典，下面按照学生的年龄对学生进行排序。

例10-15　对学生按照年龄排序。

```
1   student_list = [
2       {"name":"小千","age":19},
3       {"name":"小锋","age":17},
4       {"name":"小狮","age":18},
5   ]
6   sort_list = sorted(student_list,key=lambda x:x["age"])
7   print(sort_list)
```

运行结果如下。

```
    [{'name': '小锋', 'age': 17}, {'name': '小狮', 'age': 18}, {'name': '小千',
'age': 19}]
```

在例10-15的代码中，第6行使用sorted()函数对列表student_list进行排序，其中匿名函数lambda x:x["age"]表示取出列表student_list中的每个元素里的键age对应的值进行排序。6.5节中也有对sorted()函数的类似用法，可以进行回顾。

10.4 实战15：答题闯关挑战

在了解迭代器、生成器、匿名函数和高阶函数后，该如何对这些知识进行实际应用呢？下面来进行答题闯关挑战吧！

第一关：定义学生类Student，设置属性学生姓名、性别和分数，并重写__str__()方法。

例10-16　定义学生类Student。

```
1   class Student:
2       def __init__(self,name,sex,score):
3           self.name = name
4           self.sex = sex
5           self.score = score
6       def __str__(self):
7           return f"学生姓名：{self.name}，性别：{self.sex}，分数：{self.score}"
```

第二关：定义学生管理类StudentManager，设置属性学生列表，用于添加Student类的对象。在StudentManager类中加入__iter__()方法和__next__()方法，使此类的对象成为迭代器对象，可以循环遍历获取其中的Student对象。

例10-17　定义学生管理类StudentManager。

```
1   class Student:
2       def __init__(self,name,sex,score):
3           self.name = name
4           self.sex = sex
5           self.score = score
6       def __str__(self):
7           return f"学生姓名：{self.name}，性别：{self.sex}，分数：{self.score}"
8   class StudentManager:
9       def __init__(self):
10          self.number = -1
11          self.student_list = []
12      def add_student(self,student):
```

```
13            self.student_list.append(student)
14        def __iter__(self):
15            return self
16        def __next__(self):
17            if self.number < len(self.student_list)-1:
18                self.number += 1
19                return self.student_list[self.number]
20            else:
21                raise StopIteration
```

在例10-17中，StudentManager类中的add_student()方法用于添加Student类的对象。__next__()方法用于返回列表self.student_list中的每一个对象，当实例属性self.number小于列表self.student_list的长度时，返回列表中的元素，否则抛出异常StopIteration。

第三关：创建StudentManager类的对象student_class，并向其属性self.student_list中添加Student类对象，添加完成后，遍历student_class。

例10-18 创建StudentManager类的对象student_class。

```
1   class Student:
2       """与例10-17中相同，此处省略"""
3   class StudentManager:
4       """与例10-17中相同，此处省略"""
5   student_class = StudentManager()
6   student_class.add_student(Student("小千","男",90))
7   student_class.add_student(Student("小锋","女",89))
8   student_class.add_student(Student("小狮","男",87))
9   student_class.add_student(Student("小明","女",93))
10  for item in student_class:
11      print(item)
```

运行结果如下。

```
学生姓名：小千，性别：男，分数：90
学生姓名：小锋，性别：女，分数：89
学生姓名：小狮，性别：男，分数：87
学生姓名：小明，性别：女，分数：93
```

第四关：对第三关的student_class中的Student对象按照分数进行排序，使用sorted()函数。

例10-19 对student_class中的Student对象按照分数进行排序。

```
1   class Student:
2       """与例10-17中相同，此处省略"""
3   class StudentManager:
4       """与例10-17中相同，此处省略"""
5   student_class = StudentManager()
6   student_class.add_student(Student("小千","男",90))
7   student_class.add_student(Student("小锋","女",89))
8   student_class.add_student(Student("小狮","男",87))
9   student_class.add_student(Student("小明","女",93))
10  sort_student = sorted(student_class,key=lambda item:item.score)
11  for item in sort_student:
12      print(item)
```

运行结果如下。

```
学生姓名：小狮，性别：男，分数：87
学生姓名：小锋，性别：女，分数：89
学生姓名：小千，性别：男，分数：90
学生姓名：小明，性别：女，分数：93
```

第五关：筛选出第三关student_class中性别为女的Student对象，使用filter()函数。

例10-20 筛选出student_class中性别为女的Student对象。

```
1   class Student:
2       """与例10-17中相同，此处省略"""
3   class StudentManager:
4       """与例10-17中相同，此处省略"""
5   student_class = StudentManager()
6   student_class.add_student(Student("小千","男",90))
7   student_class.add_student(Student("小锋","女",89))
8   student_class.add_student(Student("小狮","男",87))
9   student_class.add_student(Student("小明","女",93))
10  filter_student = filter(lambda item:item.sex == "女",student_class)
11  for item in filter_student:
12      print(item)
```

运行结果如下。

```
学生姓名：小锋，性别：女，分数：89
学生姓名：小明，性别：女，分数：93
```

第六关：将StudentManager类中的__iter__()方法和__next__()方法去掉，改为生成器函数的形式。

例10-21 在StudentManager类中创建生成器。

```
1   class Student:
2       def __init__(self,name,sex,score):
3           self.name = name
4           self.sex = sex
5           self.score = score
6       def __str__(self):
7           return f"学生姓名：{self.name}，性别：{self.sex}，分数：{self.score}"
8   class StudentManager:
9       def __init__(self):
10          self.number = -1
11          self.student_list = []
12      def add_student(self, student):
13          self.student_list.append(student)
14      def student_generator(self):
15          for item in self.student_list:
16              yield item
17  student_class = StudentManager()
18  student_class.add_student(Student("小千","男",90))
19  student_class.add_student(Student("小锋","女",89))
20  student_class.add_student(Student("小狮","男",87))
21  student_class.add_student(Student("小明","女",93))
22  for item in student_class.student_generator():
23      print(item)
24  print("student_class中的Student对象按照分数排序后：")
25  sort_student = sorted(student_class.student_generator(),key=lambda item:item.
score)
26  for item in sort_student:
27      print(item)
28  print("筛选出student_class中性别为女的Student对象：")
29  filter_student = filter(lambda item:item.sex == "女",student_class.student_
generator())
30  for item in filter_student:
31      print(item)
```

运行结果如下。

```
学生姓名：小千，性别：男，分数：90
学生姓名：小锋，性别：女，分数：89
学生姓名：小狮，性别：男，分数：87
学生姓名：小明，性别：女，分数：93
student_class中的Student对象按照分数排序后：
学生姓名：小狮，性别：男，分数：87
学生姓名：小锋，性别：女，分数：89
学生姓名：小千，性别：男，分数：90
学生姓名：小明，性别：女，分数：93
筛选出student_class中性别为女的Student对象：
学生姓名：小锋，性别：女，分数：89
学生姓名：小明，性别：女，分数：93
```

在例10-21的代码中，第14~16行定义了一个生成器函数，调用此函数后，逐个返回student_list中的元素。可以看到，第22行、第25行和第29行都调用了此生成器函数，创建了生成器。

答题闯关挑战至此结束，恭喜完成全部挑战！

10.5 装饰器

10.5.1 闭包

返回值是函数的函数属于高阶函数。

例10-22 定义返回值是函数的高阶函数。

```
1   def func01():
2       print("func01()函数")
3   def func02():
4       print("func02()函数")
5       return func01
6   func = func02()
7   func()
```

运行结果如下。

```
func02()函数
func01()函数
```

在例10-22的代码中，第3~5行定义的func02()函数的返回值是函数func01()的函数名func01，func02()函数属于高阶函数。第6行调用func02()函数，返回func01并赋值给了func。第7行通过变量func间接调用了func01()函数。例10-22中可以对func01()函数进行直接调用，那如果将func01()函数定义在func02()函数的内部呢？

例10-23 将func01()函数定义在func02()函数的内部。

```
1   def func02():
2       print("func02()函数")
3       def func01():
4           print("func01()函数")
5       return func01
6   func = func02()
7   func()
```

运行结果如下。

```
func02()函数
func01()函数
```

在例10-23中，函数func01()定义在了函数func02()的内部，此时就不能直接调用func01()函数了，只能通过第6~7行代码间接调用func01()函数。

在7.5.3小节中，函数嵌套函数时，内部函数只能访问外部函数的参数，不能进行修改。本节中外部函数返回内部函数的函数名，情况就变得不一样了，如例10-24所示。

例10-24 内部函数对外部函数的参数进行操作的情况。

```
1   def func02(x):
2       def func01():
3           return x+2
4       return func01
5   func = func02(1)
6   print(func())
```

运行结果如下。

```
3
```

例10-24调用外部函数func02()时传入的参数x值为1，但是经过内部函数func01()的修改，x的值加2变成了3。例10-24程序执行过程如图10.1所示。

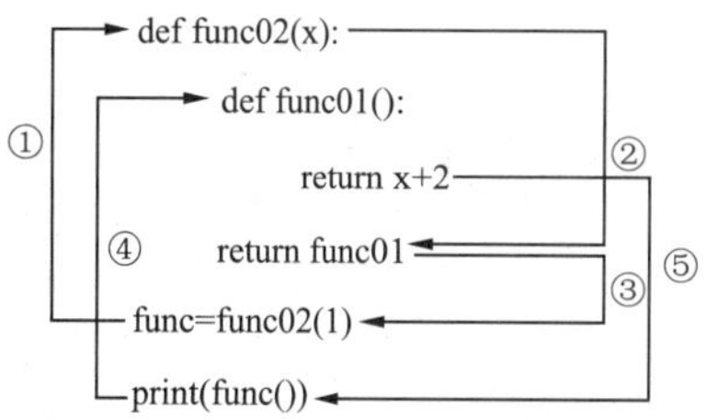

图 10.1 程序执行过程

在图10.1中，func01()的功能是使x的值增加2，所以func01()依赖于func02()的参数。如果函数func01()在函数func02()外，则无法取得func02()中的数据进行计算，这就引出了闭包的概念。

如果内部函数引用了外部函数的变量（包括其参数），并且外部函数返回内部函数名，这种函数架构称为闭包。闭包必须满足以下三个条件。

（1）内部函数的定义嵌套在外部函数中。

（2）内部函数引用外部函数的变量。

（3）外部函数返回内部函数名。

闭包的基本语法格式如下。

```
def 外部函数名（参数）:
    外部变量
    def 内部函数名（参数）:
        使用外部变量
    return 内部函数名
```

10.5.2 创建装饰器

装饰器本质上是函数，可以让其他函数在不做修改的前提下增加额外功能。先看下面的例子。

例10-25 增加func()函数的功能。

```
1   def func02(func):
2       def func01():
3           x = func()
4           return x+1
5       return func01
6   def func():
```

```
7       print("func()函数 ")
8       return 1
9   print(func())
10  decorated = func02(func)
11  print(decorated())
```

运行结果如下。

```
func()函数
1
func()函数
2
```

在例10-25的代码中，第1~5行中形成了一个闭包，比较特殊的是外部函数的参数是一个函数名称func。此闭包的功能是调用func()函数并将其返回值加1再返回。从运行结果可以看出，调用func()函数的返回值是1，调用decorated()函数的返回值为2，两者在执行的时候都调用了func()函数，但是输出的结果并不相同。这是由于decorated装饰了func()函数，增加了它的功能，使它的返回值增加1。

可以修改例10-25的代码，使其看起来更为简洁，如例10-26所示。

例10-26 增加func()函数的功能。

```
1   def func02(func):
2       def func01():
3           return func()+1
4       return func01
5   def func():
6       print("func()函数 ")
7       return 1
8   func = func02(func)
9   print(func())
```

运行结果如下。

```
func()函数
2
```

相对于例10-25，例10-26最主要的改动是将decorated修改为func，这样每次通过函数名func调用函数时，都会执行装饰后的版本。

至此，读者应该可以理解装饰器的定义及用法。装饰器的本质是一个嵌套函数，外部函数的参数是需要被装饰的函数的名称，内部函数用于增加被装饰函数的新功能。下面将介绍一个重要的符号，即@符号，它可以将装饰器函数与被装饰函数联系起来。就像例10-26代码中第8行的func变量那样，@符号的使用将直接增加被装饰函数的功能。

例10-27 @符号的应用。

```
1   def func02(func):
2       def func01():
3           return func()+1
4       return func01
5   @func02
6   def func():
7       print("func()函数 ")
8       return 1
9   print(func())
```

运行结果如下。

```
func()函数
2
```

在例10-27的代码中，第5行通过@func02将装饰器函数func02()与被装饰函数func()联系起来，在第9行调用func()函数时，程序会自动调用装饰器函数增加func()函数的功能。注意：装饰器@func02需要写在被装饰函数func()的上一行。

在以上的例子中，装饰器装饰的都是没有参数的函数。装饰器也可以装饰有参数的函数。

例10-28 装饰器装饰有参数的函数。

```
1    def func02(func):
2        def func01(a,b):
3            return func(a+1,b+1)
4        return func01
5    @func02
6    def func(a,b):
7        print("func()函数 ")
8        return a**2 + b**2
9    print(func(1,1))
```

运行结果如下。

```
func()函数
8
```

在例10-28的代码中，第6行定义了带有两个参数的func()函数，用于求两个参数的平方和，即a^2+b^2。第5行将func02()函数声明为装饰器，用于装饰func()函数，增加func()函数的功能，使其两个参数分别加1，即求$(a+1)^2+(b+1)^2$。注意：装饰器函数中func01()中的参数必须包含被装饰的func()函数中的参数。

当被装饰的函数中有多个参数时，装饰器函数通常写成以下形式。

```
def func02(func):
    def func01(*args,**kwargs):
        需要添加的新功能
        return func(与func()函数中的参数相对应)
    return func01
@func02
def func(参数):
    函数体
```

其中func01()的形参为*args和**kwargs，这种形式在7.2.4小节中介绍过，是参数的包裹传递，可以传入任意个数的实参。这种定义装饰器函数的方式，提高了装饰器的灵活性，方便装饰器装饰多个函数。

10.5.3 带参数的装饰器

装饰器的本质是一个函数，也可以带有参数，此时装饰器需要再多一层内嵌函数。

例10-29 带参数的装饰器。

```
1    def outer(arg):
2        def func02(func):
3            def func01(x):
4                print(arg)
5                print("装饰器发挥作用")
6                return func(x)**2
7            return func01
8        return func02
```

```
9   @outer("这是一个带参数的装饰器")
10  def func(x):
11      print("调用func()函数")
12      return x
13  print(func(2))
```

运行结果如下。

```
这是一个带参数的装饰器
装饰器发挥作用
调用func()函数
4
```

在例10-29的代码中，outer()是一个装饰器函数，其由三层函数嵌套而成，形成闭包。外层函数的返回值都是内层函数名，内层函数能够引用外层函数中的变量。最外层函数用于传递装饰器的参数，可以看到outer()函数有个参数arg。第9行对此装饰器进行使用时，传入了参数“这是一个带参数的装饰器”，outer()的返回值是里面一层的函数名func02。里面的两层函数与前面定义的装饰器函数相同，不同之处是可以引用最外层传入的参数arg。例10-29中的代码可以写成比较易于理解的形式，如例10-30所示。

例10-30 带参数的装饰器。

```
1   def outer(arg):
2       def func02(func):
3           def func01(x):
4               print(arg)
5               print("装饰器发挥作用")
6               return func(x)**2
7           return func01
8       return func02
9   def func(x):
10      print("调用func()函数")
11      return x
12  func02 = outer("这是一个带参数的装饰器")
13  func = func02(func)
14  print(func(2))
```

运行结果如下。

```
这是一个带参数的装饰器
装饰器发挥作用
调用func()函数
4
```

例10-30的代码相当于不断调用闭包中定义的函数，其中第12~13行可以省略func02这个中间变量，写成以下形式。

```
func = outer("这是一个带参数的装饰器")(func)
```

在这种形式中，将outer()函数替换成@符号，就与例10-29的用法非常相似了。

10.6 实战16：验证用户登录信息

在网络中，我们如果想要聊天或者购物，通常需要先登录账号，进入相应的App。假设预先定义好了聊天和购物的函数，具体代码如下。

```
def chat():
    print("聊天")
def shop():
    print("购物")
```

现在，用户需要选择用“社交账号”或者“博客账号”登录，在输入的账号、密码正确的情况下，才能进行聊天和购物。不改变原先定义的函数，如何才能满足需求呢？那就要用到装饰器了。

例10-31 装饰器验证用户登录信息。

```
1   username = "小千"
2   password = "xiaoqian123"
3   user_status = False
4   type = input("请输入登入方式（社交账号或博客账号）：")
5   def login(login_type):
6       def check(func):
7           def wrapper(*args,**kwargs):
8               global user_status
9               if not user_status:
10                  if login_type == "社交账号" or login_type == "博客账号":
11                      user = input("请输入用户名：")
12                      pwd = input("请输入密码：")
13                      if user == username and pwd == password:
14                          user_status = True
15                      else:
16                          print("用户名或者密码错误！")
17                  else:
18                      print("此登入方式无法使用！")
19              if user_status:
20                  return func(*args,**kwargs)
21          return wrapper
22      return check
23  @login(type)
24  def chat():
25      print("聊天")
26  @login(type)
27  def shop():
28      print("购物")
29  if __name__ == "__main__":
30      chat()
31      shop()
```

运行结果如下。

```
请输入登入方式（社交账号或博客账号）：社交账号
请输入用户名：小千
请输入密码：xiaoqian123
聊天
购物
```

例10-31预先设定了正确的账号和密码，即username和password，见第1行和第2行代码。第3行和第4行代码设定初始的用户登录状态user_status为False，用户可以选择登录方式type。第5~22行代码定义了一个带参数的装饰器login()，最外层函数用于传入参数登录方式login_type，最内层函数用于验证用户登录状态。当用户登录状态是False时，判断登录方式选择是否正确，不正确则提示“此登入方式无法使用!”，正确则要求用户输入账号和密码。如果账号密码正确，登录状态user_status就会被设置为True，并可以顺利地执行chat()和shop()中的函数体，见第19行和第20行；如果账号密码不正确，则会提示“用户名或者密码错误!”，此时chat()和shop()中的函数体不被执行。第23~28行代码，装饰器login()装饰了chat()函数和shop()函数。第30行和第31行调用这两个函数时，就会进入装饰器login()中改变这两个函数的原有功能。

本章小结

本章主要介绍了函数的高级特性，包括迭代器、生成器、匿名函数、内置高阶函数、装饰器。本章的知识点较为复杂，读者应着重掌握匿名函数的用法，以及其在常用的内置高阶函数filter()、map()和sorted()中的应用。同时，读者还需理解闭包，并在实际开发中正确地使用装饰器。

习题 10

1．填空题

（1）迭代器需要有________方法和________方法。

（2）for循环的运行原理中，取完迭代器中的值，会自动捕捉________异常结束循环。

（3）生成器函数以________语句为标志。

（4）在函数定义前添加装饰器和________符号可以实现对函数的装饰。

（5）带参数的装饰器实现时需多一层________函数。

2．单选题

（1）（　　）函数可以对指定的可迭代对象进行过滤。

A．map()　　B．filter()　　C．sorted()　　D．zip()

（2）匿名函数可以通过关键字（　　）进行声明。

A．def　　B．return　　C．lambda　　D．anonymous

（3）程序调用filter()函数时，第一个参数所引用的函数返回值是（　　）。

A．布尔值　　B．字符串　　C．列表　　D．元组

（4）（　　）函数根据传入的函数对可迭代对象中的每一个元素进行操作。

A．exec()　　B．eval()　　C．map()　　D．zip()

（5）对可迭代对象进行排序可以使用（　　）函数。

A．sorted()　　B．map()　　C．filter()　　D．zip()

3．简答题

（1）简述for循环的运行原理。

（2）简述闭包的概念。

（3）简述装饰器的概念。

4．编程题

（1）定义一个生成器函数，传入英文字符串，选出其中长度超过4的单词，顺序返回这些单词。

（2）使用sorted()函数将列表list01 = ["study","Python","strong","smart","beautiful"]中的所有元素都转换成首字母大写的形式。

（3）定义一个装饰器，装饰以下hello()函数。

```
def hello():
    return "你好呀！"
```

不改变hello()函数，装饰器装饰后，hello()函数的返回值应该形如“你好呀！小千”。

第11章 文件

本章学习目标

- 掌握基本的文件操作方法
- 熟悉用Pillow库进行图像处理的基本方法
- 掌握CSV文件的读写方法
- 熟悉用json库进行数据维度转换的基本方法
- 了解目录的基本操作

文件

程序在运行时会将数据加载到内存中，然而，内存中的数据是不能永久保存的，通常还需要将数据存储起来以便后续的多次使用。数据一般存储在文件或数据库中，而数据库最终还是会以文件的形式存储在介质上，因此掌握文件处理是非常必要的。本章将详细介绍文件的读写，一维数据、二维数据以及高维数据的存储及使用，使读者掌握文件的基本使用方法。

11.1 基本文件操作

11.1.1 文件概述

文件是保存在存储介质上的、带标识的、有逻辑意义的数据序列的集合。大家所熟知的文件，可以是文本、图片、音频和视频等，如图11.1所示。

图 11.1　文件的形式

根据数据的组织形式，文件可以分为两种类型：文本文件和二进制文件。其中，文本文件一般是由特定单一编码的字符组成的，可以通过文本编辑器进行创建、阅读和编辑。二进制文件由比特0和比特1组成，没有统一的字符编码。以“.png”为扩展名的图片文件、以“.mp3”为扩展名的音频文件、以“.mp4”为扩展名的视频文件等都是二进制文件。二进制文件由于没有统一的字符编码，不能看作字符串，只能看作字节流。

11.1.2 文件的打开和关闭

对文件进行操作，通常要经过3个步骤：打开文件、操作文件和关闭文件。以下将对文件的打开和关闭进行详细介绍。

1．打开文件

Python通过open()函数打开文件，其语法格式如下。

```
open(file[,mode = "r"[,…]])
```

open()函数中有两个参数，file表示被打开的文件名，mode表示文件打开模式，默认是只读模式。open()函数返回一个文件对象，通过它可以对文件进行各种操作。文件打开模式有多种，如表11.1所示。

表11.1　　　文件打开模式

文件打开模式	说明
"r"	只读模式，文件不存在时返回异常FileNotFoundError
"w"	覆盖写模式，文件不存在则创建，存在则完全覆盖
"x"	创建写模式，文件不存在则创建，存在则返回异常FileExistsError
"a"	追加写模式，文件不存在则创建，存在则在文件最后追加内容
"rt"、"wt"、"xt"、"at"	文本模式，默认值
"rb"、"wb"、"xb"、"ab"	二进制文件的读写模式
"+"，如"r+"、"rb+"等	与r/w/x/a/rb/wb/xb/ab一起使用，在原功能基础上增加读写功能

在表11.1中，"r"表示从文件读取数据；"w"和"x"表示向文件写入数据，写入数据时会清空原有数据；"a"表示向文件中追加数据。当需要处理二进制文件时，则需要在后面加上字母b，例如，"rb"用于读取二进制文件。"+"可以跟以上模式配合使用，表示同时允许读和写。例如，打开文件名为test.txt的文件，具体示例如下。

```
open("test.txt","r")            #以只读模式打开当前目录下的test.txt文件
open("../test.txt","w")         #以覆盖写模式打开上级目录下的test.txt文件
open("D:/1000phone/test.txt")  #默认以只读模式打开D:/1000phone目录下的test.txt文件
```

其中，“test.txt”和“../test.txt”是相对路径，会根据当前运行的程序所在目录查找文件；而“D:/1000phone/test.txt”是绝对路径，根据文件在计算机系统中的准确位置查找文件，这种方式可以获取系统中任何地方的文件。需要注意的是，Windows操作系统中的文件路径使用反斜杠（\），Python代码中可以使用斜杠（/）。如果在代码中文件路径使用反斜杠的形式，如“D:\1000phone\test.txt”，反斜杠可能会被当作转义字符。3.4.1小节曾对转义字符进行介绍。可以通过将文件路径写为“D:\\1000phone\\test.txt”或在文件路径前加r的方法解决转义问题。

2．关闭文件

对文件内容操作完成后，需要关闭文件，这样才能正确地保存文件，并释放资源供其他程序使用。关闭文件的语法格式如下。

```
文件对象名.close()
```

打开文件后再关闭文件，具体示例如下。

```
f = open("test.txt","r")                #以只读形式打开test.txt
f.close()                               #关闭文件
```

以上代码通过open()函数打开文件test.txt，返回一个文件对象并赋值给f，通过文件对象调用close()方法关闭文件。需要注意的是，close()方法不一定能保证文件正常关闭，如果程序出现异常导致close()方法没有执行，文件将不会关闭。如果过早地调用close()方法，可能导致使用文件时它已经关闭了，从

而引发更多错误。with关键字可以有效地避免这个问题，在操作文件时推荐使用此种方式。

3．with关键字

使用with关键字打开文件，具体示例如下。

```
with open("test.txt","r") as f:
    #对文件对象f进行操作
```

open()函数以只读形式打开文件test.txt，并将其赋值给文件对象f，然后可以对文件对象f进行操作。用with关键字打开文件后，不需要在访问文件后再将其关闭，Python会在合适的时候自动将文件关闭。

with关键字还可以打开多个文件，具体示例如下。

```
with open("test01.txt","r") as f1,open("test02.txt","a") as f2:
    #通过文件对象f1、f2分别操作test01.txt和test02.txt文件
```

从以上示例可以看出，with关键字的使用可以简化文件打开和关闭过程，同时使得文件的操作过程更为安全可靠。

11.1.3 读取文件

打开文件后返回一个文件对象，可以通过对此对象进行操作实现文件读取。需要注意的是，当文件以文本文件方式打开时，会按照字符串被读取，字符编码会采用计算机系统编码或指定编码；当文件以二进制文件方式打开时，会按照字节流被读取。当写入文件内容时也是如此。读取文件可以使用read()方法、readlines()方法、readline()方法以及for循环遍历文件的方式，详细介绍如下。

1．read()方法

read()方法可以从文件中读取内容，其语法格式如下。

```
文件对象.read([size])
```

read()方法中的size参数可以省略，省略则会读取文件中的所有内容。如果传入size参数，会读取前size长度的字符或字节。

创建一个test.txt文件，如图11.2所示。

在test.txt文件同级目录下编写程序，使用read()方法读取test.txt文件。

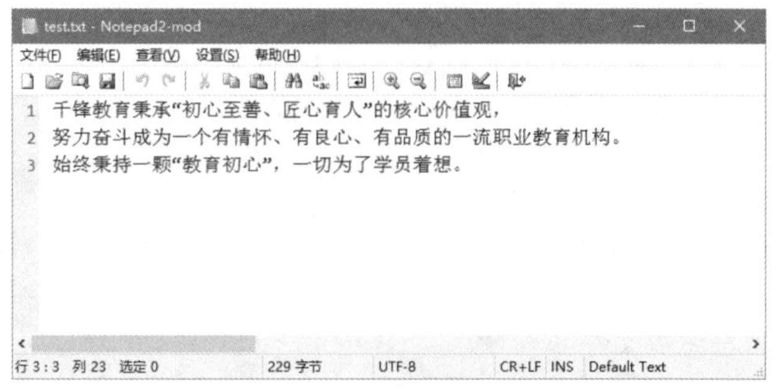

图 11.2 test.txt 的文件内容

例11-1 read()方法读取文件。

```
1   with open("test.txt","r",encoding="utf-8-sig") as f:
2       text = f.read()
3       print(text)
```

运行结果如下。

```
千锋教育秉承"初心至善、匠心育人"的核心价值观，
努力奋斗成为一个有情怀、有良心、有品质的一流职业教育机构。
始终秉持一颗"教育初心"，一切为了学员着想。
```

在例11-1的代码中，打开文件时，在open()函数中增加了参数encoding="utf-8-sig"。这是由于test.txt文件中存储的内容是中文，编码是UTF-8，而Windows操作系统的默认编码是GBK，故需要在open()函数中指定字符编码utf-8-sig，否则程序会出现异常。

例11-2　read()方法读取文件前23个字符。

```
1   with open("test.txt","r",encoding="utf-8-sig") as f:
2       text = f.read(23)
3       print(text)
```

运行结果如下。

```
千锋教育秉承"初心至善、匠心育人"的核心价值观
```

2．readlines()方法

readlines()方法可以读取文件中的所有行，以每行为元素形成一个列表，其语法格式如下。

```
文件对象.readlines()
```

例11-3　readlines()方法读取文件。

```
1   with open("test.txt","r",encoding="utf-8-sig") as f:
2       text = f.readlines()
3       print(text)
```

运行结果如下。

```
['千锋教育秉承"初心至善、匠心育人"的核心价值观，\n', '努力奋斗成为一个有情怀、有良心、有品质的一流职业教育机构。\n', '始终秉持一颗"教育初心"，一切为了学员着想。']
```

在例11-3中，readlines()方法读取文件test.txt中每行内容并存入列表。需要注意的是，readlines()方法会一次性读取文件中的所有行，如果文件非常大，此方法就会占用大量的内存空间，读取的时间也比较长，对大文件的操作不建议使用此方法。

3．readline()方法

readline()方法可以逐行读取文件的内容，其语法格式如下。

```
文件对象.readline([size])
```

readline()方法中的size参数可以省略，省略则会对文件进行逐行读取。如果传入size参数，则会读取该行中前size长度的字符或字节。

例11-4　readline()方法读取文件。

```
1   with open("test.txt","r",encoding="utf-8-sig") as f:
2       while True:
3           text = f.readline()
4           if not text:
5               break
6           print(text)
```

运行结果如下。

```
千锋教育秉承"初心至善、匠心育人"的核心价值观，

努力奋斗成为一个有情怀、有良心、有品质的一流职业教育机构。

始终秉持一颗"教育初心"，一切为了学员着想。
```

在例11-4中，程序通过while循环，每次从文件中读取一行内容，当读取不到内容时，退出循环。在运行结果中，出现了很多空白行，这是由于在test.txt文件中，每行的末尾都有个看不见的换行符，print()函数默认自动换行，这样每行末尾就会有两个换行符。为了去除这些多余的空白行，可以调用rstrip()函数。

例11-5 使用rstrip()函数去除多余空白行。

```
1  with open("test.txt","r",encoding="utf-8-sig") as f:
2      while True:
3          text = f.readline()
4          if not text:
5              break
6          print(text.rstrip())
```

多余的空白行被去除了，运行结果如下。

```
千锋教育秉承"初心至善、匠心育人"的核心价值观，
努力奋斗成为一个有情怀、有良心、有品质的一流职业教育机构。
始终秉持一颗"教育初心"，一切为了学员着想。
```

例11-6 readline()方法每次读取文件的20个字符。

```
1  with open("test.txt","r",encoding="utf-8-sig") as f:
2      while True:
3          text = f.readline(20)
4          if not text:
5              break
6          print(text.rstrip())
```

运行结果如下。

```
千锋教育秉承"初心至善、匠心育人"的核心
价值观，
努力奋斗成为一个有情怀、有良心、有品质的
一流职业教育机构。
始终秉持一颗"教育初心"，一切为了学员着
想。
```

4．for循环遍历文件

文件对象是可迭代对象，故可以通过for循环遍历文件。

例11-7 for循环遍历文件。

```
1  with open("test.txt","r",encoding="utf-8-sig") as f:
2      for line in f:
3          print(line.rstrip())
```

运行结果如下。

```
千锋教育秉承"初心至善、匠心育人"的核心价值观，
努力奋斗成为一个有情怀、有良心、有品质的一流职业教育机构。
始终秉持一颗"教育初心"，一切为了学员着想。
```

在例11-7中，程序通过for循环每次从文件中读取一行内容，当未读取到内容时，循环结束。

11.1.4 写入文件

向文件中写入内容也是通过文件对象来完成的，可以使用write()方法或writelines()方法实现，详细介绍如下。

1．write()方法

write()可以实现向文件中写入内容，其语法格式如下。

```
文件对象.write(s)
```

例11-8 write()方法写入文件。

```
1    with open("plan.txt","w",encoding="utf-8-sig") as f:
2        f.write("1.今天要好好学习\n")
3        f.write("2.今天要锻炼身体\n")
```

程序运行结束后，在程序文件所在的目录下可以看到生成了新的plan.txt文件，其内容如图11.3所示。

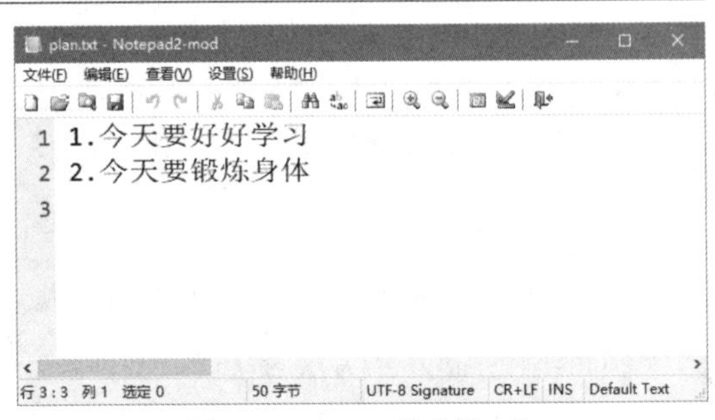

图 11.3 plan.txt 的文件内容

在例11-8中，程序通过write()方法向plan.txt文件中写入内容，可以写入多行内容，其中\n用于换行。若plan.txt文件在打开之前已经存在，执行本例中以覆盖写模式打开的open()函数时，会先清空文件内容，再写入write()方法中的内容。

2．writelines()方法

writelines()方法可以向文件中写入以字符串为元素的列表，其语法格式如下。

```
文件对象.writelines(lines)
```

例11-9 writelines()方法写入文件。

```
1    list01 = ["千锋教育","扣丁学堂","锋云智慧"]
2    with open("programming.txt","w",encoding="utf-8-sig") as f:
3        f.writelines(list01)
```

程序运行结束后，在程序文件所在的目录下可以看到生成了新的programming.txt文件，其内容如图11.4所示。

在例11-9中，程序通过writelines()方法将列表中的各个字符串元素都写入programming.txt文件，元素之间没有间隔。

图 11.4 programming.txt 的文件内容

11.1.5 定位读写位置

设想这样一个场景，将一个由字符串元素组成的列表写入文件后，对此文件进行读取。

例11-10 写入文件内容后读取该文件。

```
1    list01 = ["人生得意须尽欢\n","莫使金樽空对月\n","天生我材必有用\n","千金散尽还复来\n"]
2    with open("poem.txt","w+",encoding="utf-8-sig") as f:
3        f.writelines(list01)
```

```
4        for line in f:
5            print(line.rstrip())
```

程序运行结束后，控制台没有输出任何内容。查看同级目录下的poem.txt文件，如图11.5所示。

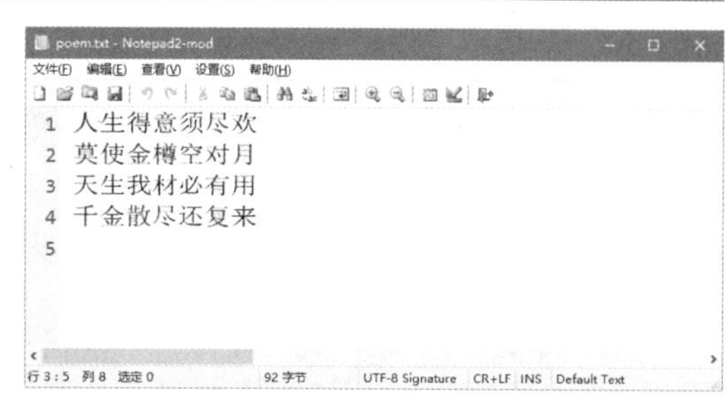

图 11.5 poem.txt 的文件内容

在例11-10中，列表的内容已经写入了文件，为什么第4~5行却没能将文件内容打印出来呢？这是由于写入文件内容后，文件指针指向了文件的末尾位置，此时去读取文件，会从文件末尾开始读取，写入的文件内容在文件指针之前，完全读取不到文件内容。如何解决这个问题呢？seek()方法可以很好地解决此问题。

seek()方法可以移动文件指针位置，其语法格式如下。

```
文件对象.seek(offset[, whence = 0])
```

其中，参数offset表示移动的偏移量，单位是字节。其值为正数时，文件指针向文件末尾方向移动；其值为负数时，文件指针向文件头部方向移动。参数whence用于指定当前文件指针的位置，0表示文件头部，1表示当前位置，2表示文件末尾，其默认值为0。

改写例11-10中的代码，使得写入文件的内容可以被顺利读取，如例11-11所示。

例11-11 写入文件内容后读取该文件。

```
1    list01 = ["人生得意须尽欢\n","莫使金樽空对月\n","天生我材必有用\n","千金散尽还复来\n"]
2    with open("poem.txt","w+",encoding="utf-8-sig") as f:
3        f.writelines(list01)
4        f.seek(0)
5        for line in f:
6            pri+nt(line.rstrip())
```

运行结果如下。

```
人生得意须尽欢
莫使金樽空对月
天生我材必有用
千金散尽还复来
```

在例11-11中，seek()方法将文件指针移到文件头部（whence=0）的第0位（offset=0），使得写入文件的内容可以顺利被读取。

除了有移动文件指针的方法，还有获取文件指针位置的方法，也就是tell()方法，其语法格式如下。

```
文件对象.tell()
```

tell()方法的返回值是整数，表示文件指针的位置。

例11-12 tell()方法获取文件指针位置。

```
1    with open("url.txt","w") as f:
2        print("文件指针初始位置：",f.tell())
3        f.write("www.qfedu.com")
4        print("写入内容后文件指针位置：",f.tell())
```

运行结果如下。

```
文件指针初始位置：0
写入内容后文件指针位置：13
```

在例11-12的代码中，第2行获取的文件指针位置为0，表示处于文件头部；第3行向文件中写入内容；第4行再次获取文件指针位置，此时文件指针位置为13。

11.2 模块4：Pillow库的使用

11.2.1 Pillow库概述

Pillow库是Python的一个第三方库，它是PIL（Python Imaging Library）的一个派生分支。PIL是一个图像处理库，但只能在Python 2中使用，不支持Python 3，Pillow库作为其派生分支，可以在Python 3中使用。安装Pillow库需要用到pip工具，方法是在PyCharm的Terminal中键入以下代码。

```
pip install pillow
```

Pillow库支持图像存储、图像显示和图像处理。运用Pillow库可以创建缩略图、实现文件格式之间的转换、打印图像、调整图像大小、旋转和变换图像等。Pillow库包括多个与图片相关的类，这些类可以看作Pillow库的子库或模块。以下主要讲解Pillow库中常用的5个子库：Image、ImageFilter、ImageEnhance、ImageDraw和ImageFont。

11.2.2 基本图像处理

Image类是Pillow库中重要的类，提供了基本的图像处理方法。Image类中有3个处理图片的常用属性，如表11.2所示。

表11.2　Image类的常用属性

属性	说明
Image.format	图像的格式或者来源，如果图像不是来自于文件，则值为None
Image.size	包含图像宽度和高度（以像素为单位）的二元元组
Image.mode	图像的色彩模式，常用模式L是灰度图像，RGB是真彩色图像，CMYK是印刷模式图像

Image类中处理图像的方法主要用于图像的打开和创建、图像缩放、图像旋转与格式转换以及图像的分离与合并，具体介绍如下。

1．图像的打开和创建

Image类中实现图像的打开和创建的方法如表11.3所示。

表11.3　Image类中实现图像的打开和创建的方法

方法	说明
Image.open(fp)	打开并标识给定的文件图像fp
Image.new(mode,size,color)	根据给定参数新建一个图像，mode是图像的色彩模式，size是图像的大小，color是图像的颜色
Image.save(fp,format)	将图像保存，文件名设置为fp，图片格式设置为format

下面创建一个图像，选择色彩模式RGB，设置其宽和高均为100像素，颜色设置为粉色，即RGB中的pink参数，并将其保存为pink.jpg文件。

例11-13　使用Image类创建并保存图像。

```
1    from PIL import Image
```

```
2    im = Image.new("RGB",(100,100),"pink")
3    im.save("pink.jpg")
4    print(im.format,im.size,im.mode)
```

运行结果如下。

```
None (100, 100) RGB
```

可以发现，程序的同级目录下出现了文件pink.jpg，如图11.6所示。

例11-13使用new()方法创建了一个新的图像对象，并赋值给im，调用im的save()方法将此图像保存到pink.jpg文件中。第4行代码获取im对象的format、size和mode属性，由于此文件是由Image创建的，所以得到的format属性的值是None。

当打开已经存在的图像文件时，format属性的值就是对应的图像格式。例如，现有一个图像文件，名称为“马的石膏像.jpeg”，如图11.7所示。

图 11.6 pink.jpg 文件的图像

图 11.7 “马的石膏像 .jpeg”文件的图像

打开“马的石膏像.jpeg”文件并读取此图像的属性。

例11-14 使用Image类打开图像文件。

```
1    from PIL import Image
2    im = Image.open("马的石膏像.jpeg")
3    print(im.format,im.size,im.mode)
```

运行结果如下。

```
JPEG (600, 452) RGB
```

2. 图像缩放

Image类中实现图像缩放的方法如表11.4所示。

表11.4 Image类中实现图像缩放的方法

方法	说明
Image.thumbnail(size)	对图像按照size进行缩放，size是缩放尺寸的二元元组，缩放后不会使图像变形
Image.resize(size)	对图像按照size进行缩放，size是缩放尺寸的二元元组，缩放后会返回图像副本

下面对图像文件进行缩放，将其转换成宽100像素、高200像素的图像，运用thumbnail()方法。

例11-15 使用thumbnail()方法缩放图像。

```
1    from PIL import Image
2    im = Image.open("马的石膏像.jpeg")
3    im.thumbnail((100,200))
4    im.save("1.jpeg")
```

在例11-15中，用thumbnail()方法缩放文件后，需要再用save()方法保存图像文件。程序运行结束后，生成1.jpeg文件，缩放后的图像大小为100像素 × 75像素，这是由于thumbnail()方法为了使图像不变形，会按照原图的宽高比例进行缩放。

下面运用resize()方法缩放图像。

例11-16 使用resize()方法缩放图像。

```
1   from PIL import Image
2   im = Image.open("马克思.jpeg")
3   re_im = im.resize((100,200))
4   re_im.save("2.jpeg")
```

在例11-16中，resize()方法缩放文件会返回一个图像副本对象re_im，将re_im保存为图像文件，即为缩放后的图像。resize()方法会按照给定像素缩放图像，缩放后图像可能会变形。

3．图像旋转与格式转换

Image类中实现图像旋转与格式转换的方法如表11.5所示。

表11.5　Image类中实现图像旋转与格式转换的方法

方法	说明
Image.rotate(angle)	逆时针旋转图像angle角度，返回图像副本
Image.convert(mode)	将图像转换为新的色彩模式

下面使用rotate()方法逆时针旋转图像90度。

例11-17 使用rotate()方法旋转图像。

```
1   from PIL import Image
2   im = Image.open("马的石膏像.jpeg")
3   re_im = im.rotate(90)
4   re_im.save("3.jpeg")
```

运行结果如图11.8所示。

（a）原图

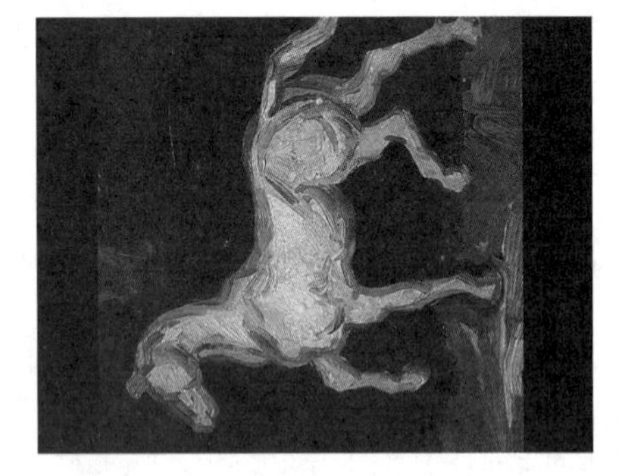

（b）旋转90度后

图 11.8　例 11-17 运行结果

4．图像的分离与合并

Image类中实现图像的分离与合并的方法如表11.6所示。

表11.6　Image类中实现图像的分离与合并的方法

方法	说明
Image.blend(im1,im2,alpha)	通过alpha在两个图像im1和im2之间进行插值，创建一个新图像：im1*(1.0-alpha)+im2*alpha

续表

方法	说明
Image.composite(im1,im2,mask)	通过透明遮罩mask混合图像im1和im2，两个图像必须具有相同的模式和大小，mask需要与两图像大小一致，具有模式“1”“L”或“RGBA”
Image.split()	分离RGB图像的每个颜色通道，返回3个颜色通道组成的元组
Image.merge(mode,bands)	合并通道，其中mode表示色彩模式，bands表示新的色彩通道
Image.point(func)	根据func()函数对图像的每个像素点进行运算，返回图像副本

下面对著名画作《向日葵》进行颜色通道的分离。

例11-18 分离颜色通道。

```
1    from PIL import Image
2    im = Image.open("向日葵.jpeg")
3    r, g, b = im.split()
4    r.save("r.jpeg")
5    g.save("g.jpeg")
6    b.save("b.jpeg")
```

程序运行结束后，生成了r.jpeg、g.jpeg和b.jpeg三个颜色通道，如图11.9所示。

图 11.9 例 11-18 运行结果

下面将分离后的颜色通道交换顺序，合并为一个新的图像。

例11-19 合并出新的图像。

```
1    from PIL import Image
2    im = Image.open("向日葵.jpeg")
3    r, g, b = im.split()
4    change_im = Image.merge("RGB",(r,b,g))
5    change_im.save("result.jpeg")
```

运行结果如图11.10所示。

图 11.10 例 11-19 运行结果

11.2.3 图像滤镜处理

Pillow库中的ImageFilter类提供了图像滤镜处理方法。使用ImageFilter类需要结合Image类中的filter()方法，具体语法格式如下。

```
Image.filter(ImageFilter.function)
```

其中function表示ImageFilter类提供的图像滤镜处理方法，如表11.7所示。

表11.7　　ImageFilter类的图像滤镜处理方法

方法	说明
ImageFilter.BLUR	模糊效果
ImageFilter.CONTOUR	轮廓效果
ImageFilter.DETAIL	细节效果
ImageFilter.EDGE_ENHANCE	边缘增强效果
ImageFilter.EDGE_ENHANCE_MODE	阈值边缘增强效果
ImageFilter.EMBOSS	浮雕效果
ImageFilter.FIND_EDGES	边界效果
ImageFilter.SHAPPEN	锐化效果
ImageFilter.SMOOTH	平滑效果
ImageFilter.SMOOTH_MORE	阈值平滑效果

下面通过ImageFilter类获取图像的轮廓效果。

例11-20　获取图形的轮廓效果。

```
1    from PIL import Image,ImageFilter
2    im = Image.open("向日葵.jpeg")
3    filter_im = im.filter(ImageFilter.CONTOUR)
4    filter_im.save("filter.jpeg")
```

程序运行结束后，轮廓效果图像生成，保存为filter.jpeg，如图11.11所示。

图 11.11　例 11-20 运行结果

11.2.4　图像色彩及亮度处理

ImageEnhance类提供了许多可用于图像增强的方法，处理色彩、亮度、对比度、清晰度等，如表11.8所示。

表11.8　　ImageEnhance类的图像色彩及亮度处理方法

方法	说明
ImageEnhance.enhance(factor)	将指定属性增强factor倍，factor是一个大于0的数，等于1返回原图，小于1返回减弱图，大于1返回增强图
ImageEnhance.Color(image)	图像的颜色调整器
ImageEnhance.Contrast(image)	图像的对比度调整器
ImageEnhance.Brightness(image)	图像的亮度调整器
ImageEnhance.Sharpness(image)	图像的清晰度调整器

ImageEnhance类调整图像的步骤如下。

（1）确定要调整的参数，获取特定的调整器。

（2）调用调整器的enhance()方法，传入参数进行调整。

例11-21　将图像的亮度增强为原本的5倍。

```
1    from PIL import Image,ImageEnhance
2    im = Image.open("向日葵.jpeg")
3    enhance_im =ImageEnhance.Brightness(im)
4    enhance_im.enhance(5).save("brightness.jpeg")
```

程序运行结束后，图像亮度增强为原本的5倍，保存为brightness.jpeg，如图11.12所示。

图 11.12　例 11-21 运行结果

11.2.5 绘制图像及文字

ImageDraw类提供了绘制简单二维图像的方法，可以注释或修饰现有图像，如表11.9所示。

表11.9　ImageDraw类的绘制图像方法

方法	说明
ImageDraw.draw(image)	创建在给定图像image中用于绘制的对象
ImageDraw.line(xy,fill=None,width=0,joint=None)	绘制直线，xy指起点坐标和终点坐标，格式形如[(x,y),(x,y)⋯]，fill指填充颜色，width指线宽，joint指连接方式，可以是曲线“curve”
ImageDraw.rectangle(xy,fill=None,outline=None,width=1)	绘制矩形，xy定义矩形左上角坐标和右下角坐标，格式形如[(x0,y0),(x1,y1)]，fill指填充颜色，outline指边框的颜色，width指线宽
ImageDraw.arc(xy,start,end,fill=None,width=0)	绘制圆弧，xy定义边界框坐标，格式形如[(x0,y0),(x1,y1)]，start是起始角度，end是结束角度，fill指填充颜色，width指线宽
ImageDraw.point(xy,fill=None)	绘制点，xy是点的坐标，格式形如[(x,y),(x,y)⋯]，fill指填充颜色

ImageDraw类绘制图像的步骤如下。

（1）调用draw()方法，创建绘制图像的对象。

（2）通过绘制图像的对象，去绘制相应的形状，如直线、矩形、圆弧等。

下面创建新的图像，绘制一个矩形，保存为drawer.jpeg文件。

例11-22　ImageDraw类绘制矩形。

```
1   from PIL import Image,ImageDraw
2   im = Image.new("RGB",(300,300),"white")
3   drawer = ImageDraw.Draw(im)
4   drawer.rectangle([(50,50),(150,150)],fill="pink",outline="red")
5   im.save("drawer.jpeg")
```

程序运行结束后，新建了一个300像素 × 300像素的图像，图像颜色为黄色，在图像中绘制了一个矩形，左上角坐标为(50,50)，右下角坐标为(150,150)，填充颜色为粉色，轮廓颜色为红色，保存在drawer.jpeg中，如图11.13所示。

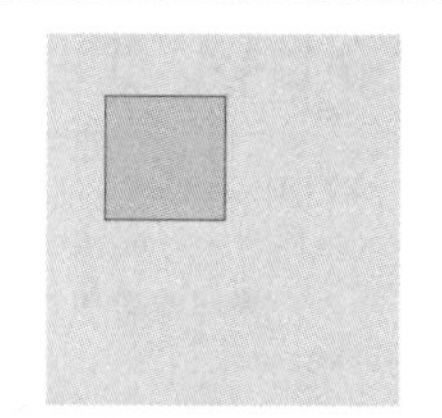
图 11.13　例 11-22 运行结果

ImageFont类也提供了绘制文字的方法，主要是truetype()方法和getsize()方法。truetype()方法的语法格式如下。

```
ImageFont.truetype(font=None, size=10)
```

其中，font是指包含TrueType字体的文件名或者类似文件的对象，当绘制中文时，由于默认编码不是中文，可以在C:\Windows\Fonts下选取字体文件作为font参数的值；size是指字体的大小。truetype()方法的返回值是一个字体对象，当无法读取font文件时，会抛出OSError异常。

getsize()方法返回文本的宽度和高度（以像素为单位），其语法格式如下。

```
getsize(text)
```

绘制文字需要ImageFont类与ImageDraw类结合使用。ImageFont类用truetype()方法返回一个文字对象后，使用ImageDraw类中绘制图像的对象，采用text()方法对文字对象进行绘制。text()方法的具体语法格式如下。

```
ImageDraw.text(xy,text,fill=None,font=None)
```

其中，xy是指绘制文字的坐标，text是指要绘制的字符串，fill是指文本颜色，font是指一个ImageFont类的实例对象。

下面新建一个300像素 × 300像素的图像，图像颜色为粉色，在其(100,100)的位置上绘制紫色的楷体文字“千锋教育”。

例11-23 ImageFont类绘制文字。

```
1    from PIL import Image,ImageDraw,ImageFont
2    im = Image.new("RGB",(300,300),"pink")
3    drawer = ImageDraw.Draw(im)
4    imfont = ImageFont.truetype("STKAITI.TTF",30)
5    drawer.text((100,100),"千锋教育","purple",imfont)
6    im.save("font.jpeg")
```

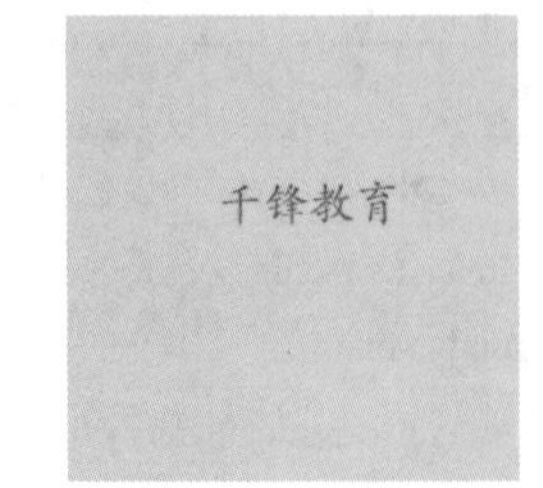

图 11.14 例 11-23 运行结果

程序运行结束后，生成了一个图像文件font.jpeg，如图11.14所示。

11.3 实战17：生成图片水印

当你有一张图片，不希望别人随意地使用或者传播它时，可以给图片添加水印。本节将通过Pillow库为图片生成水印。以画作《绿色麦田》为例，如图11.15所示。

为图片添加文字水印，可以分为以下几步。

（1）创建与原图像大小和色彩模式一致的新图像，在上面绘制文字水印。不断地增大文字，并使它不超过图像边界。将它旋转一定角度并定位在图像的中间位置。

（2）从水印图像中转换出色彩模式为L的透明遮罩。

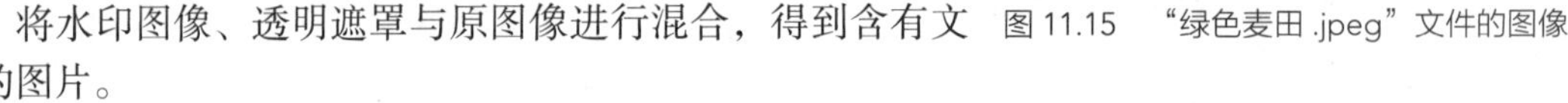

（3）将水印图像、透明遮罩与原图像进行混合，得到含有文字水印的图片。

图 11.15 “绿色麦田 .jpeg”文件的图像

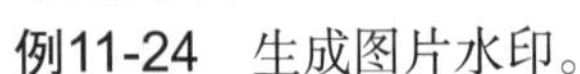

例11-24 生成图片水印。

```
1    from PIL import Image,ImageDraw,ImageFont
2    def set_watermark(image,text,outfile="result.jpeg",angle=30):
3        watermark = Image.new("RGB",image.size)      #创建一个存放文字水印的新图像，大小与image相同
4        FONT = "STKAITI.TTF"                         #设置字体为楷体
5        size = 10                                    #设置水印字体大小的初始值为10
6        im_font = ImageFont.truetype(FONT,size)      #创建字体对象
7        width,height = im_font.getsize(text)         #获取字体的宽和高
8        text_border = min(watermark.size[0],watermark.size[1]) #水印的字体大小不能超过图像边界
9        while width + height < text_border:
10           """不断地增加水印字体的宽和高，但是保证水印的宽高之和小于图像宽高中的较小值"""
11           size += 1
12           im_font = ImageFont.truetype(FONT,size)
13           width,height = im_font.getsize(text)
14       text_width = (watermark.size[0]-width) / 2
15       text_height = (watermark.size[1]-height) / 2  #水印设置在图像的中间位置
16       drawer = ImageDraw.Draw(watermark,"RGB")      #创建绘制图像的对象
```

```
17        drawer.text((text_width,text_height),text,font=im_font,fill="white")#绘制文字水印，颜色为白色
18        watermark = watermark.rotate(angle)              #旋转水印图像angle角度
19        mask = watermark.convert("L")    #从水印图像转换出色彩模式为L的透明遮罩
20        result = Image.composite(watermark,image,mask)#将水印图像与原图进行混合
21        result.save(outfile,"JPEG")        #将混合后的图像保存为outfile.jpeg文件
22    if __name__ == "__main__":
23        image = Image.open("绿色麦田.jpeg")
24        set_watermark(image,"水印")
```

程序运行结束后，生成result.jpeg文件，即添加水印后的图片，如图11.16所示。

图 11.16　例 11-24 运行结果

11.4 CSV文件操作

11.4.1 CSV文件概述

一维数据是最简单的数据组织类型，数据之间可以用一个或多个空格分隔，也可以通过英文半角逗号或其他符号组合进行分隔。二维数据由多条一维数据构成。本节将介绍一种国际通用的一维数据和二维数据存储格式——CSV格式。逗号分隔值（Common-Separated Values，CSV）格式是一种以逗号分隔数值的存储格式，也是一种文件格式，常用于转移表格数据。

例如，二维数据采用CSV格式存储后，格式如下。

```
姓名,学号,年龄,年级
小千,202201,19,大二
小锋,202202,20,大三
小狮,202203,19,大二
```

CSV格式有以下规则。

（1）纯文本格式，字符需要采用单一编码。

（2）开头不留空白行，以行为单位，一条数据不跨行，行之间没有空白行。

（3）包含或不包含列名均可，包含列名时列名需要放在文件第一行。

（4）每行表示一个一维数据，多行表示二维数据。

（5）每列数据之间以英文半角逗号分隔，列数据为空时也要保留逗号。

CSV格式的文件扩展名一般是“.csv”，可以通过Windows操作系统中的记事本或微软的Office Excel工具打开，也可以通过其他文本编辑工具打开。用Office Excel工具打开CSV格式的文件，如图11.17所示。

姓名	学号	年龄	年级
小千	202201	19	大二
小锋	202202	20	大三
小狮	202203	19	大二

图 11.17　用 Office Excel 工具打开 CSV 格式的文件

CSV格式文件的读写可以采用11.1节介绍的方式。本节将介绍通过Python提供的csv模块实现CSV文件的读写。

11.4.2 写入CSV文件

可以通过csv模块的writer对象向CSV文件中写入序列，也可以通过csv模块中的DictWriter类以字典的形式写入数据。导入csv模块的具体语法格式如下。

```
import csv
```

1. 以序列形式写入CSV文件

以序列形式写入CSV文件，需要先用csv模块中的writer()方法将文件对象转为writer对象。writer()方法的语法格式如下。

```
csv.writer(csvfile)
```

其中csvfile是打开的CSV文件。writerow()方法和writerows()方法可以将序列内容写入CSV文件，两种方法的具体说明如表11.10所示。

表11.10　以序列形式写入CSV文件的方法

方法	说明
csvwriter.writerow(row)	单行写入，将序列的所有元素写入CSV文件的一行
csvwriter.writerows(rows)	多行写入，将序列中的每个元素逐行写到CSV文件中

下面将列表[["名称","数量"],["苹果","18"],["西瓜","10"]]用writerow()方法写入fruit.csv文件。

例11-25　使用writerow()方法将列表写入fruit.csv文件。

```
1   import csv
2   list01 = [["名称","数量"],["苹果","18"],["西瓜","10"]]
3   with open("fruit.csv","w",encoding="utf-8-sig") as f:
4       writer = csv.writer(f)
5       writer.writerow(list01)
```

程序运行结束后，同级目录下将出现fruit.csv文件，此文件的内容如下。

```
"['名称', '数量']","['苹果', '18']","['西瓜', '10']"
```

在例11-25中，writer()方法将文件对象转换为writer对象，writer对象的writerow()方法将列表写入fruit.csv文件，列表中的所有元素被写入一行，元素之间以逗号分隔。

例11-26　使用writerows()方法将列表写入fruit.csv文件。

```
1   import csv
2   list01 = [["名称","数量"],["苹果","18"],["西瓜","10"]]
3   with open("fruit.csv","w",encoding="utf-8-sig") as f:
```

```
4        writer = csv.writer(f)
5        writer.writerows(list01)
```

程序运行结束后，fruit.csv文件的内容如下。

```
名称,数量

苹果,18

西瓜,10
```

在例11-26中，writerows()方法将列表中的元素逐行写入fruit.csv文件，每个元素都占用了一行。但在fruit.csv文件中，每一行数据下都有一个空白行，这是由于writerows()方法将字符串逐行写进文件时，Windows操作系统会将\n转换为系统默认的换行符\r\n。为了解决这个问题，可以在open()函数中设置参数newlines为" "或"\n"。

例11-27 在open()函数中设置参数newline为" "。

```
1    import csv
2    list01 = [["名称","数量"],["苹果","18"],["西瓜","10"]]
3    with open("fruit.csv","w",encoding="utf-8-sig",newline="") as f:
4        writer = csv.writer(f)
5        writer.writerows(list01)
```

程序运行结束后，fruit.csv文件的内容如下。

```
名称,数量
苹果,18
西瓜,10
```

2. 以字典形式写入CSV文件

以字典形式写入CSV文件需要用到csv模块中的DictWriter类。创建DictWriter类的对象的语法格式如下。

```
csv.DictWriter(f,fieldnames)
```

其中，f是指文件对象，fieldnames是指要写入的字典的键。创建DictWriter类的对象后，需要调用writeheader()方法写入表头，并结合writerow()方法或writerows()方法写入表的内容。

例11-28 以字典形式写入CSV文件。

```
1    import csv
2    student_dict = [
3        {"name":"小千","age":"19"},
4        {"name":"小锋","age":"20"},
5    ]
6    fileheader = ["name","age"]
7    with open("student.csv","w",encoding="utf-8-sig",newline="") as f:
8        writer = csv.DictWriter(f,fileheader)
9        writer.writeheader()
10       writer.writerows(student_dict)
```

程序运行结束后，student.csv文件的内容如下。

```
name,age
小千,19
小锋,20
```

例11-28代码中的第10行可以改写成用writerow()实现，具体代码如下。

```
for row in student_dict:
    writer.writerow(row)
```

11.4.3 读取CSV文件

可以通过csv模块的reader对象读取CSV文件，也可以通过csv模块中的DictReader类读取CSV文件。

1．reader对象读取CSV文件

创建reader对象需要用到reader()方法。reader()方法的具体语法格式如下。

```
csv.reader(csvfile)
```

其中csvfile是打开的CSV文件。reader对象是可迭代对象，可以通过for循环遍历。例如，有person.csv文件，文件内容如下。

```
name,age,profession
小千,19,学生
小锋,20,学生
```

下面使用reader对象读取CSV文件。

例11-29 reader对象读取CSV文件。

```
1   import csv
2   with open("person.csv","r",encoding="utf-8-sig") as f:
3       reader = csv.reader(f)
4       for item in reader:
5           print(item)
```

运行结果如下。

```
['name', 'age', 'profession']
['小千', '19', '学生']
['小锋', '20', '学生']
```

在例11-29中，可以看到reader对象读取CSV文件的每一行都作为字符串列表返回。

2．DictReader类读取CSV文件

创建DictReader类的对象的语法格式如下。

```
csv.DictReader(f,fieldnames)
```

其中，f是指文件对象，fieldnames是一个序列。如果省略fieldnames，则文件f第一行中的值将用作fieldnames。DictReader类的对象也是可迭代对象，可以用for循环遍历。

例11-30 DictReader类读取person.csv文件。

```
1   import csv
2   with open("person.csv","r",encoding="utf-8-sig") as f:
3       reader = csv.DictReader(f)
4       for item in reader:
5           print(item)
```

运行结果如下。

```
{'name': '小千', 'age': '19', 'profession': '学生'}
{'name': '小锋', 'age': '20', 'profession': '学生'}
```

11.5 模块5：json库的使用

11.5.1 json库的基本介绍

JavaScript对象表示法（JavaScript Object Notation，JSON）是一种轻量级的数据交换格式，用于对高维数据进行表达和存储。其可以看作一系列键值对的集合，键值对均需要保存在双引号中，语法格式如下。

```
"key":"value"
```

JSON格式存在以下语法规则。

（1）数据保存在键值对中。

（2）数据之间以英文半角逗号分隔。

（3）花括号“{}”用于保存键值对数据组成的对象。

（4）方括号“[]”用于保存数组，数组可以包括多个键值对数据组成的对象。

例如，使用JSON格式存放岗位信息，具体示例如下。

```
{
  "岗位信息": [
    {"岗位名称":"程序员","薪资":"15k"},
    {"岗位名称":"产品经理","薪资":"12k"},
    {"岗位名称":"软件测试","薪资":"10k"}
  ]
}
```

在以上示例中，对象“岗位信息”是包含3个对象的数组，每个对象表示一个工作岗位的岗位名称和薪资。

Python用json库处理JSON格式。导入json库的具体语法格式如下。

```
import json
```

json库主要用于实现Python的数据类型与JSON格式之间的转换，以及键值对的解析。JSON格式的对象一般被json库解析为字典，数组一般被解析为列表。

11.5.2 json库的常用操作

json库包括解码（decoding）和编码（encoding）两个过程。编码是将Python数据类型转换为JSON格式的过程，解码是解析JSON格式到对应的Python数据类型的过程。json库中的常用函数如见表11.11所示。

表11.11　json库的常用函数

函数	说明
json.dumps(obj, ensure_ascii=True,indent=None,sort_keys=False)	将obj序列化为JSON格式，即编码过程。ensure_ascii是指字符编码，值为False时可以包含非ASCII字符。indent是指转化为JSON格式的缩进，None表示最紧凑的形式。sort_keys为True时，会对字典按照关键字排序

续表

函数	说明
json.loads(s)	反序列化JSON格式字符串s为Python的数据类型，即解码过程
json.dump(obj,fp,indent=None,sort_keys=False)	与dumps()功能一致，将obj序列化为JSON格式输出到文件fp中
json.load(fp)	与loads()功能一致，将JSON文件fp中的内容反序列化为Python的数据类型

例11-31 dumps()函数和loads()函数的使用。

```
1   import json
2   dict01 = {
3       "username":"小千",
4       "password":"xiaoqian123",
5       "age":19
6   }
7   json_type = json.dumps(dict01,ensure_ascii=False,indent=2)
8   print("JSON格式: \n",json_type)
9   json_dict = json.loads(json_type)
10  print("字典格式: \n",json_dict)
```

运行结果如下。

```
JSON格式:
 {
  "username": "小千",
  "password": "xiaoqian123",
  "age": 19
}
字典格式:
 {'username': '小千', 'password': 'xiaoqian123', 'age': 19}
```

在例11-31的代码中，dict01通过dumps()函数被转换为了JSON格式，见第7行；JSON格式的对象json_type通过loads()函数被转换为了字典格式json_dict，见第9行。

例11-32 dump()函数和load()函数的使用。

```
1   import json
2   dict01 = {
3       "username":"小千",
4       "password":"xiaoqian123",
5       "age":19
6   }
7   with open("user.json","w+",encoding="utf-8-sig") as f:
8       json.dump(dict01,f,ensure_ascii=False)
9       f.seek(0)
10      json_dict = json.load(f)
11  print(json_dict)
```

运行结果如下。

```
{'username': '小千', 'password': 'xiaoqian123', 'age': 19}
```

程序运行结束后，生成了user.json文件，文件内容如下。

```
{"username": "小千", "password": "xiaoqian123", "age": 19}
```

在例11-32的代码中，第7~10行打开user.json文件，通过dump()函数将dict01以JSON格式写入此文件；然后通过seek()函数将文件指针调整到文件开头；最后通过load()函数将JSON格式文件反序列化到json_dict中，转化为字典格式。

11.6 实战18：CSV与JSON的相互转换

CSV格式可以与JSON格式相互转换。以某疫苗的接种记录为例，疫苗接种信息保存在名为“疫苗接种.csv”的文件中，文件的具体内容如下。

```
单位,接种人,年龄,电话
社区居民,小千,19,111111111
社区居民,小锋,20,222222222
工作人员,小狮,19,333333333
工作人员,小明,18,444444444
```

下面将此CSV文件的内容转换为JSON格式，存入名为“疫苗接种.json”的文件。

例11-33 将CSV格式转换为JSON格式。

```
1   import csv
2   import json
3   csv_list = []
4   with open("疫苗接种.csv","r",encoding="utf-8-sig") as csvfile:
5       reader = csv.DictReader(csvfile)
6       for item in reader:
7           csv_list.append(item)
8   with open("疫苗接种.json","w",encoding="utf-8-sig") as jsonfile:
9       json.dump(csv_list,jsonfile,ensure_ascii=False,indent=2)
```

程序运行结束后，生成了名为“疫苗接种.json”的文件，内容如下所示。

```
[
  {
    "单位": "社区居民",
    "接种人": "小千",
    "年龄": "19",
    "电话": "111111111"
  },
  {
    "单位": "社区居民",
    "接种人": "小锋",
    "年龄": "20",
    "电话": "222222222"
  },
  {
    "单位": "工作人员",
    "接种人": "小狮",
    "年龄": "19",
    "电话": "333333333"
  },
  {
    "单位": "工作人员",
    "接种人": "小明",
    "年龄": "18",
    "电话": "444444444"
```

```
    }
]
```

在例11-33的代码中，第4~7行将CSV文件的内容以字典的形式进行读取，并逐条添加到csv_list列表中。第8~9行将csv_list中的内容以JSON格式写入JSON文件。其中，csv_list列表的具体内容如下。

```
[{'单位': '社区居民', '接种人': '小千', '年龄': '19', '电话': '111111111'}, {'单位': '社区居民', '接种人': '小锋', '年龄': '20', '电话': '222222222'}, {'单位': '工作人员', '接种人': '小狮', '年龄': '19', '电话': '333333333'}, {'单位': '工作人员', '接种人': '小明', '年龄': '18', '电话': '444444444'}]
```

接下来，可以将JSON文件的内容再写到CSV文件中。

例11-34 将JSON格式转换为CSV格式。

```
1   import csv
2   import json
3   with open("疫苗接种.json","r",encoding="utf-8-sig") as jsonfile:
4       json_list = json.load(jsonfile)
5   with open("rewrite.csv","w",encoding="utf-8-sig",newline="") as csvfile:
6       writer = csv.DictWriter(csvfile,fieldnames=json_list[0].keys())
7       writer.writeheader()
8       writer.writerows(json_list)
```

程序运行结束后，生成了rewrite.csv文件，内容与名为“疫苗接种.csv”的文件一致。在例11-34的代码中，第3~4行将JSON文件中的内容反序列化为列表形式json_list，json_list列表与例11-33中csv_list的内容一致，列表的每个元素均为字典格式。第5~8行将json_list写入CSV文件，文件的表头是json_list元素中的键，其中keys()获得了字典元素中的键组成的列表。

11.7 目录操作

对目录进行操作可以更有效地管理文件。本节将讲解有关文件目录的常用操作，需要用到os模块和shutil模块。导入两个模块的具体语法格式如下。

```
import os
import shutil
```

本节将介绍如何创建目录、获取目录、遍历目录和删除目录。

11.7.1 创建目录

os模块中的mkdir()函数可以创建目录，其语法格式如下。

```
os.mkdir(path)
```

其中，path是指要创建的目录，如果要创建的目录已经存在，则会抛出FileExistsError异常。下面在C:\1000phone目录下创建目录test。

例11-35 mkdir()函数创建目录。

```
1   import os
2   os.mkdir("C:/1000phone/test")
```

程序运行结束后，目录C:\1000phone下会创建出一个目录test。mkdir()函数只能创建一级目录，如果需要创建多级目录，需要使用makedirs()函数，其语法格式如下。

```
os.makedirs(path1/path2…)
```

参数path1和path2形成多级目录。下面在C:\1000phone目录下创建目录program，在program下创建子目录test。

例11-36 makedirs()函数创建多级目录。

```
1    import os
2    os.makedirs("C:/1000phone/program/test")
```

程序运行结束后，产生了目录program及其子目录test。

11.7.2 获取目录

os模块中的getcwd()函数可以获取当前目录，其语法格式如下。

```
os.getcwd()
```

例11-37 getcwd()函数获取当前目录。

```
1    import os
2    res = os.getcwd()
3    print(res)
```

运行结果如下。

```
C:\1000phone\parter11
```

通过例11-37可以得知此例所在的文件存在于目录C:\1000phone\parter11中。除此之外，os模块中的listdir()函数可以获取指定目录包含的目录名以及文件名，其语法格式如下。

```
os.listdir(path)
```

其中，参数path是指定要获取的目录的路径。下面获取C:\1000phone目录下的所有文件名和目录名。

例11-38 listdir()函数获取指定目录下的文件名和目录名。

```
1    import os
2    res = os.listdir("C:/1000phone")
3    print(res)
```

运行结果如下。

```
    ['.idea', 'demo.py', 'main.py', 'parter10', 'parter11', 'parter12',
'parter2', 'parter3', 'parter4', 'parter5', 'parter6', 'parter7', 'parter8',
'parter9', 'program', 'pygamedemo', 'spider', 'venv']
```

在例11-38的运行结果中可以看到，listdir()函数返回了一个列表，包含了C:\1000phone目录下的所有文件名和目录名。

11.7.3 遍历目录

os模块中的walk()函数可以遍历目录结构，获取指定路径下的所有目录和文件信息，其语法格式如下。

```
os.walk(top)
```

其中，top是指要遍历的目录路径，walk()函数的返回值是一个生成器，生成器的每一个元素都是一个三元组（root,dirs,files），具体含义如下。

（1）root是指当前正在遍历的文件夹的路径。

（2）dirs是一个列表，包含当前文件夹下所有目录的名称。

（3）files是一个列表，包含当前文件夹下所有文件的名称。

下面用walk()函数遍历目录C:\1000phone\parter11。

例11-39 walk()函数遍历目录。

```
1    import os
2    res = os.walk("C:/1000phone/parter11")
3    for item in res:
4        print(item)
```

运行结果如下。

```
('C:/1000phone/parter11', ['sub_directory'], ['例11-39.py'])
('C:/1000phone/parter11\\sub_directory', [], ['test.py'])
```

在例11-39的代码中，第2行调用了os中的walk()函数，返回了一个生成器res；第3行和第4行对此生成器进行for循环遍历。在运行结果中，可以看出C:\1000phone\parter11的目录结构：C:\1000phone\parter11下有一个子目录sub_directory，还有一个名为“例11-39.py”的文件；C:\1000phone\parter11\sub_directory下没有子目录，有一个test.py文件。

11.7.4 删除目录

os模块中的rmdir()函数和shutil模块中的rmtree()函数都可以删除目录，但是两个函数有所区别，rmdir()函数只能删除空目录，rmtree()函数可以删除空目录，也可以删除有内容的目录。两个函数的语法格式如下。

```
os.rmdir(path)
shutil.rmtree(path)
```

下面删除空目录C:\1000phone\parter12以及有内容的目录C:\1000phone\program。

例11-40 删除目录。

```
1    import os,shutil
2    os.rmdir("C:/1000phone/parter12")
3    shutil.rmtree("C:/1000phone/program")
```

程序运行结束后，C:\1000phone下的空目录parter12被删除，C:\1000phone下有内容的目录program及其下的子目录、文件均被删除。

11.8 实战19：统计目录中的文件信息

在Windows操作系统中，查看目录信息可以通过右键单击目录名，在弹出的快捷菜单中选择“属性”选项来实现。目录信息如图11.18所示。

在目录的属性中，可以看到的目录信息包括目录的位置、大小以及文件和文件夹的个数等。其中部分信息可以通过编写程序来获取，在编程之前，需要了解os模块下path类的相关知识点。os模块下的path类也称为os.path模块，主要用于获取文件的属性。模块下常用的方法如表11.12所示。

图 11.18 目录信息

表11.12 os.path模块的常用方法

方法	说明
os.path.exists(path)	如果路径path存在，返回True；如果路径path不存在，返回False
os.path.getsize(path)	返回文件大小，如果文件不存在则抛出异常FileNotFoundError
os.path.isfile(path)	判断路径是否为文件，是文件则返回True，否则返回False
os.path.isdir(path)	判断路径是否为目录，是目录则返回True，否则返回False
os.path.join(path1[,path2[,…]])	把目录名和文件名合成一个路径
os.path.split(path)	把路径分割成目录名和文件名，返回一个元组

下面用程序获取C:\1000phone目录的位置、大小以及文件和文件夹的个数。

例11-41 获取C:\1000phone目录的信息。

```
1   import os
2   total_size,file_num,dir_num = 0,0,0
3   def traverse(path):
4       """用于遍历指定目录path"""
5       global total_size,file_num,dir_num
6       if not os.path.isdir(path):
7           print(f"{path}不是目录或者不存在")
8           return
9       for dirname in os.listdir(path):
10          sub_path = os.path.join(path,dirname)
11          if os.path.isfile(sub_path):
12              file_num += 1
13              total_size += os.path.getsize(sub_path)
14          elif os.path.isdir(sub_path):
15              dir_num += 1
16              traverse(sub_path)
17  def size_convert(size):
18      """将文件的总字节数换算为单位Byte、KB、MB或者GB"""
19      K,M,G = 1024,1024**2,1024**3
20      if size >= G:
21          return f"{size/G:.2f}GB"
22      elif size >= M:
23          return f"{size/M:.2f}MB"
24      if size >= K:
```

```
25            return f"{size/K:.2f}KB"
26        else:
27            return f"{size:.2f}B"
28    def output(path):
29        """用于输出目录的位置、大小以及文件和文件夹的个数"""
30        if os.path.isdir(path):
31            print("类型：文件夹")
32        else:
33            return
34        print("位置：",path)
35        print(f"大小：{size_convert(total_size)}(包含{total_size}字节)")
36        print(f"包含{file_num}个文件，{dir_num}个文件夹")
37    if __name__ == "__main__":
38        path = "C:/1000phone"
39        traverse(path)
40        output(path)
```

运行结果如下。

```
类型：文件夹
位置：C:/1000phone
大小：156.81MB(包含164428932字节)
包含4014个文件，402个文件夹
```

在例11-41的代码中，traverse()函数用于遍历目录中的所有文件和文件夹。此函数采用了递归的思想，递归地获取目录下的所有子目录。第9~16行遍历C:\1000phone下的所有文件名和目录名，将这些名称拼接成路径。当路径是文件时，文件个数加1并累加到字节数total_size中；当路径是目录时，文件夹个数加1，并重新执行本函数，深层遍历该目录下的子目录。size_convert()函数用于对文件的总字节数total_size进行单位换算。字节数的单位Byte简写为B，1KB为1024Byte，1MB为1024KB，1GB为1024MB，换算单位后保留两位小数。

本章小结

本章首先介绍了文件的基本操作，包括文件的打开、关闭、读取、写入；其次讲解了图像处理模块Pillow的使用，并用此模块实现了图片水印的生成；再次讲解了一维数据和二维数据存储的常用格式CSV及存储高维数据的JSON格式，并实现了两种格式之间的转换；最后介绍了目录的常用操作，并实现了目录中文件信息的统计。

习题 11

1．填空题

（1）打开和关闭文件可以使用________语句实现。

（2）________方法可以获取文件指针的位置。

（3）________方法可以移动文件指针的位置。

（4）将列表写入CSV文件需要用到csv库的________方法。

（5）JSON格式中方括号“[]”用于保存________。

2．单选题

（1）以追加写入方式打开二进制文件，正确的打开模式是（　　）。

A. "ab+"　　B. "a+"　　C. "w+"　　D. "wb+"

（2）下列选项中，用于读取文本文件中所有行，并将每行作为列表中的一个元素的是（　　）。

A. 文件对象.read()　　B. 文件对象.readlines()

C. 文件对象.readline()　　D. 文件对象.read(300)

（3）以下可以创建多级目录的是os模块中的（　　）函数。

A. makedir()　　B. mkdir()

C. makedirs()　　D. mkdirs()

（4）下列选项中，（　　）可以删除有内容的目录。

A. os.rmdir(path)　　B. shutil.rmtree(path)

C. os.rmtree(path)　　D. os.remove(path)

（5）json库中能将Python的数据类型序列化为JSON格式输出到文件的是（　　）函数。

A. load()　　B. loads()

C. dump()　　D. dumps()

3．简答题

（1）如何读取和写入CSV文件？

（2）简述json库中的常用操作。

4．编程题

（1）创建一个英文文本文件english.txt，统计文件中出现的单词及其出现的次数，并存入CSV文件。

（2）对实战17中的代码进行改写，为图片添加绘制的图像水印。

（3）将下面的列表favorite_language存入CSV文件和JSON文件。

```
favorite_language = [
    {"name":"小千","language":"汉语"},
    {"name":"小锋","language":"汉语"},
    {"name":"小狮","language":"汉语"},
    {"name":"小明","language":"英语"},
]
```

第12章 使用PyQt6实现“援心”心理测试系统实战

使用PyQt6实现“援心”心理测试系统实战

本章学习目标

- 熟悉项目的设计流程
- 掌握面向对象程序设计方法
- 熟悉PyQt6模块中控件的基本使用方法
- 熟悉SQLite数据库的基本使用方法

在快节奏的现代社会中，竞争变得越来越激烈，大学生面临升学与就业的双重压力，他们的心理健康应成为社会关注的重点。问题是时代的声音，回答并指导解决问题是理论的根本任务。在学习Python语言的基础知识后，本章我们采用面向对象的设计思想，通过PyQt6实现界面的可视化，使用SQLite数据库存储数据，设计一款适合于大学生的心理测试系统——“援心”。在该系统中，管理员可以对系统用户进行管理，学生可以进行心理自测，心理教师可以对学生进行心理辅导。

12.1 需求分析

“援心”是一款心理测试系统，学生可在系统中进行抑郁症自测，了解自己的心理状态，如果测试结果是有抑郁倾向，则可以选择心理教师进行辅导。心理教师可在系统中对选择自己的学生进行心理辅导，并提出咨询建议。

系统的具体操作流程如下。

（1）打开系统时，出现登录界面，用户通过用户名和密码登录。

（2）如果用户是管理员，则进入用户管理界面。管理员可以对系统用户进行管理，添加、编辑或者删除用户。

（3）如果用户是学生，则进入心理自测界面。学生可以进行心理测试，选择心理辅导老师，查看自己的测试记录，还可以修改密码。

（4）如果用户是教师，则进入心理辅导界面。教师可以对选择自己的学生进行心理辅导，填写咨询建议，也可以修改密码。

“援心”系统功能列表如图12.1所示。

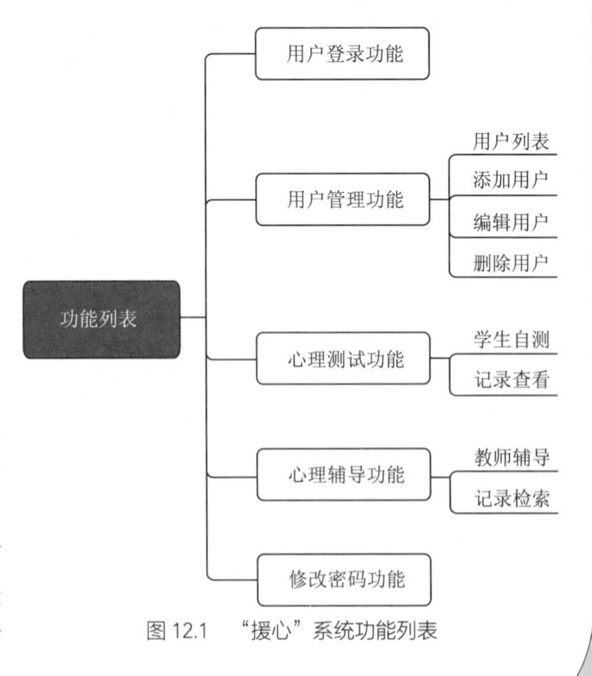

图 12.1 “援心”系统功能列表

12.2 数据库设计

12.2.1 SQLite数据库简介

数据库是长期存储在计算机内、有组织、可共享的大量数据的集合。关系型数据库包括SQLite、Microsoft Access、MySQL等，非关系型数据库（一般指NoSQL）包括Redis、Amazon DynamoDB等。其中SQLite是轻量级、基于磁盘文件的数据库管理系统，它无须在系统中进行配置，自给自足，不需要任何外部依赖，而且每个数据库完全存储在单个跨平台的磁盘文件中。由于SQLite的以上特点，本项目选用它进行数据管理。

为了让读者更好地理解SQLite的使用，以下数据库的可视化展示会运用数据库管理工具Navicat，此软件可以在官网下载（注：本项目的实现不需要会运用此软件，仅展示用）。

使用Navicat创建一个SQLite数据库mental_test.db，具体步骤如下。

（1）单击“文件”→“新建连接”→“SQLite”，如图12.2所示。

（2）在弹出的对话框中选择“新建SQLite3”，并通过单击“...”按钮选择数据库的存放位置及名称D:\mental_test.db，最后单击“确定”按钮即可创建成功，如图12.3所示。

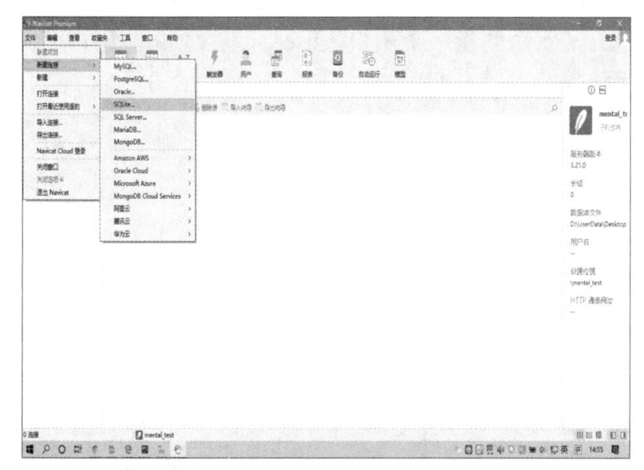

图 12.2 在 Navicat 中新建 SQLite 连接

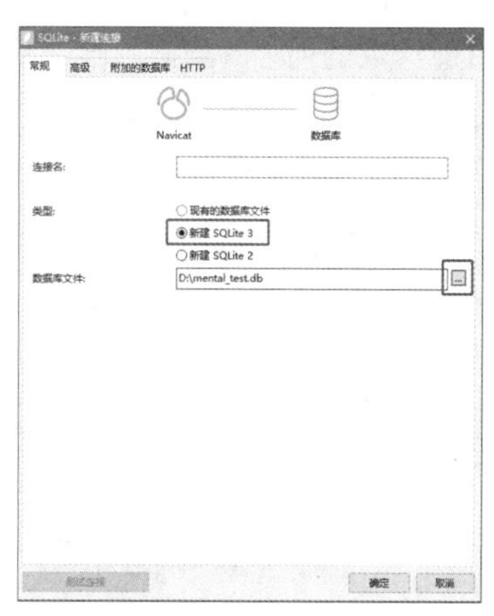

图 12.3 创建数据库 mental_test.db

12.2.2 SQLite数据库的基本语法

SQLite数据库中的语句不区分大小写，GLOB和glob除外，因为它们有不同的含义。SQLite数据库的单行注释以“--”为标志，多行注释以“/*”开始，以“*/”结束，语句之间以英文分号“;”作为结束标志。存储在SQLite数据库中的值，可以分为5个存储类，如表12.1所示。

表12.1 SQLite数据库的存储类

存储类	说明
NULL	存储一个空值
INTEGER	存储一个带符号的整数
REAL	存储一个浮点数
TEXT	存储一个文本字符串，编码格式为UTF-8、UTF-16BE或UTF-16LE
BLOB	存储一个blob数据，根据它的输入进行存储

需要注意的是，SQLite中没有单独存储日期或时间的存储类，可以将日期和时间存储为TEXT类型，存储格式为“YYYY-MM-DD HH:MM:SS.SSS”。

12.2.3 SQLite数据库的基本操作

SQLite数据库的基本操作包括创建表、删除表、添加数据、查询数据、修改数据、删除数据、排列数据等，详细介绍如下。

1．创建表

通过CREATE TABLE语句可以创建表，基本语法格式如下。

```
CREATE TABLE database_name.table_name(
    column1 datatype  PRIMARY KEY(one or more columns),
    column2 datatype,
    column3 datatype,
    …
    columnN datatype,
);
```

其中database_name为数据库名称，如果已经指定了，则可以省略。table_name表示新表的名称，columnN表示列名，datatype表示数据类型，PRIMARY KEY表示主键，唯一表示数据库表中的每条记录，其所约束的列中的值必须唯一且不能为NULL。下面创建一个用户表user，包含列id（用户名）、password（密码）、role（角色），其中id作为主键。

例12-1 创建user表。

```
1   CREATE TABLE user (
2      id TEXT PRIMARY KEY NOT NULL,
3      password TEXT,
4      role TEXT
5   );
```

运行结束后，成功创建user表，如图12.4所示。

图 12.4 成功创建 user 表

2．删除表

通过DROP TABLE语句可以删除表，基本语法格式如下。

```
DROP TABLE database_name.table_name
```

删除user表，具体示例如下。

```
DROP TABLE IF EXISTS "user";
```

可以看到，实际删除表的时候，需要加上IF EXISTS判断，如果表存在则删除。不加此判断的话，表不存在时删除表会报错。

3．添加数据

通过INSERT INTO语句可以向数据库中的表中添加新的数据行，基本语法格式如下。

```
INSERT INTO table_name (column1, column2, column3,…,columnN)
VALUES (value1, value2, value3,…,valueN);
```

例12-2 向user表中添加数据。

```
1   INSERT INTO user ( id, password, role )
2   VALUES ( "202201", "202201", "学生" );
3   INSERT INTO user ( id, password, role )
4   VALUES ( "tea202201", "tea202201", "教师" );
```

例12-2向user表中添加了两行数据，运行结束后，添加成功，user表的内容如图12.5所示（注：user表中添加的数据将用于以下的查询、修改和删除）。

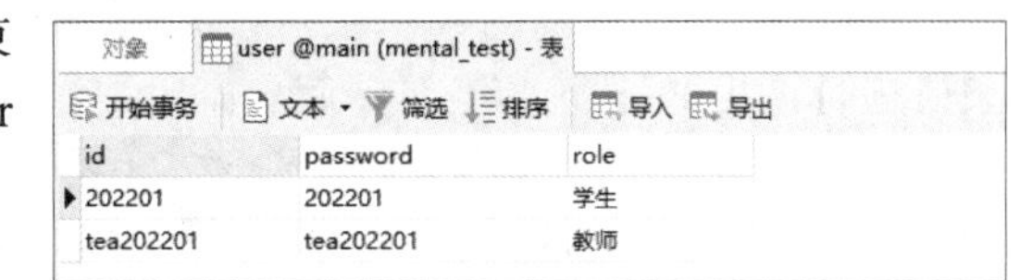

id	password	role
202201	202201	学生
tea202201	tea202201	教师

图 12.5 例 12-2 运行结果

4．查询数据

通过SELECT语句可以从数据库的表中获取数据，以结果表的形式返回数据。SELECT语句的查询有多种形式，以下将介绍单表查询、条件查询、多表查询以及模糊查询。

（1）单表查询

单表查询的基本语法格式如下。

```
SELECT column1, column2,…,columnN FROM table_name;
```

其中columnN是指table_name表的字段。如果希望获取表中所有的字段，则可以用以下语法格式。

```
SELECT * FROM table_name;
```

查询user表中id字段和password字段，具体示例如下。

```
SELECT id,password FROM user;
```

运行结束后，查询结果如图12.6所示。

（2）条件查询

条件查询需要使用WHERE子句，基本语法格式如下。

```
SELECT column1, column2,…,columnN FROM table_name WHERE [condition];
```

查询user表中id为202201的数据，具体示例如下。

```
SELECT * FROM user WHERE id = "202201";
```

运行结束后，查询结果如图12.7所示。

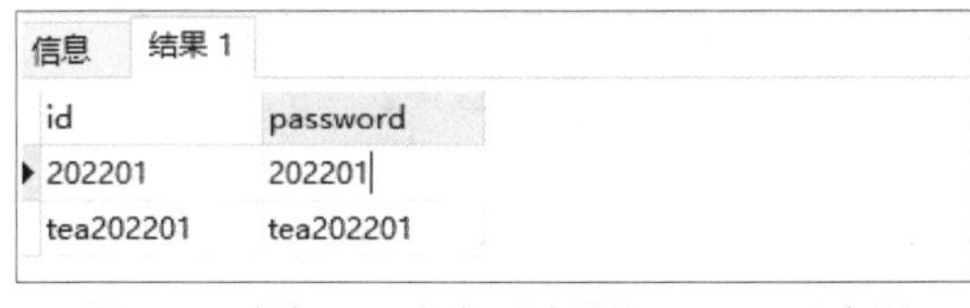

id	password
202201	202201
tea202201	tea202201

图 12.6 查询 user 表中 id 字段和 password 字段

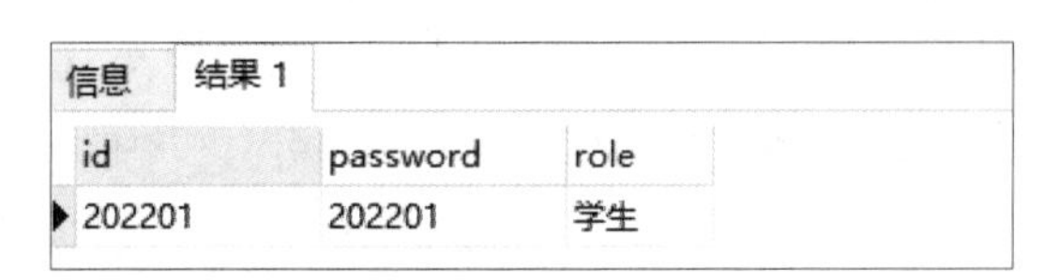

id	password	role
202201	202201	学生

图 12.7 查询 user 表中 id 为 202201 的数据

（3）多表查询

多表查询有多种形式，以下介绍一个简单的例子。设计一个teacher表，表中有字段id和name，假设教师的用户名就是教师的id，teacher表的具体内容如图12.8所示。

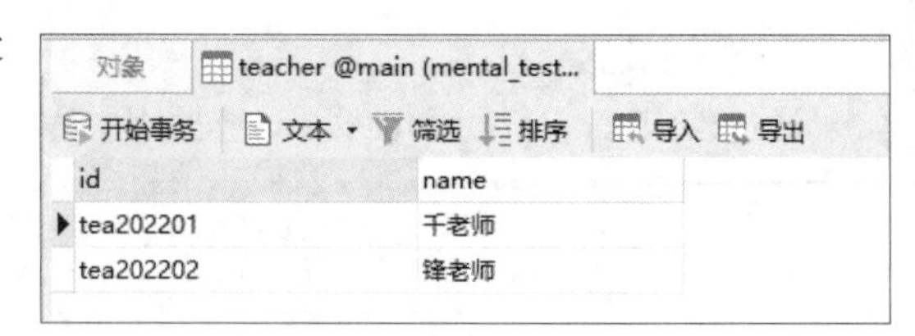

id	name
tea202201	千老师
tea202202	锋老师

图 12.8　teacher 表的具体内容

现希望查询出工号为tea202201的教师的id、name和password，具体见例12-3。

例12-3　查询出工号为tea202201的教师的id、name和password。

```
1    SELECT teacher.id,name,password FROM user,teacher
2    WHERE teacher.id = user.id AND teacher.id = "tea202201";
```

运行结束后，查询结果如图12.9所示。

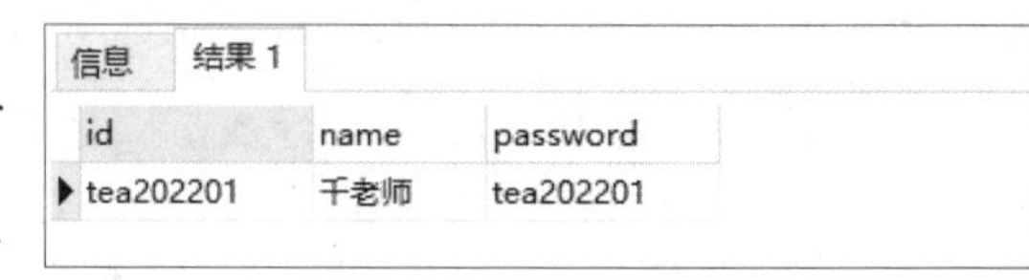

id	name	password
tea202201	千老师	tea202201

图 12.9　查询结果

在例12-3中，查询的数据取自于user表和teacher表，它们通过id字段连接在了一起。需要注意的是，SELECT语句后的列名如果仅在一个表中存在，则不需要在前面加表名；如果在多个表中都存在，则需要在前面加上表名。

（4）模糊查询

模糊查询需要使用LIKE子句，基本语法格式如下。

```
SELECT column_list FROM table_name WHERE column LIKE [condition];
```

LIKE子句后的条件含有“%”和“_”运算符，“内容%”表示以“内容”开头，“%内容”表示以“内容”结尾，“%内容%”表示任意位置含有“内容”，“_”运算符则表示占位符，代表单一的数字或字符。查询user表中id含有2022的数据，具体示例如下。

```
SELECT * FROM user WHERE id LIKE "%20
22%";
```

运行结束后，查询结果如图12.10所示。

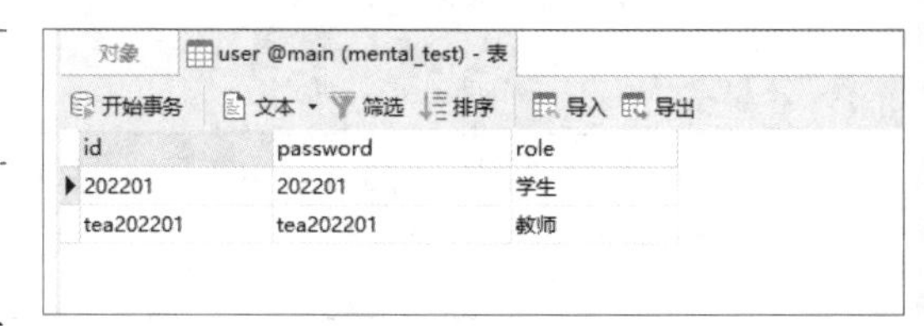

id	password	role
202201	202201	学生
tea202201	tea202201	教师

图 12.10　模糊查询结果

5．修改数据

通过UPDATE语句可以修改表中已有的数据，基本语法格式如下。

```
UPDATE table_name SET column1 = value1, column2 = value2,…,columnN = valueN
WHERE [condition];
```

将user表中用户名为202201的数据中的password修改为123456，具体示例如下。

```
UPDATE user SET password = "123456" WHERE id = "202201";
```

运行结束后，user表的内容如图12.11所示。

6．删除数据

通过DELETE语句可以删除表中已有的数据，基本语法格式如下。

```
DELETE FROM table_name WHERE [condition];
```

删除user表中用户名为tea202201的数据，具体示例如下。

```
DELETE FROM user WHERE id = "tea202201";
```

运行结束后，user表的内容如图12.12所示。

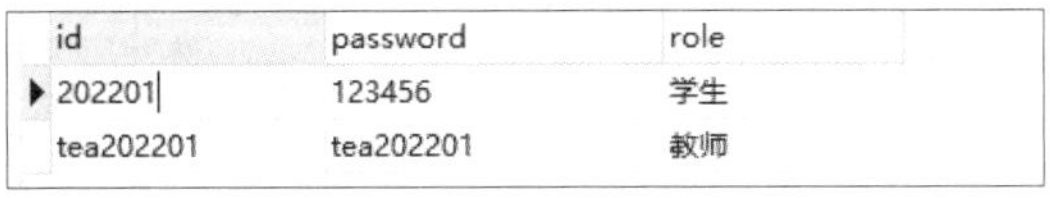

id	password	role
202201	123456	学生
tea202201	tea202201	教师

图 12.11 修改数据后 user 表的内容

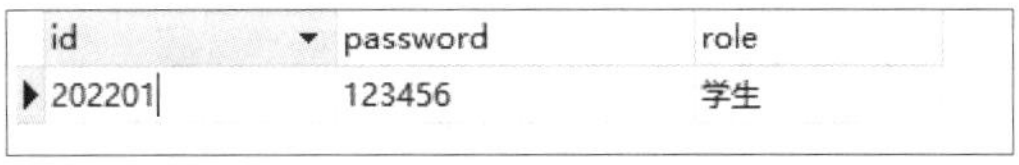

id	password	role
202201	123456	学生

图 12.12 删除数据后 user 表的内容

7. 排列数据

通过ORDER BY子句可以基于一个列或多个列按照升序或者降序顺序排列表中数据，基本语法格式如下。

```
SELECT column-list FROM table_name [WHERE condition] [ORDER BY column1,
column2,…,columnN] [ASC | DESC];
```

例如，设计一个学生考勤记录表record，记录学生的学号（student_id）、姓名（student_name）、签到时间（time），如图12.13所示。

将record表中的数据按照time字段从近到远进行排序，具体示例如下。

```
SELECT * FROM record ORDER BY time DESC
```

运行结束后，排序结果如图12.14所示。

对象 record @main (mental_test)...

开始事务 文本 筛选 排序 导入 导

student_id	student_name	time
202201	小千	2022-01-01 08:00:00
202202	小锋	2022-01-01 07:56:00
202203	小狮	2022-01-01 06:48:00
202204	小明	2022-01-01 07:36:00

图 12.13 record 表的内容

信息 结果 1

student_id	student_name	time
202201	小千	2022-01-01 08:00:00
202202	小锋	2022-01-01 07:56:00
202204	小明	2022-01-01 07:36:00
202203	小狮	2022-01-01 06:48:00

图 12.14 record 表的排序结果

12.2.4 项目数据库设计

本项目数据库的表结构如表12.2所示。

表12.2 项目数据库的表结构

数据表	字段	字段类型	说明
user（用户）表	id	TEXT PRIMARY KEY	用户名
	password	TEXT	密码
	role	TEXT	角色，管理员、教师或者学生
student(学生）表	id	TEXT PRIMARY KEY	学号
	name	TEXT	姓名
	grade	TEXT	年级
	class	TEXT	班级
	sex	TEXT	性别
teacher（教师）表	id	TEXT PRIMARY KEY	工号
	name	TEXT	姓名
	sex	TEXT	性别

续表

数据表	字段	字段类型	说明
questionaire（问卷）表	id	INTEGER PRIMARY KEY AUTOINCREMENT	唯一编号
	name	TEXT	问卷名称
questions（题目）表	question_id	INTEGER PRIMARY KEY AUTOINCREMENT	唯一编号
	questionaire_id	INTEGER	问卷编号
	number	INTEGER	题目序号
	title	TEXT	题目内容
option（选项）表	option_id	INTEGER PRIMARY KEY AUTOINCREMENT	唯一编号
	question_id	INTEGER	题目编号
	detail	TEXT	选项内容
	score	INTEGER	选项对应分值
record（记录）表	record_id	INTEGER PRIMARY KEY AUTOINCREMENT	唯一编号
	student_id	TEXT	学生学号
	teacher_id	TEXT	教师工号
	questionaire_id	INTEGER	问卷编号
	mental_score	INTEGER	心理测试分数
	mental_result	TEXT	心理测试结果
	test_time	TEXT	心理测试时间
	is_counsel	TEXT	是否已辅导
	suggestion	TEXT	咨询建议
	counsel_time	TEXT	咨询时间

对于本项目中的数据库，需要说明的有以下6点。

（1）AUTOINCREMENT表示字段自动递增，在添加数据时可以不填此字段，它会自动生成，比前一条记录加1。

（2）student表和teacher表中的id作为学生和教师的用户名使用，也就是说，与user表中的id相关联。

（3）questionaire表、questions表和option表分别用于管理心理测试问卷的问卷、题目和选项，一个问卷对应多个题目，一个题目对应多个选项。questionaire表中的id和questions表中的questionaire_id动态关联，questions表中的id和option表中的question_id相关联。

（4）record表用于记录学生心理测试情况和教师辅导情况。record表中的student_id与student表中的id相关联；record表中的teacher_id与teacher表中的id相关联；record表中的questionaire_id与questionaire表中的id相关联。

（5）user表中需要内置管理员的数据，本项目中设置管理员的id为“admin”，password为“123456”，role为“管理员”。

（6）心理测试问卷需要先内置在数据库中。本项目中采用抑郁症量表进行测试，questionaire表、questions表和option表的内容如图12.15所示。

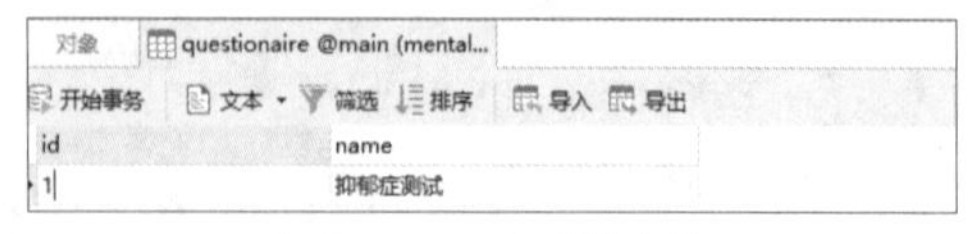

（a）questionaire表的内容

图 12.15　内置的心理测试问卷内容

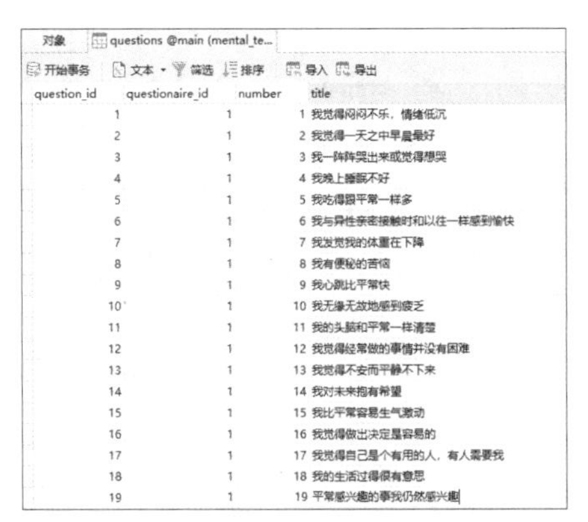

question_id	questionaire_id	number	title
1	1	1	我觉得闷闷不乐，情绪低沉
2	1	2	我觉得一天之中早晨最好
3	1	3	我一阵阵哭出来或觉得想哭
4	1	4	我晚上睡眠不好
5	1	5	我吃得跟平常一样多
6	1	6	我与异性亲密接触时和以往一样感到愉快
7	1	7	我发觉我的体重在下降
8	1	8	我有便秘的苦恼
9	1	9	我心跳比平常快
10	1	10	我无缘无故地感到疲乏
11	1	11	我的头脑和平常一样清楚
12	1	12	我觉得经常做的事情并没有困难
13	1	13	我觉得不安而平静不下来
14	1	14	我对未来抱有希望
15	1	15	我比平常容易生气激动
16	1	16	我觉得做出决定是容易的
17	1	17	我觉得自己是个有用的人，有人需要我
18	1	18	我的生活过得很有意思
19	1	19	平常感兴趣的事我仍然感兴趣

（b）questions表的内容

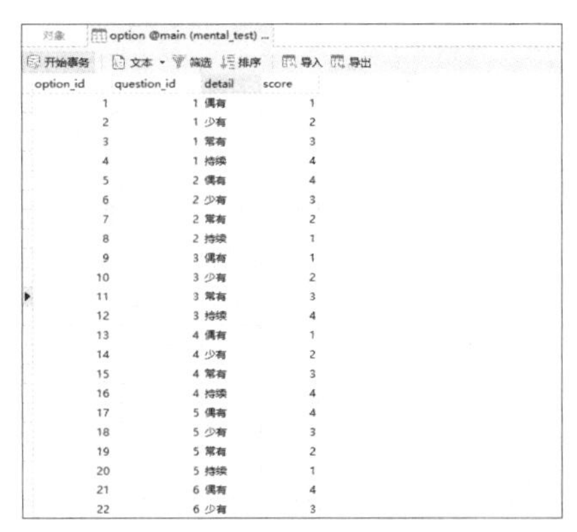

option_id	question_id	detail	score
1	1	偶有	1
2	1	少有	2
3	1	常有	3
4	1	持续	4
5	2	偶有	4
6	2	少有	3
7	2	常有	2
8	2	持续	1
9	3	偶有	1
10	3	少有	2
11	3	常有	3
12	3	持续	4
13	4	偶有	1
14	4	少有	2
15	4	常有	3
16	4	持续	4
17	5	偶有	4
18	5	少有	3
19	5	常有	2
20	5	持续	1
21	6	偶有	4
22	6	少有	3

（c）option表的部分内容

图 12.15 内置的心理测试问卷内容（续）

12.2.5 使用Python操作SQLite数据库

Python可以直接操作SQLite数据库，需要导入sqlite3库，具体代码如下。

```
import sqlite3
```

下面介绍连接数据库、Connection对象、Cursor对象和操作数据库的总体流程。

1．连接数据库

连接数据库需要使用connect()方法，具体语法格式如下。

```
sqlite3.connect(database)
```

connect()方法用于连接一个SQLite数据库文件database，如果给定的数据库文件database不存在，则会新建一个数据库。如果不希望在当前目录中创建数据库，则可以指定带有路径的文件名，在任意位置创建数据库。connect()方法连接数据库后会返回一个Connection对象。

2．Connection对象

Connection对象属于Connection类。Connection类是sqlite3模块中的最重要的类之一，其常用方法如表12.3所示。

表12.3　Connection类的常用方法

方法	说明
cursor()	返回连接的游标，即Cursor对象
commit()	提交当前事务，不提交则上一次调用commit()以来所做的任何动作都不会保存到数据库中
close()	关闭数据库连接

3．Cursor对象

Cursor对象属于Cursor类。Cursor类也是sqlite3模块中的最重要的类之一，其常用方法如表12.4所示。

表12.4　Cursor类的常用方法

方法	说明
execute(sql[,parameters])	执行一条SQL语句，该SQL语句可以参数化。sqlite3模块支持两种类型的占位符，即问号和命名占位符，例如，cursor.execute('select * from user where id= ?',(id,))
executemany(sql,seq_of_parameters)	对seq_of_parameters中的所有参数或映射执行一个SQL命令

续表

方法	说明
executescript(sql_script)	执行多条SQL语句
fetchone()	获取查询结果集中的一行，返回值为单一序列；当没有可用数据时，返回None
fetchmany(size=1)	获取查询结果集中的多行，返回一个列表；当没有可用数据时，返回空列表。size参数用于指定获取的行数
fetchall()	获取查询结果集中的所有（剩余）行，返回一个列表；当没有可用数据时，返回空列表

4．操作数据库的总体流程

操作数据库有以下5个基本步骤。

（1）连接数据库，并返回一个Connection对象。在项目目录下新建一个数据库文件mental_test.db，并进行连接，具体示例如下。

```
import sqlite3
con = sqlite3.connect("mental_test.db")
```

（2）通过Connection对象，创建一个Cursor对象，具体代码如下。

```
cursor = con.cursor()
```

（3）调用Cursor对象的excute()方法、excutemany()方法或excutescript()方法执行一行或多行SQL语句。查询user表中的数据，具体示例如下。

```
cursor.execute('select * from user ')
```

（4）如果执行的SQL语句是查询语句，则通过Cursor对象的fetchone()方法、fetchmany()方法或fetchall()方法获取查询结果；如果执行的SQL语句是添加、修改或者删除数据的SQL语句，则需要通过Connection对象的commit()方法向数据库提交修改。获取user表中查询后的所有数据，具体示例如下。

```
result_list = cursor.fetchall()
```

（5）关闭数据库，具体代码如下。

```
con.close()
```

例12-4　使用Python向user表中插入数据。

```
1   import sqlite3
2   con = sqlite3.connect("mental_test.db")
3   cursor = con.cursor()
4   id,password,role = "202203","202203","学生"
5   cursor.execute(f'INSERT INTO user (id,password,role) VALUES ("{id}","{passwor
d}","{role}")')
6   con.commit()
7   con.close()
```

程序运行结束后，user表中成功添加了一行数据。需要注意的是，execute()方法可以通过用问号占位的方式传参，但例12-4展示了另一种方法，即通过f字符串向SQL语句中传参，本项目将主要采用此方式。

12.3 PyQt6 GUI设计

12.3.1 PyQt6简介

Qt是C++语言编写的跨平台GUI库。图形用户界面（Graphical User Interface，GUI）是使用户能通过图像或图形与设备进行交互的程序接口。PyQt是Qt框架的Python语言实现，既保留了Qt的高运行速率，又提高了开发效率，几乎能实现Qt的所有功能。为什么要开发GUI呢？GUI在过去的一段时间是主流应用，但是Web应用因其不用安装可直接在浏览器中运行的优势，在近几年格外流行。但是实际上，Web应用浏览器部分的逻辑代码大多以JavaScript语言编写，运行效率较低，且无法完全控制本机硬件，如摄像头、蓝牙设备、打印机等，而Web应用的劣势恰好是GUI的强项，故GUI仍会占有重要的地位。

在Python中，实现GUI编程的不仅有PyQt，还有Tkinter、PySide等，但是Tkinter不具有类似PyQt的Qt Designer工具（UI设计工具，可视化创建UI文件，并能通过工具快速编译Python文件，即自动生成UI代码），而PySide的官方文档不够细致，使用者不够多，故本项目选择使用PyQt实现GUI。目前PyQt已经更新到PyQt6版本，以下将使用此最新版本进行讲解。

12.3.2 PyQt6的安装与配置

PyQt6是Python的第三方库。对PyQt6以及Qt Designer进行安装，需要使用pip工具，具体代码如下（注意：两行代码逐句执行）。

```
pip install PyQt6
pip install PyQt6-tools
```

在PyQt6及其工具安装完成后，需要对其操作工具designer.exe（即Qt Designer）以及pyuic6.exe进行配置。其中designer.exe用于可视化设计GUI，pyuic6.exe用于将可视化GUI文件转化为Python代码。配置两个工具的步骤如下。

（1）在PyCharm的项目开发界面中单击“File”→“Setting”，如图12.16所示。

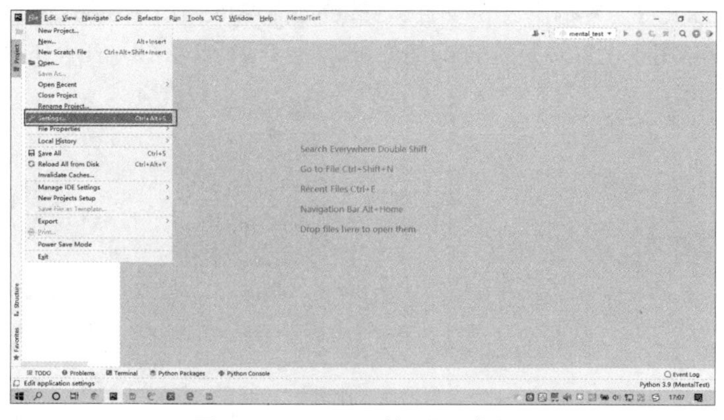

图 12.16　PyCharm 的项目开发界面

（2）在弹出的对话框中，单击“Tools”→“External Tools”，然后在右侧单击“ + ”按钮，开始添加工具，如图12.17所示。

（3）配置designer.exe工具：第一步，需要命名并描述此工具，此处均设置为QtDesigner；第二步，设置工具所在路径，本项目的项目路径为“C:\MentalTest”，designer.exe的路径为“C:\

MentalTest\venv\Lib\site-packages\qt6_applications\Qt\bin\designer.exe”；第三步，设置designer.exe可视化设计后保存.ui文件的位置，选择项目所在的目录。具体配置过程如图12.18所示。

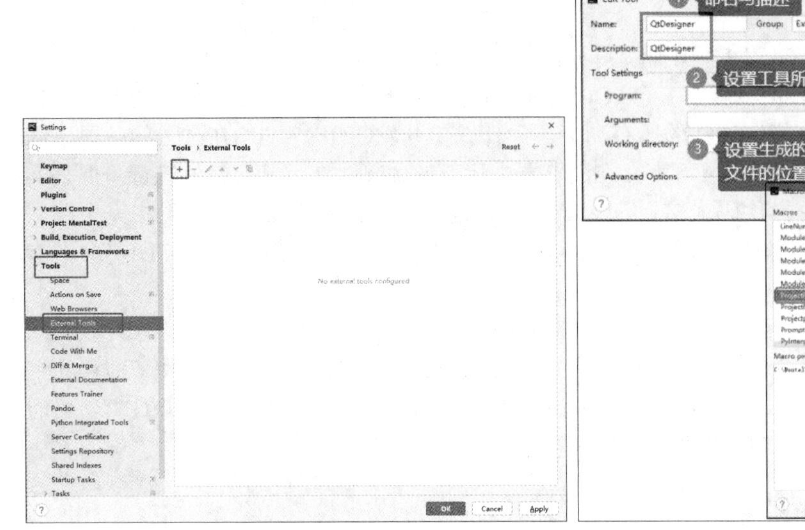

图 12.17　配置 External Tools

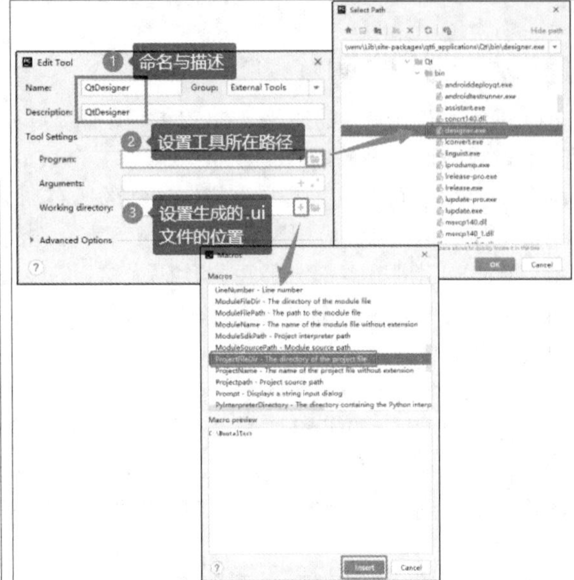

图 12.18　配置 designer.exe

配置完成后，各项的填写情况如图12.19所示。

（4）配置pyuic6.exe的步骤与designer.exe类似，各项的填写情况如图12.20所示。

图12.20中各项参数如下。

Name/Description：Ui2Py。

Program：C:\MentalTest\venv\Scripts\pyuic6.exe。

Auguments：$FileName$ -o $FileNameWithoutExtension$.py –x。

Working directory：$FileDir$。

需要说明的是，Auguments参数用于设置.ui文件转化为.py文件的文件名，其中$FileName$表示.ui文件名称，-o表示将.ui文件内容输出为.py文件，$FileNameWithoutExtension$.py表示输出的.py文件的扩展名由.ui变为.py，-x用于设置转换后的.py文件可以直接运行，去掉-x表示.py文件中只有设计的控件类，没有可执行语句。

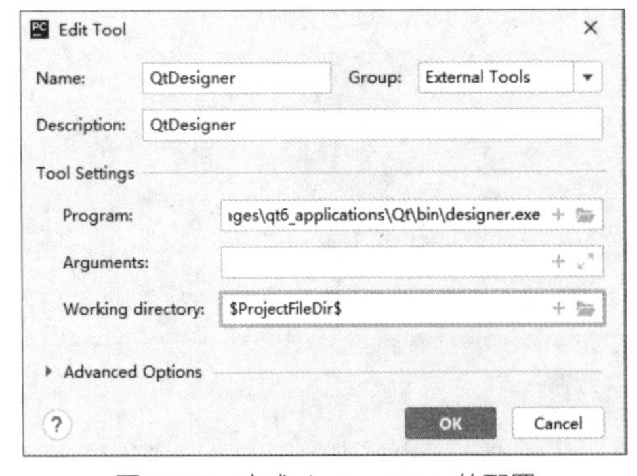

图 12.19　完成 designer.exe 的配置

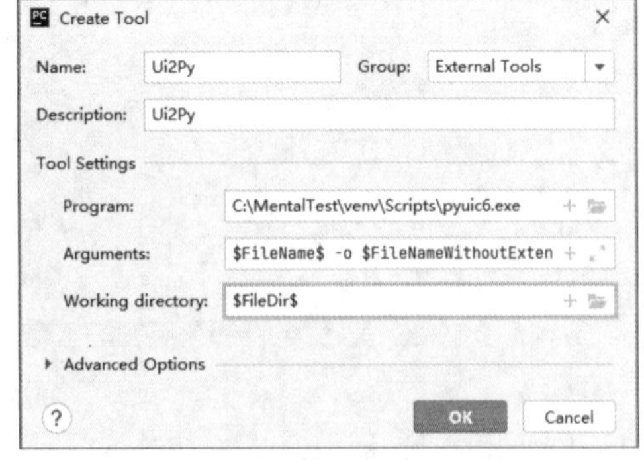

图 12.20　完成 pyuic6.exe 的配置

至此，PyQt6的安装与配置已经完成。下面讲解Qt Designer的使用。

12.3.3 Qt Designer的使用

本节将介绍Qt Designer的使用，分为5个方面：打开Qt Designer工具、Qt Designer界面说明、Qt Designer界面布局、.ui文件转换为.py文件、生成的.py文件的结构说明。

1．打开Qt Designer工具

配置好Qt Designer工具后，在PyCharm中右键单击项目名称，在弹出的快捷菜单中选择“External Tools”→“QtDesigner”，如图12.21所示。

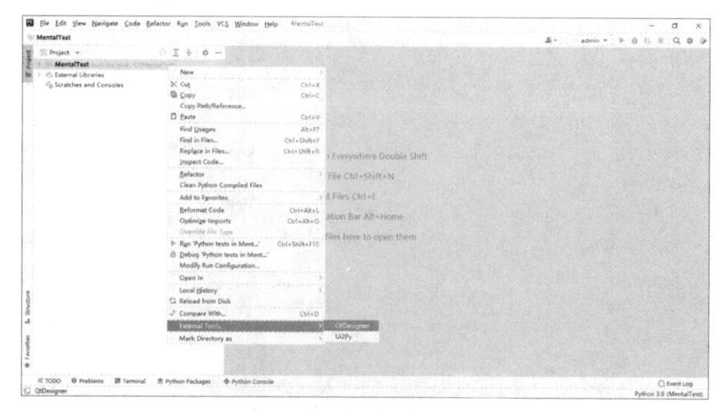

图 12.21　打开 Qt Designer 工具

Qt Designer界面如图12.22所示。

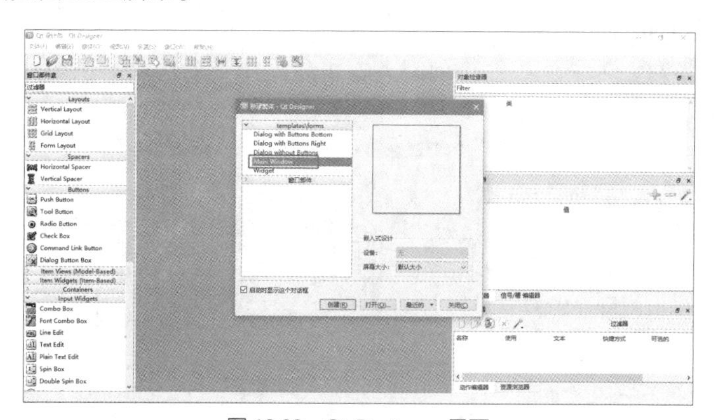

图 12.22　Qt Designer 界面

2．Qt Designer界面说明

选择图12.22中的“Main Window”选项，打开一个主窗口，保存文件并命名为“main.ui”，如图12.23所示。

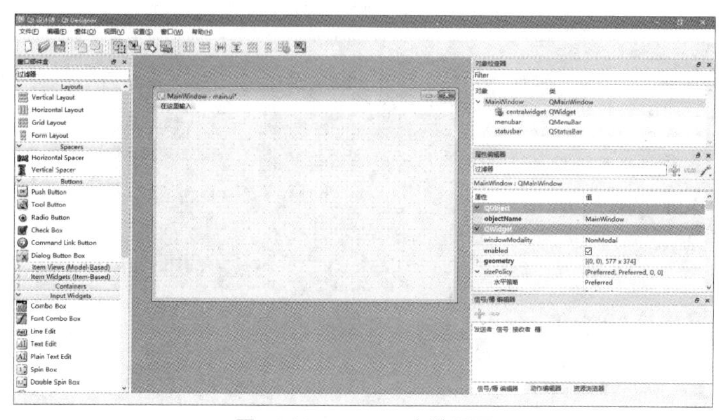

图 12.23　main.ui 文件界面

下面对此界面的各个部分进行说明，如图12.24所示。

① 主窗口：可以将控件拖至此处，进行UI设计。

② 窗口部件盒：提供了很多控件，具有不同的功能，如文本框、按钮、表格等。

③ 对象检查器：可以查看主窗口中放置的控件列表。

④ 属性编辑器：提供了对窗口、控件、布局的属性编辑功能。

⑤ 信号/槽编辑器：用于添加或编辑自定义的信号与槽函数（资源编辑器用于为控件添加图片）。

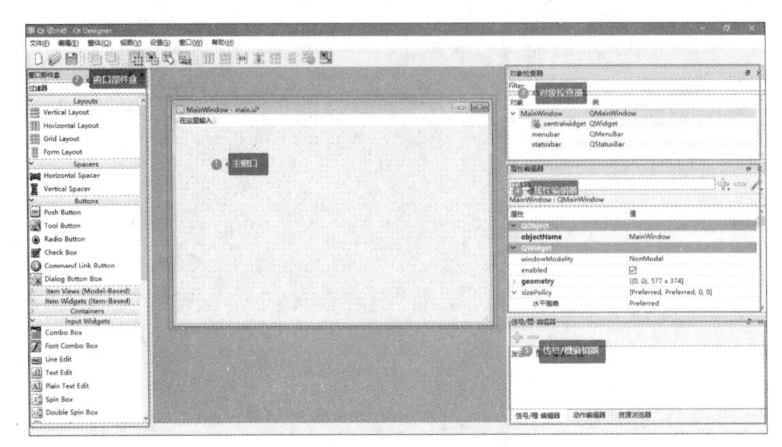

图 12.24　main.ui 文件界面说明

3．Qt Designer界面布局

当窗口中控件较多时，为了使控件排列整齐，可以使用布局功能。例如，设计一个用户登录界面，如图12.25所示。

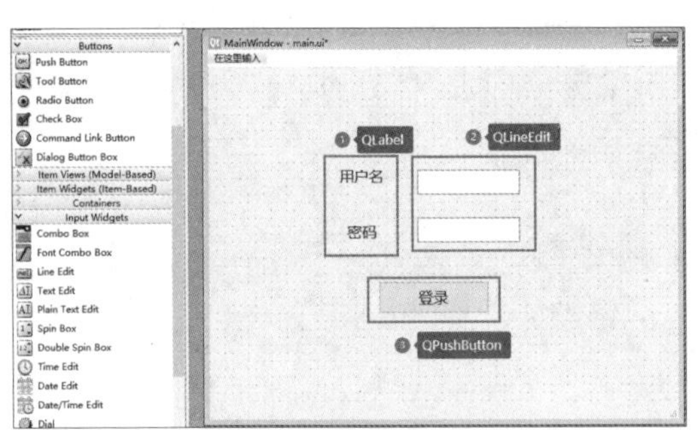

图 12.25　用户登录界面

在图12.25中可以看到，控件的摆放很混乱，此时可以对文本“用户名”“密码”及其对应的输入框使用栅格布局，如图12.26所示。

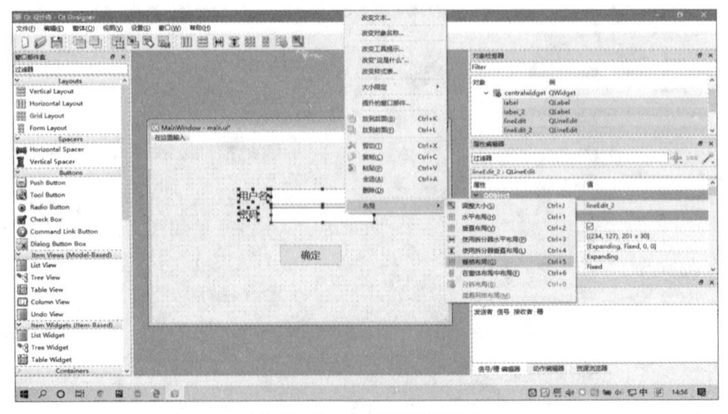

图 12.26　设置栅格布局

按住Ctrl键的同时用鼠标左键选中控件，右键单击控件，在弹出的快捷菜单中，可以对控件设置水平布局、垂直布局和栅格布局等。在栅格布局中可以通过弹簧对控件间距进行调整，如图12.27所示。

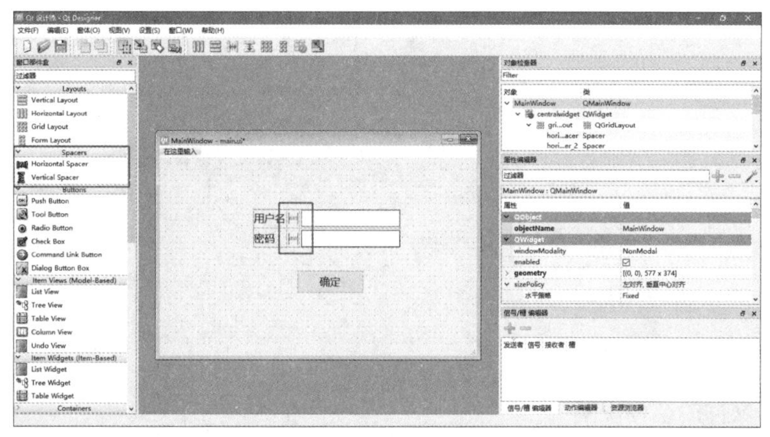

图 12.27 在栅格布局中使用弹簧

对窗口中的控件整体进行栅格布局设计，可以使控件自适应窗口大小。例如，设计一个学生信息管理界面，如图12.28所示。

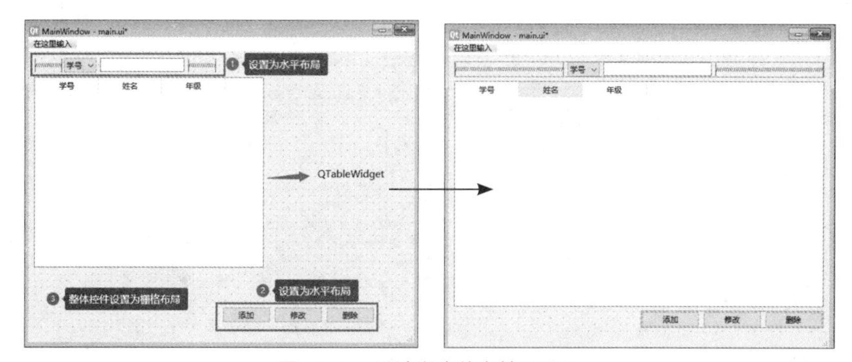

图 12.28 设计学生信息管理界面

在菜单栏中选择“窗体”→“预览”或者使用Ctrl+R快捷键对窗口进行预览，如图12.29所示。

（a）原预览图

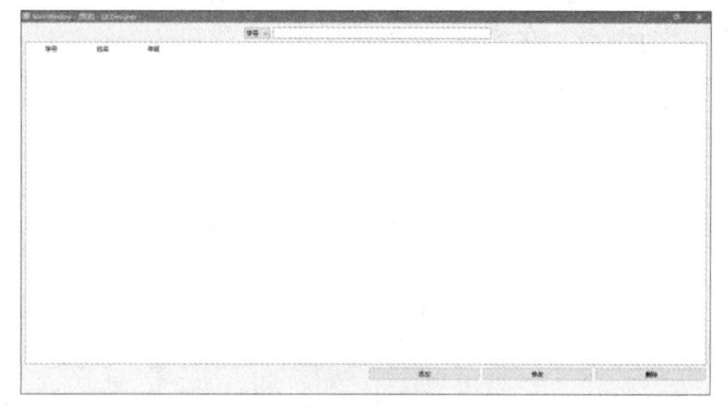

（b）最大化后的预览图

图 12.29 学生信息管理界面预览图

4．.ui文件转换为.py文件

将已经创建的main.ui文件转换为main.py文件。右键单击main.ui文件，选择“External Tools”→“Ui2Py”，即可在项目所在目录下生成main.py文件，如图12.30所示。

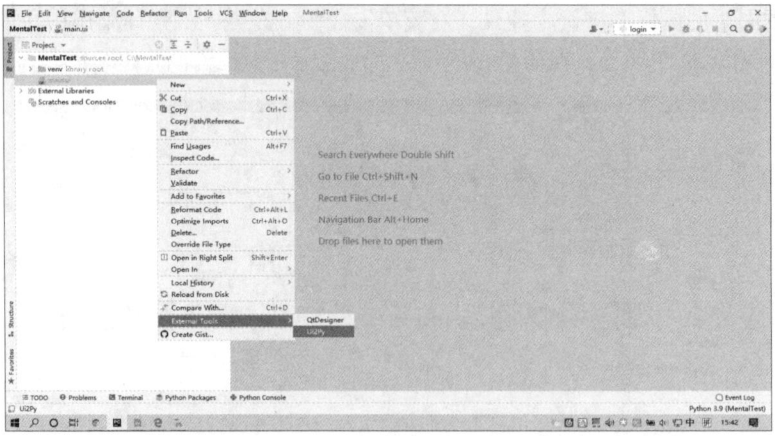

图 12.30　将 main.ui 文件转换为 main.py 文件

5．生成的.py文件的结构说明

main.py文件的结构如图12.31所示。

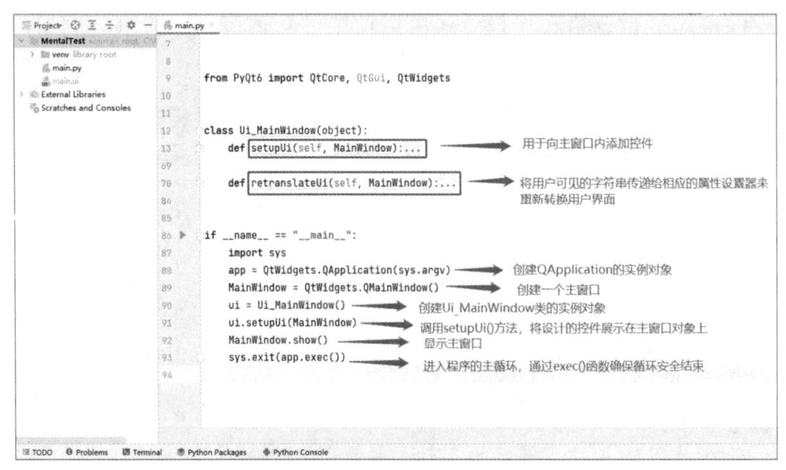

图 12.31　main.py 文件的结构

需要注意的是，if __name__ == "__main__"下的代码即12.3.2小节中配置pyuic6.exe时Auguments参数中加入-x生成的。在实际编程中，可以将main.py文件作为模块导入其他文件，通过与if __name__ == "__main__"下的代码类似的操作，调用创建主窗口以及Ui_MainWindow类的实例对象的方法，实现界面UI设计的展示以及界面与逻辑的分离。

12.3.4　项目中PyQt6控件的使用

PyQt6中存在QMainWindow（主窗口）类、QWidget（窗口）类、QDialog（对话框）类、按钮类、文本框类等丰富多样的控件，详细介绍参见附录。此处仅介绍本项目中使用的控件及方法。

QMainWindow、QWidget和QDialog三个类都用于创建窗口。其中QMainWindow类创建的主窗口可以包含菜单栏、工具栏、状态栏等，是最常见的窗口形式。QDialog类是对话框窗口的基类，用于执行短期任务，或者与用户进行交互。可能作为顶层窗口也可能嵌入其他窗口的情况下使用QWidget类。本项目的窗口大多使用QWidget类和QDialog类，还使用了QDialog类的子类QMessageBox类，下面进行详细介绍。

1．QWidge类

QWidget类是所有用户界面的基类，所有的窗口和控件都直接或间接继承自QWidget类。窗口是程序的整体界面，包含最小化按钮、最大化按钮、关闭按钮等，控件指按钮、文本框、表格、进度条等基本元素。QWidget类的常用方法如表12.5所示。

表12.5 QWidget类的常用方法

类别	方法	说明
窗口设置	show()	显示窗口
	hide()	隐藏窗口
	close()	关闭窗口
	x()、y()	获取窗口左上角的坐标
几何设置	width()、height()	客户区（窗口除标题和边框外的区域）的宽度和高度
	setGeometry(QRect(x,y,width,height))	参数为QRect类的对象，用于改变客户区的大小和位置，设置窗口左上角坐标为(x,y)，设置宽高为width和height
	geometry()	获取客户区的大小和位置
	resize(width,height)	改变客户区的大小，宽为width，高为height
	size()	获取客户区的大小
	move(x,y)	设置窗口的位置
顶层设置	setWindowTitle(str)	设置窗口标题为str
	setWindowIcon(QIcon)	参数为QIcon类的对象，用于设置程序图标

2. QDialog类

QDialog类用于创建对话框，通过一系列对话框完成特定场景下的功能。其常用方法如表12.6所示。

表12.6 QDialog类的常用方法

方法	说明
setWindowTitle()	设置对话框标题
setWindowModality()	设置窗口模态，取值如下。 Qt.WindowModality.NonModal：非模态，可以与其他窗口交互。 Qt.WindowModality.WindowModal：窗口模态，阻止与其父窗口进行交互。 Qt.WindowModality.ApplicationModal：应用程序模态，阻止与其他所有窗口进行交互

3. QMessageBox类

QMessageBox类是QDialog类的继承类，它是一种通用的弹出式对话框，用于通知用户或请求用户提问和接收应答。QMessageBox类支持4种预定义的消息类型，它们仅在各自显示的预定义图标上有所不同。4种消息类型及显示效果如表12.7所示。

表12.7　　　　QMessageBox类的4种消息类型及显示效果

方法	说明	示例	显示效果
information(QWidget,title,text,buttons,defaultButton)	消息对话框，参数含义如下。 QWidget：指定的父窗口控件。 title：对话框标题。 text：对话框文本。 buttons：多个标准按钮，默认为"Yes"按钮。 defaultButton：默认选中的标准按钮，默认值为第一个标准按钮	QMessageBox.information(self,"提示","消息对话框",QMessageBox.StandardButton.Yes|QMessageBox.StandardButton.No)	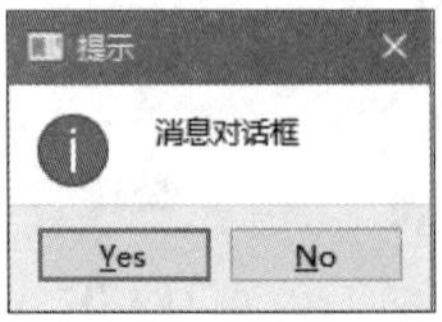
question(QWidget,title,text,buttons,defaultButton)	提问对话框，参数解释同information()	QMessageBox.question(self,"提问","提问对话框",QMessageBox.StandardButton.Yes|QMessageBox.StandardButton.No)	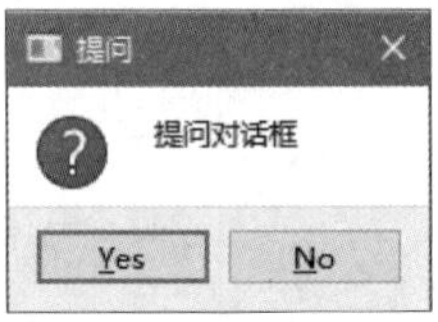
warning(QWidget,title,text,buttons,defaultButton)	警告对话框，参数解释同information()	QMessageBox.warning(self,"警告","警告对话框",QMessageBox.StandardButton.Yes|QMessageBox.StandardButton.No)	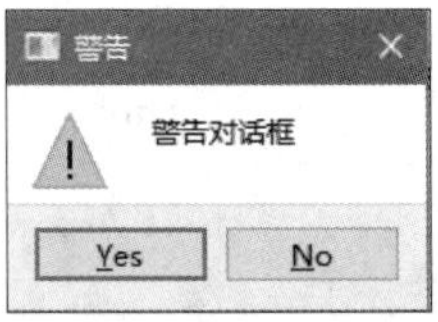
critical(QWidget,title,text,buttons,defaultButton)	严重错误对话框，参数解释同information()	QMessageBox.critical(self,"严重错误","严重错误对话框",QMessageBox.StandardButton.Yes|QMessageBox.StandardButton.No)	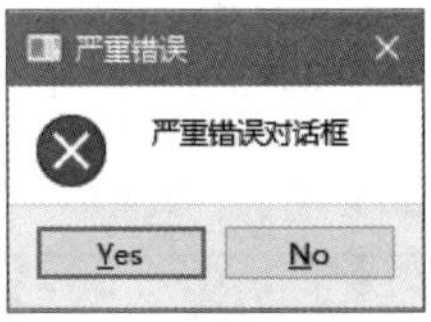

需要注意的是，标准按钮可以设置多个，标准按钮之间以管道符"|"连接。表12.7中的QMessageBox.StandardButton.Yes和QMessageBox.StandardButton.No分别表示同意操作和取消操作，除此之外还有QMessageBox.StandardButton.Ok（同意操作）、QMessageBox.StandardButton.Cancel（取消操作）等常用标准按钮。

在窗口中实现信息的显示、输入以及交互等需要用到标签、文本框、按钮、下拉列表框、表格等控件，下面进行详细介绍。

1．标签控件

QLabel类用于创建标签对象，可以显示不可编辑的文本、图片、动图等。其常用方法如表12.8所示。

表12.8　　　　QLabel类的常用方法

方法	说明
setText(str)	设置标签的文本内容为str
text()	返回标签的文本内容

2．文本框类控件

（1）QLineEdit类

QLineEdit类用于创建单行文本框控件，用于输入单行字符串，输入多行字符串需要使用QTextEdit类。QLineEdit类的常用方法如表12.9所示。

表12.9　QLineEdit类的常用方法

方法	说明
setText(str)	设置文本框的文本内容为str
text()	返回文本框的文本内容
setEchoMode()	设置文本框显示格式，文本显示格式的值如下。 QLineEdit.EchoMode.Normal：正常显示输入的字符，为默认选项。 QLineEdit.EchoMode.NoEcho：不显示任何输入的字符，常用于密码的输入，且其密码长度需要保密。 QLineEdit.EchoMode.Password：显示平台相关的密码掩码字符而不是实际输入的字符。 QLineEdit.EchoMode.PasswordEchoOnEdit：在编辑时显示字符，用于密码类型的输入
setReadOnly()	设置文本框为只读的，参数为True或False，其中True为只读，False为不是只读

（2）QTextEdit类

QTextEdit类用于创建多行文本框控件，用于显示多行文本内容，当文本内容超出控件显示范围时，可以显示水平和垂直滚动条。QTextEdit类的常用方法如表12.10所示。

表12.10　QTextEdit类的常用方法

方法	说明
setPlainText(str)	设置多行文本框的文本内容为str
toPlainText()	返回多行文本框的文本内容

3．按钮类控件

按钮是GUI中重要且常用的触发动作请求的方式，用来与用户进行交互。按钮的基类是QAbstractButton类，其提供了按钮的通用性功能。常用的按钮类包括QPushButton类、QRadio Button类、QToolButton类、QCheckBox类等，它们均继承于QAbstractButton类。以下将详细介绍本项目使用的前两个类。

（1）QPushButton类

QPushButton类用于创建长方形的按钮，可以显示文本、图标等，单击按钮可以执行相应的命令或者响应事件。其常用方法如表12.11所示。

表12.11　QPushButton类的常用方法

方法	说明
setText(str)	设置按钮的显示文本为str
text()	返回按钮的显示文本

为了使按钮操作方便，可以为QPushButton类设置快捷键。设置快捷键需要使用方法setShortcut()。以下列举常用的快捷方式。

```
#Key_后加某个键名一般可以把某个键作为快捷键
pushButton.setShortcut(Qt.Key.Key_Return)                #回车键作为快捷方式
pushButton.setShortcut(Qt.Key.Key_Tab)                   #Tab键作为快捷方式
#组合键可以用引号来表示，注意与其他快捷键是否冲突
pushButton.setShortcut("Alt+S")                          #以Alt+S键作为快捷方式
```

（2）QRadioButton类

QRadioButton类用于创建单选按钮，为用户提供多选一的功能。QRadioButton类创建的单选按钮默认是独占的（Exclusive），继承自同一父类Widget类的多个单选按钮属于同一个按钮组合。在单选按钮组合中，一次只能选择一个单选按钮。如果需要多个按钮组合，则需要将它们放在QGroupBox类或QButtonGroup类中。QRadioButton类的常用方法如表12.12所示。

表12.12　QRadioButton类的常用方法

方法	说明
setText(str)	设置单选按钮的显示文本为str
text()	返回单选按钮的显示文本
isChecked()	返回单选按钮的状态，返回值为True或False
setChecked(bool)	设置单选按钮的状态，True为选中，False为未选中
setAutoExclusive(bool)	设置自动排它特性，为True时表示属于同一父类的按钮任何时候只能选中一个

4．下拉列表框控件

QComboBox类用于创建下拉列表框，集按钮和下拉选项于一体。其常用方法如表12.13所示。

表12.13　QComboBox类的常用方法

方法	说明
addItem(str)	将给定的字符串str添加到下拉选项中
addItems(Iterable)	将给定Iterable中的每个字符串依添加到下拉选项中
currentText()	返回选中选项的文本
currentIndex()	返回选中选项的索引

5．表格控件

QTableWidget类用于创建数据表格，每一个单元数据通过QTableWidgetItem对象实现。其常用方法如表12.14所示。

表12.14　QTableWidget类的常用方法

方法	说明
setRowCount()	设置表格的行数
setColumnCount()	设置表格的列数
setItem(int,int,QTableWidgetItem)	在表格中的指定单元格处添加数据，通常是文本、图标、复选框等，前两个参数分别表示行和列
setCellWidget(int,int,QWidget)	在表格中的指定单元格处添加控件，前两个参数分别表示行和列，第三个参数为添加的控件
setEditTriggers()	设置表格是否可编辑，设置编辑规则枚举值，常用类型如下。 QAbstractItemView.EditTrigger.NoEditTriggers：不能对表格内容进行修改。 QAbstractItemView.EditTrigger.CurrentChanged：任何时候可修改。 QAbstractItemView.EditTrigger.DoubleClicked：双击时修改
setSelectionBehavior()	设置表格的选择行为，常用行为如下。 QAbstractItemView.SelectionBehavior.SelectItems：选中单元格。 QAbstractItemView.SelectionBehavior.SelectRows：选中一行。 QAbstractItemView.SelectionBehavior.SelectColumns：选中一列

6．列表控件

QListWidget类用于创建数据列表，可以添加或删除列表条目，列表中的每个条目都是一个QListWidgetItem对象。其常用方法如表12.15所示。

表12.15　QListWidget类的常用方法

方法	说明
addItem()	在列表中添加QListWidgetItem对象或字符串
item(int)	如果指定列存在，则返回指定列的内容，否则返回Null
row(QListWidgetItem)	返回指定项目所在的行

7．时间控件

QDateTimeEdit类用于创建编辑日期时间的控件，可以使用键盘的上下方向键来增加或者减小日期时间值。其常用方法如表12.16所示。

表12.16　QDateTimeEdit类的常用方法

方法	说明
setDisplayFormat()	设置时间日期格式。 yyyy：代表年份，4位数的数值。 MM：代表月份，取值范围为01~12。 dd：代表日，取值范围为01~31。 HH：代表小时，取值范围为00~23。 mm：代表分钟，取值范围为00~59。 ss：代表秒，取值范围为00~59
setDateTime(Union[QDateTime, datetime.datetime])	设置具体的时间和日期，参数为QDateTime类

12.3.5 项目中PyQt6信号与槽的使用

信号（Signal）和槽（Slot）是Qt的核心机制，也同样适用于PyQt中对象之间的通信，所有继承于QWidget类的控件都支持信号与槽。当信号发射时，连接的槽函数会自动执行，在PyQt6中信号与槽通过object.signal.connect()方法连接。一个信号可以连接多个槽，一个信号可以连接另一个信号，一个槽可以监听多个信号。信号与槽有完整的机制和广泛的应用，本项目中仅使用了PyQt6中的内置信号，未进行信号的自定义。以下将针对本项目中使用的信号与槽的相关知识进行讲解，具体分为3个方面。

1．内置信号和槽函数的连接

内置信号有多种形式，如标题改变（windowTitleChanged）、文本内容改变（textChanged）、按钮被单击（clicked）、按钮被按下（pressed）等。项目中最常用的是按钮被单击（clicked）信号，下面以单击按钮时关闭窗口为例，演示内置信号与槽函数的连接。

例12-5　单击按钮时关闭窗口。

```
1    class MyWidget(QWidget):
2        def __init__(self):
3            QWidget.__init__(self)                  #继承父类QWidget的属性、方法等
4            self.resize(300,100)                    #设置窗口大小
5            self.setWindowTitle("内置信号与槽函数的连接")    #设置窗口标题
6            button = QPushButton(self)              #创建一个按钮
7            button.setText("这是一个按钮")            #设置按钮的显示文本
8            # 建立信号与槽之间的连接，信号为clicked，槽函数仅传递函数名，即窗口关闭函数
```

```
close()的函数名close
9           button.clicked.connect(self.close)
10  if __name__ == '__main__':
11      app = QApplication(sys.argv)
12      window = MyWidget()                          #创建自定义的窗口类MyWidget
13      window.show()                                #显示窗口
14      sys.exit(app.exec())                         #确保窗口主循环安全结束
```

程序运行结束后，出现窗口，如图12.32所示。

在例12-5中，button按钮的clicked信号与窗口的close()函数连接在了一起，即信号与槽函数的连接，见第9行代码，连接时仅需要传递槽函数的函数名“close”。建立连接后，单击按钮，窗口就会关闭。

图 12.32　运行结束后的窗口显示

2．内置信号和自定义槽函数的连接

可以自定义槽函数与信号的连接，例如，定义一个槽函数，当发出按钮被单击信号时，使窗口的标题变为“按钮已单击”。

例12-6　单击按钮时，改变窗口标题为“按钮已单击”。

```
1   from PyQt6.QtWidgets import *
2   import sys
3   class MyWidget(QWidget):
4       def __init__(self):
5           QWidget.__init__(self)
6           self.resize(400,100)
7           self.setWindowTitle("内置信号与自定义槽函数的连接")
8           button = QPushButton(self)
9           button.setText("单击按钮改变窗口标题")
10          #clicked信号与槽函数button_change连接
11          button.clicked.connect(self.button_change)
12      def button_change(self):
13          self.setWindowTitle("按钮已单击")
14  if __name__ == '__main__':
15      app = QApplication(sys.argv)
16      window = MyWidget()
17      window.show()
18      sys.exit(app.exec())
```

程序运行结束后，出现窗口，单击按钮后，标题变为“按钮已单击”，如图12.33所示。

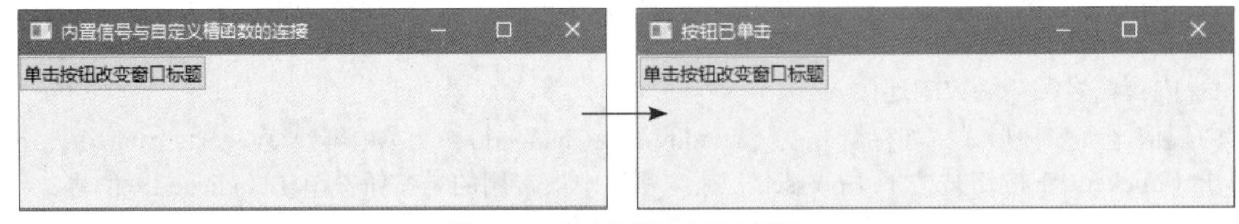

图 12.33　单击按钮改变窗口标题

在例12-6中，自定义槽函数button_changed()，函数内容是设置窗口标题为“按钮已单击”，将按钮的clicked信号与此槽函数连接后，单击按钮就会执行此槽函数。当槽函数中的语句仅有一行时，可以将槽函数写成匿名函数的形式，例12-6代码中的第11~13行可以替换为以下代码。

```
button.clicked.connect(lambda : self.setWindowTitle("按钮已单击"))
```

3．槽函数的传参

槽函数的传参可以使用functools模块中的partial对象，其基本语法格式如下。

```
from functools import partial
partial(func[,*args][, **keywords])
```

其中func为函数名，*args和**keywords为向函数func()传递的参数。例如，单击按钮触发槽函数，槽函数设置为将用户姓名“小千”传入其中，改变标题为“小千，你好!”。

例12-7 单击按钮时，改变窗口标题为“小千，你好!”。

```
1   from PyQt6.QtWidgets import *
2   from functools import partial
3   import sys
4   class MyWidget(QWidget):
5       def __init__(self):
6           QWidget.__init__(self)
7           self.resize(300,100)
8           self.setWindowTitle("槽函数的传参")
9           button = QPushButton(self)
10          button.setText("单击按钮改变窗口标题")
11          # clicked信号与槽函数button_change()连接
12          button.clicked.connect(partial(self.button_change,"小千"))
13      def button_change(self,name):
14          self.setWindowTitle(f"{name}，你好！")
15  if __name__ == '__main__':
16      app = QApplication(sys.argv)
17      window = MyWidget()
18      window.show()
19      sys.exit(app.exec())
```

程序运行结束后，出现窗口，单击按钮后，标题变为“小千，你好!”，如图12.34所示。

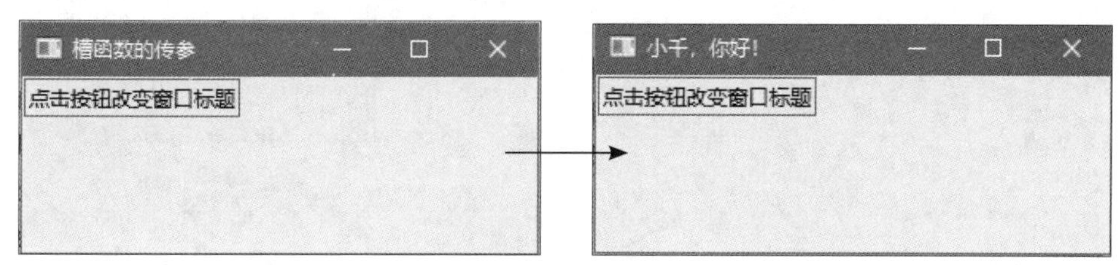

图 12.34 单击按钮改变窗口标题为“小千，你好！”

例12-7实现了向槽函数的传参，见第12行代码。建立信号与槽的连接时，通过partial对象向槽函数传入参数“小千”。

12.3.6 项目界面设计

本节将对项目的界面设计进行介绍，主要包括项目界面所用控件、布局以及界面之间的关系。注意：项目中所有的对话框均选择应用程序模态（ApplicationModel），阻止和其他所有窗口进行交互，以下不再进行说明。项目界面间的关系如图12.35所示。

1. 用户登录界面

用户登录界面以管理员登录则跳转用户管理界面，以学生登录则跳转学生心理自测界面，以心理教师登录则跳转心理教师辅导界面。用户登录界面存放在login.ui文件中（对应于login.py文件），其控件及布局如图12.36所示。

用户登录界面

用户管理界面

学生心理自测界面

心理教师辅导界面

图 12.35　项目界面间关系

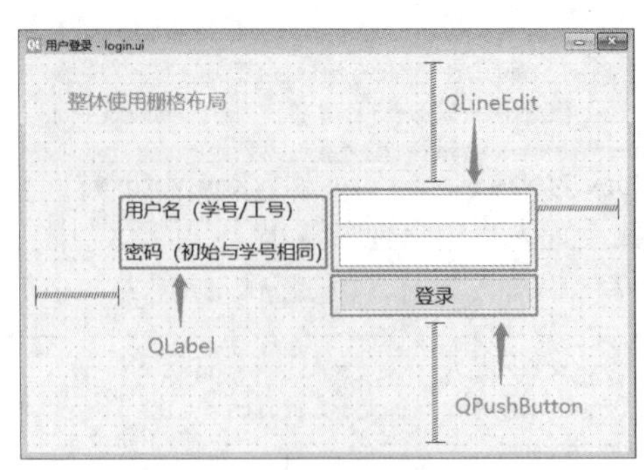

图 12.36　用户登录界面的控件及布局

2．用户管理界面

用户管理界面用于管理心理教师和学生的信息，可以进行添加、编辑和删除操作。单击“搜索”按钮可以按照条件对记录进行检索并显示在表格中。用户管理界面存放于admin.ui文件中（对应于admin.py文件），其控件及布局如图12.37所示（心理教师和学生的用户管理界面类似，以下仅详细展示心理教师的用户管理界面设计）。

选中一列数据，单击“删除”按钮即可对数据项进行删除。单击“添加”按钮或“编辑”按钮，会弹出可以编辑教师或学生信息的对话框。对话框存放于teacher_detail.ui和student_detail.ui文件中（对应于teacher_detail.py和student_detail.py文件），其控件及布局如图12.38所示。

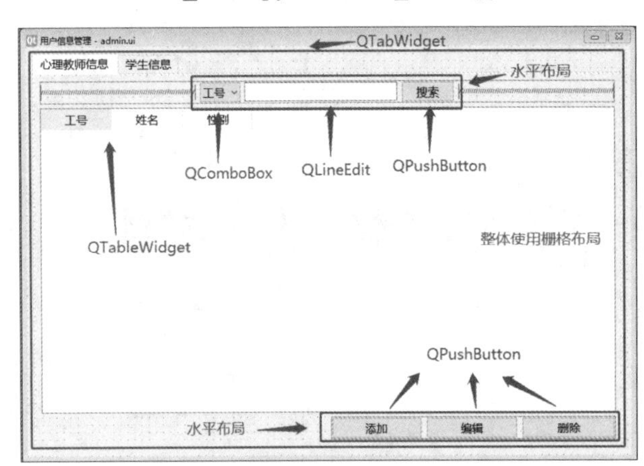

图 12.37　用户管理界面的控件及布局

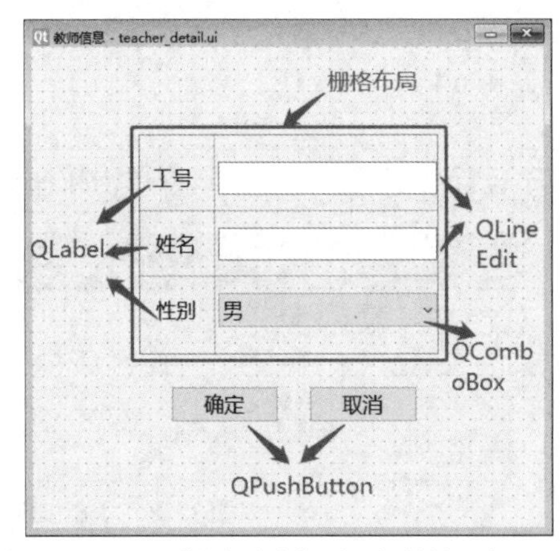

图 12.38　“教师信息”对话框控件及布局

3．学生心理自测界面

学生心理自测界面用于学生进行心理自测、对自测结果进行查看以及学生修改登录密码。学生心理自测界面存放于student.ui文件中（对应于student.py文件），其控件及布局如图12.39所示。

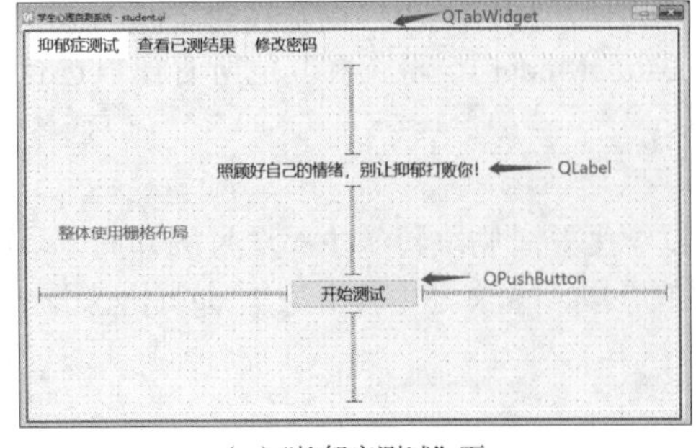

（a）“抑郁症测试”页

（b）“查看已测结果”页

图 12.39　学生心理自测界面的控件及布局

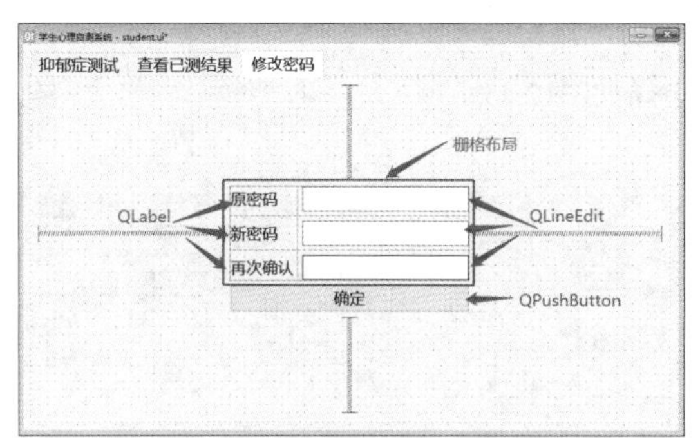

（c）“修改密码”页

图 12.39　学生心理自测界面的控件及布局（续）

切换到“抑郁症测试”页，单击“开始测试”按钮，即会出现心理测试题目及选项，如图12.40所示。

当测试结果是有抑郁倾向时，会出现“选择辅导老师”按钮，如图12.41所示。

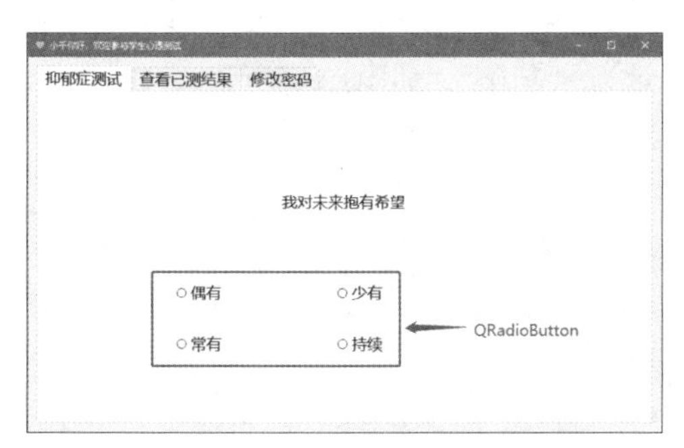

图 12.40　心理测试题目及选项

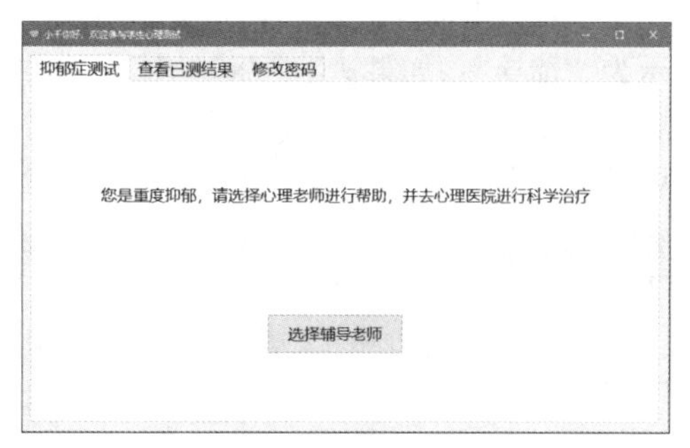

图 12.41　“选择辅导老师”按钮

单击图12.41中的“选择辅导老师”按钮，会弹出选择辅导老师的对话框。对话框存放于choice_teacher.ui文件中（对应于choice_teacher.py文件），其控件及布局如图12.42所示。

对于“查看已测结果”页，将表格最后一列“查看详情”设置为按钮控件，显示文本为“查看”，如图12.43所示。

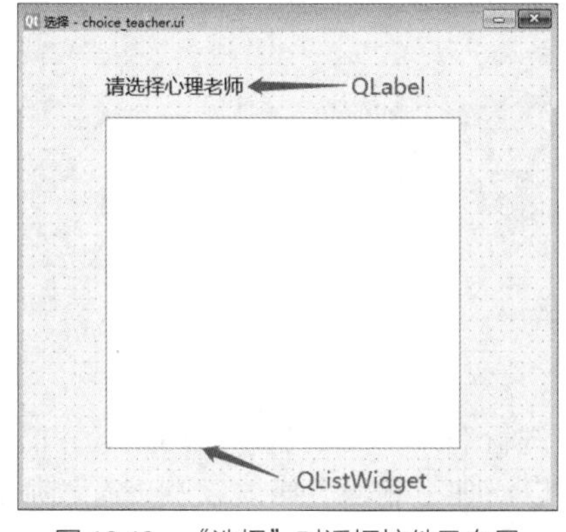

图 12.42　“选择”对话框控件及布局

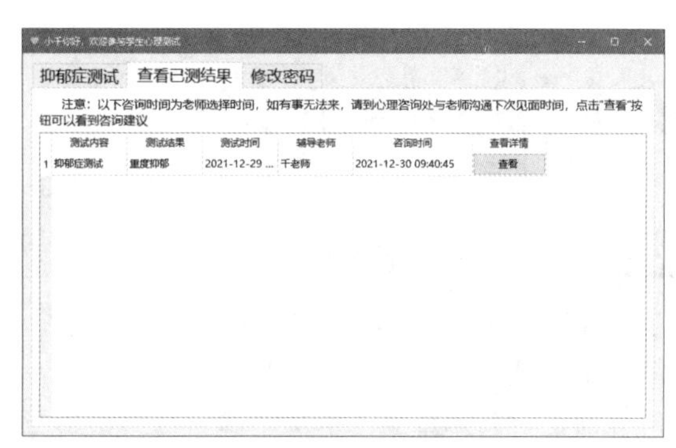

图 12.43　“查看已测结果”页中的“查看”按钮

单击“查看”按钮，会弹出对话框，显示记录详情。对话框存放于record_detail.ui文件中（对应于record_detail.py文件），其控件及布局如图12.44所示。

4．心理教师辅导界面

心理教师辅导界面用于教师进行心理辅导、对选择自己的学生的心理测试结果进行查看、与学生约定咨询时间并提出咨询建议、修改登录密码。心理教师辅导界面存放于teacher.ui文件中（对应于teacher.py文件），其控件及布局如图12.45所示（注：心理教师“修改密码”页与学生类似，此处不再赘述）。

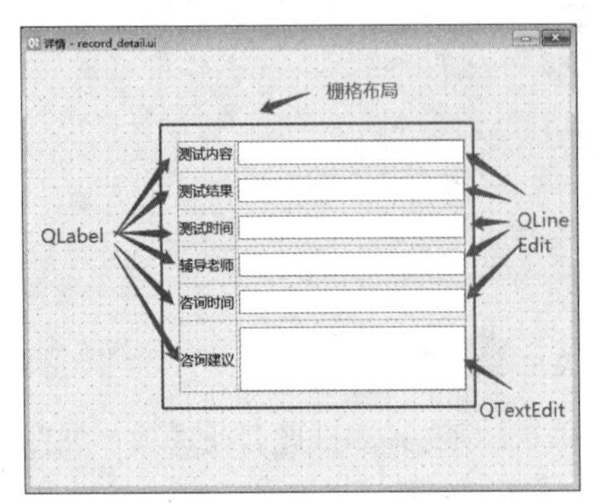

图 12.44 “详情”对话框控件及布局

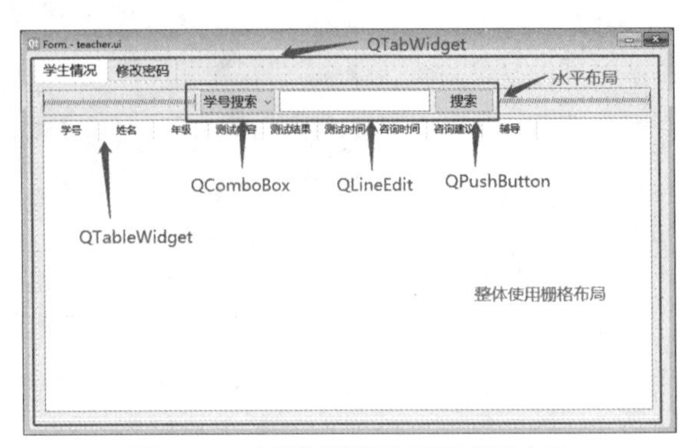

图 12.45 心理教师辅导界面控件及布局

在“学生情况”页中，将表格最后一列“辅导”设置为按钮控件：如果学生未被辅导，则按钮文本显示为“辅导”；如果学生已被辅导，则按钮文本显示为“查看”，如图12.46所示。

单击按钮，会弹出对话框，显示学生详情。对话框存放于tutor_detail.ui文件中（对应于tutor_detail.py文件），其控件及布局如图12.47所示。

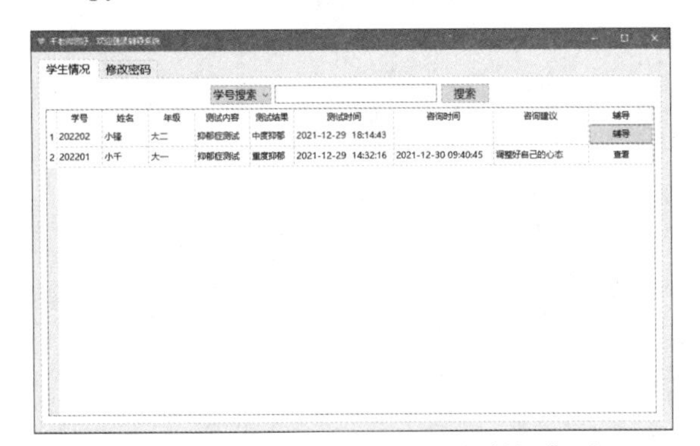

图 12.46 “学生情况”页中表格的“辅导”列

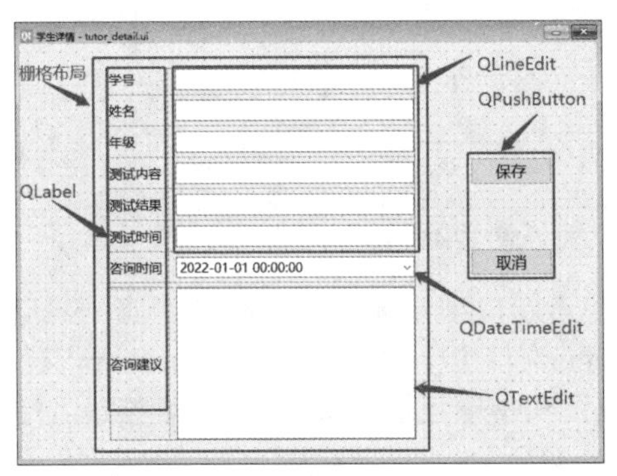

图 12.47 “学生详情”对话框控件及布局

12.4 系统总体设计

12.4.1 程序设计思路

项目程序设计流程图如图12.48所示。

图12.48展现了程序设计的整体流程。程序开始时，用户进行登录，用户名和密码正确才能进入相应的界面，否则无法登入系统。以管理员身份登录时，可以添加、删除、修改以及查看教师和学生的信息。以学生身份登录时，可以进行抑郁症自测、选择辅导老师、生成相应的测试记录，也可以查看记录和修改密码。以教师身份登录时，可以查看学生情况、对学生进行辅导、约定咨询时间并填写咨询建议，也可以修改密码。在程序设计中，有以下设计细节。

（1）管理员进行信息管理时，由于教师和学生是通过工号或学号登录系统的，所以管理员添加教师或学生时，会同步添加用户，删除教师或学生时，也会同步删除用户。教师/学生登录系统的初始用户名和密码均为工号/学号。管理员对教师或学生信息进行操作后，会刷新表格中的信息。

（2）学生进行抑郁症自测时，程序进行分数统计。如果测试结果是健康，则无须接受辅导；如果测试结果是有抑郁倾向，则可以选择心理教师进行辅导。

（3）学生和教师修改密码时，会输入原密码、新密码以及再次确认的新密码，程序会进行原密码是否正确、两次输入的新密码是否一致以及新密码是否与原密码相同的判断。

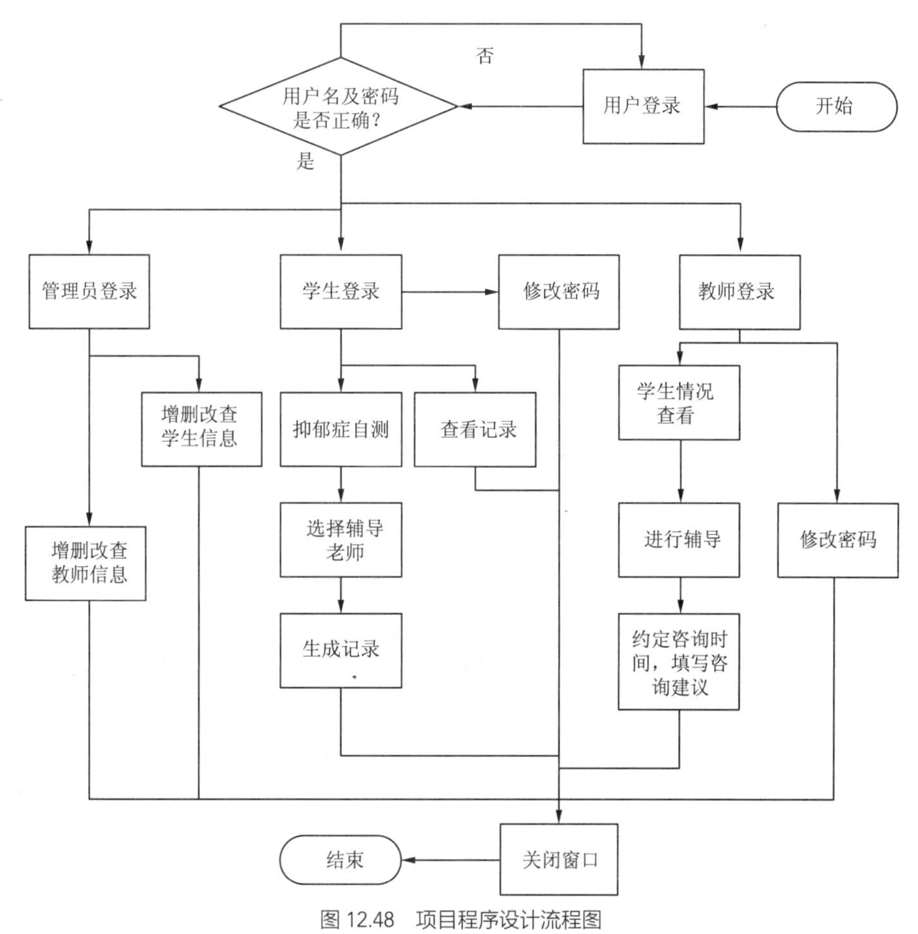

图 12.48　项目程序设计流程图

12.4.2　系统模块设计

系统模块设计及模块间关系如图12.49所示。

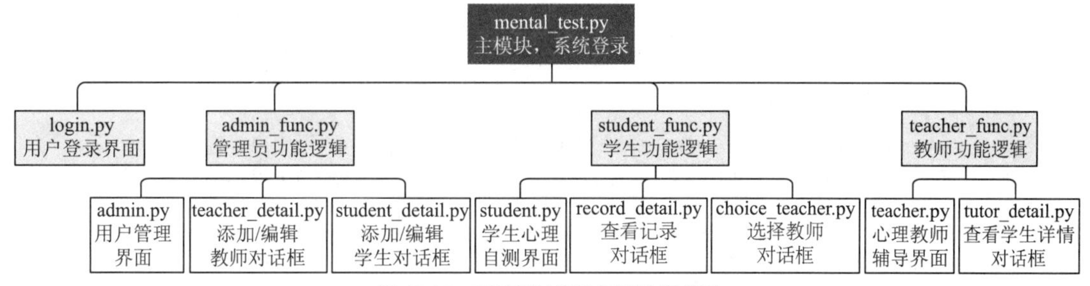

图 12.49　系统模块设计及模块间关系

12.5 系统详细设计

12.5.1 用户登录功能

1. 界面控件名称

用户登录界面所用的控件名称如图12.50所示。

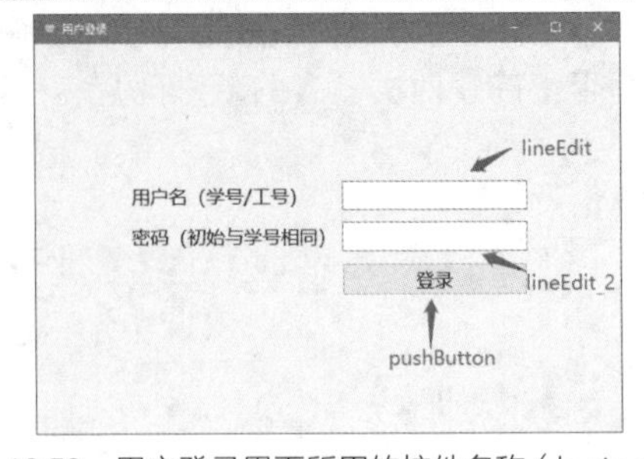

图 12.50 用户登录界面所用的控件名称（login.ui）

2. 方法及其实现功能

用户登录功能实现在mental_test.py文件中，定义的方法如表12.17所示。

表12.17 用户登录功能中定义的方法

方法	实现功能	所属类
__init__()	初始化界面，建立信号与槽的连接，设置快捷方式	Login
verify()	验证用户登录	Login
main()	初始化系统应用	无

3. 程序的具体实现

（1）__init__()方法

```
1    def __init__(self):
2        QWidget.__init__(self)
3        loginui.setupUi(self)  # 使loginui中的设计展示在用户登录界面上
4        loginui.pushButton.clicked.connect(self.verify)  # 建立pushButton按钮
clicked信号与槽函数verify()的连接
5        loginui.pushButton.setShortcut(Qt.Key.Key_Return)  # 设置快捷方式
```

（2）verify()方法

```
1    def verify(self):
2        username = loginui.lineEdit.text()      # 获取lineEdit的文本内容
3        password = loginui.lineEdit_2.text()    # 获取lineEdit_2的文本内容
4        # 从数据库user表中查找id为username、password为password的记录
5        sql = f"SELECT * FROM user WHERE id ='{username}' AND password = '{password}'"
6        cursor.execute(sql)                     # 执行SQL语句
7        res = cursor.fetchone()                 # 取出查询记录中的第一条
8        if res is None:                         # 如果记录为空，说明用户名或密码有误
9            mb = QMessageBox()
10           mb.critical(self, "提示", "用户名或密码有误")      # 创建严重警告对话框
11           loginui.lineEdit_2.setText("")      # 清空lineEdit_2的内容
12           mb.show()                           # 显示对话框
13       elif res[2] == "管理员":                # 登录人员为管理员
14           self.window2 = admin_func.Admin()          # 调用用户管理界面
15           self.close()                               # 关闭用户当前登录界面
16           self.window2.show()                        # 显示用户管理界面
17           self.window2.setWindowIcon(QIcon("icons:mental_test.png"))  # 设置图标
18       elif res[2] == "学生":                         # 登录人员为学生
19           self.window2 = student_func.Student(username)  # 调用学生心理自测界面
20           self.close()                               # 关闭当前登录界面
21           self.window2.show()                        # 显示学生心理自测界面
22           self.window2.setWindowIcon(QIcon("icons:mental_test.png")
23       elif res[2] == "老师":                         # 登录人员为教师
```

```
24          self.window2 = teacher_func.Teacher(username)   # 调用心理教师辅导界面
25          self.close()                                   # 关闭当前登录界面
26          self.window2.show()                            # 显示心理教师辅导界面
27          self.window2.setWindowIcon(QIcon("icons:mental_test.png"))
```

（3）main()方法

```
1   def main():
2       app = QApplication(sys.argv)
3       window = Login()                                   #创建控件类Login的实例对象
4       window.setWindowIcon(QIcon("icons:mental_test.png"))#设置图标
5       window.show()
6       sys.exit(app.exec())
```

12.5.2 用户管理功能

1. 界面控件名称

用户管理界面所用的控件名称如图12.51所示。

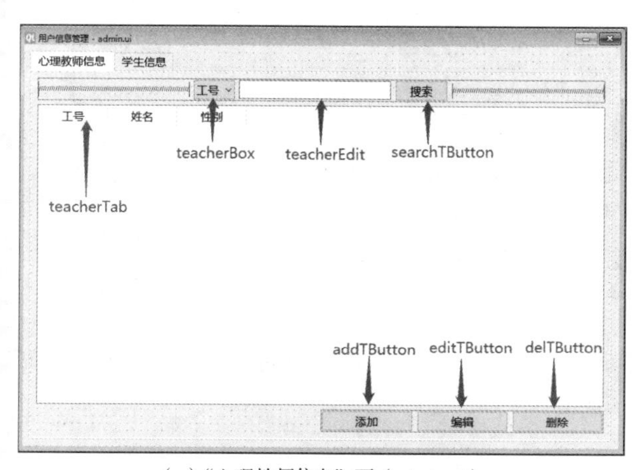

（a）“心理教师信息”页（admin.ui）

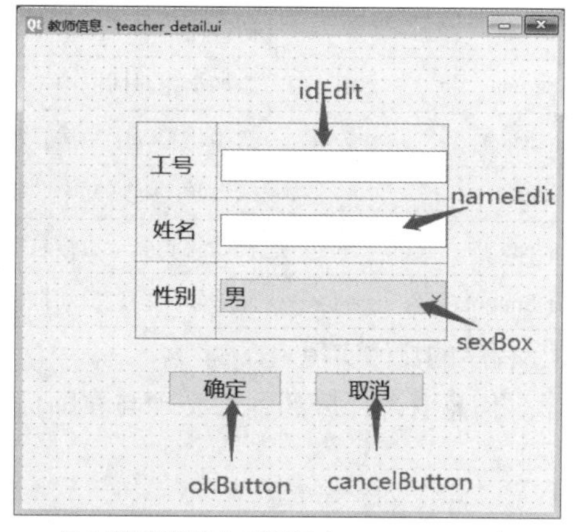

（b）“教师信息”对话框（teacher_detail.ui）

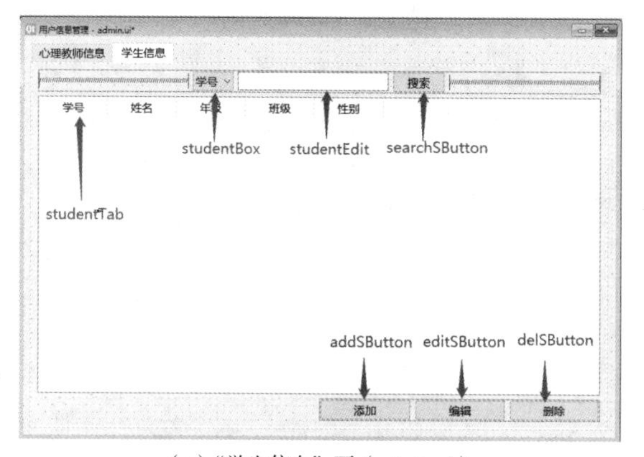

（c）“学生信息”页（admin.ui）

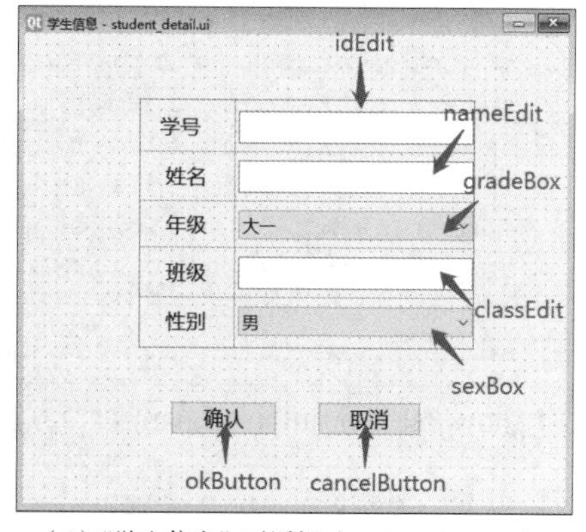

（d）“学生信息”对话框（student_detail.ui）

图 12.51 用户管理界面所用的控件名称

2. 方法及其实现功能

用户管理功能实现在admin_func.py文件中，定义的方法如表12.18所示。

表12.18　　　　用户管理功能中定义的方法

方法	实现功能	所属类
__init__()	初始化界面，显示教师和学生信息，建立信号与槽的连接，设置快捷方式	Admin
show_teacher_info(self,para="")	展示教师信息，para参数为字符串格式，用于查找信息的SQL语句条件拼接	Admin
search_teacher()	检索教师信息	Admin
add_teacher()	初始化添加教师信息对话框，建立信号与槽的连接	Admin
add_Tbutton()	添加教师对话框中“确定”按钮的槽函数，用于添加教师信息	Admin
edit_teacher()	初始化编辑教师信息对话框，建立信号与槽的连接	Admin
edit_Tbutton()	编辑教师对话框中“确定”按钮的槽函数，用于编辑教师信息	Admin
del_teacher()	初始化删除教师信息提示框，建立信号与槽的连接	Admin
change_Tbutton()	删除教师信息提示框中按钮的槽函数，用于删除教师信息	Admin
show_student_info(self,para="")	展示学生信息，para参数为字符串格式，用于查找信息的SQL语句条件拼接	Admin
search_student()	检索学生信息	Admin
add_student()	初始化添加学生信息对话框，建立信号与槽的连接	Admin
add_Sbutton()	添加学生对话框中“确定”按钮的槽函数，用于添加学生信息	Admin
edit_student()	初始化编辑学生信息对话框，建立信号与槽的连接	Admin
edit_Sbutton()	编辑学生对话框中“确定”按钮的槽函数，用于编辑学生信息	Admin
del_student()	初始化删除学生信息提示框，建立信号与槽的连接	Admin
change_Sbutton()	删除学生信息提示框中按钮的槽函数，用于删除学生信息	Admin

3．程序的具体实现

学生信息管理部分的程序实现与教师信息管理类似，以下仅对教师信息管理的具体实现进行展示和说明。

（1）__init__()方法

```
1   def __init__(self):
2       QWidget.__init__(self)
3       adminui.setupUi(self)
4       self.show_teacher_info()                              # 展示教师信息
5       self.show_student_info()                              # 展示学生信息
6       adminui.addTButton.clicked.connect(self.add_teacher)# 添加教师信息
7       adminui.editTButton.clicked.connect(self.edit_teacher)     #编辑教师信息
8       adminui.delTButton.clicked.connect(self.del_teacher)       #删除教师信息
9       adminui.searchTButton.clicked.connect(self.search_teacher) #检索教师信息
10      adminui.searchTButton.setShortcut(Qt.Key.Key_Return)       #设置快捷键
```

（2）show_teacher_info(self,para="")方法

```
1   def show_teacher_info(self, para=""):  # para用于SQL语句的拼接，按条件进行查询
2       sql = f"SELECT * FROM teacher {para} ORDER BY id"    # 按照id排列教师信息，当
para为None时，则显示所有信息
3       cursor.execute(sql)
4       teacher_list = cursor.fetchall()
5       adminui.teacherTab.setRowCount(len(teacher_list))    # 按照教师个数设置表格行
数
6       for row in range(len(teacher_list)):
```

```
7            for cell in range(len(teacher_list[row])):
8                adminui.teacherTab.setItem(row, cell, QTableWidgetItem(teacher_
list[row][cell]))                                  # 将数据库中取出的数据逐个填入单元格
```

（3）search_teacher()方法

```
1    def search_teacher(self):
2        if adminui.teacherBox.currentText() == "工号":
3            id = adminui.teacherEdit.text()
4            para = f'WHERE id LIKE "%{id}%"'    # 设置参数para为模糊查询工号
5            self.show_teacher_info(para)        # 将para传入show_teacher_info()方
法，重新显示列表
6        else:
7            name = adminui.teacherEdit.text()
8            para = f'WHERE name LIKE "%{name}%"'      # 设置参数para为模糊查询姓名
9            self.show_teacher_info(para)        # 将para传入show_teacher_info()方
法，重新显示列表
```

（4）add_teacher()方法

```
1    def add_teacher(self):   # 创建添加教师时展示的对话框，设置按钮单击信号的槽函数
2        self.Tdialog = QDialog()
3        self.Tdialog.setWindowModality(Qt.WindowModality.ApplicationModal)
4        self.Tdialogui = teacher_detail.Ui_Dialog()
5        self.Tdialogui.setupUi(self.Tdialog)
6        self.Tdialogui.okButton.clicked.connect(self.add_Tbutton)
7        self.Tdialogui.cancelButton.clicked.connect(self.Tdialog.close)
8        self.Tdialog.show()
9        self.Tdialog.exec()
```

（5）add_Tbutton()方法

```
1    def add_Tbutton(self):
2        id = self.Tdialogui.idEdit.text()                # 获取对话框中工号信息
3        name = self.Tdialogui.nameEdit.text()            # 获取对话框中姓名信息
4        sex = self.Tdialogui.sexBox.currentText()        # 获取对话框中性别信息
5        select_sql = f"SELECT id FROM user;"             # 取出数据库user表中所有信息
6        cursor.execute(select_sql)
7        id_list = cursor.fetchall()                      # 获取user表中的所有id
8        if not id or not name or id.isspace() or name.isspace():  # 教师的工号或者姓
名不能为空
9            mb = QMessageBox()
10           mb.warning(self, "失败", "教师的工号和姓名不能为空！")
11       elif (id,) in id_list:                           # 工号已存在时提示不能添加
12           mb = QMessageBox()
13           mb.warning(self, "失败", "该人员已存在，不能添加！")
14       else:  # 工号不存在时可以添加
15           # 添加教师时，需要分别向teacher表和user表中增加一条数据，添加教师的同时为其分配
用户
16           sql = f'INSERT INTO teacher (id,name,sex) VALUES("{id}","{name}","{s
ex}");' \
17                 f'INSERT INTO user (id,password,role) VALUES("{id}","{id}","老师
");'
18           cursor.executescript(sql)
19           con.commit()
20           mb = QMessageBox()
```

```
21          mb.information(self, "成功", "            添加教师成功!            ")
22          self.search_teacher()          # 添加教师信息后，更新教师信息显示
23          self.Tdialogui.idEdit.setText("")
24          self.Tdialogui.nameEdit.setText("")
```

需要注意，添加教师信息成功后，更新表格中的教师信息调用的是search_teacher()方法，而不是show_teacher_info()方法，见第22行代码。这是由于在添加信息之前已经进行了教师检索，显示了部分教师信息，如果添加信息后直接调用show_teacher_info()方法显示所有信息，可能会使操作者以为显示信息有问题或者找不到自己添加的信息，不符合业务流程习惯。

（6）edit_teacher()方法

```
1   def edit_teacher(self):
2       items = adminui.teacherTab.selectedItems()   # 获取表格中选择的记录
3       if not items:  # 如果没有选择，则提示不能编辑
4           mb = QMessageBox()
5           mb.information(self, "提示", "选中记录后才能编辑，请选择记录! ")
6       else:              # 选择教师记录后对此记录进行编辑
7           self.Tdialog = QDialog()
8           self.Tdialog.setWindowModality(Qt.WindowModality.ApplicationModal)
9           self.Tdialogui = teacher_detail.Ui_Dialog()
10          self.Tdialogui.setupUi(self.Tdialog)
11          self.Tdialogui.idEdit.setText(items[0].text())
12          self.Tdialogui.nameEdit.setText(items[1].text())
13          # 使用index()函数得到记录中性别在("男","女")中的索引，再令下拉列表框中显示索引位
置的内容
14          self.Tdialogui.sexBox.setCurrentIndex(("男", "女").index(items[2].
text()))
15          # 设置idEdit为只读形式，教师id不能修改，否则会影响登录时用户类型判断
16          self.Tdialogui.idEdit.setReadOnly(True)
17          self.Tdialogui.okButton.clicked.connect(self.edit_Tbutton)
18          self.Tdialogui.cancelButton.clicked.connect(self.Tdialog.close)
19          self.Tdialog.show()
20          self.Tdialog.exec()
```

（7）edit_Tbutton()方法

```
1   def edit_Tbutton(self):
2       id = self.Tdialogui.idEdit.text()
3       name = self.Tdialogui.nameEdit.text()
4       sex = self.Tdialogui.sexBox.currentText()
5       if not name:  # 姓名为空的时候无法提交
6           mb = QMessageBox()
7           mb.information(self, "提示", "姓名为空，无法提交! ")
8       else:
9           sql = f'UPDATE teacher set name="{name}",sex="{sex}" where id =
"{id}"'
10          cursor.execute(sql)
11          con.commit()
12          mb = QMessageBox()
13          mb.information(self, "成功", "编辑教师信息成功! ")
14          self.search_teacher()  # 编辑教师信息后，更新教师信息显示
15          self.Tdialog.close()   # 关闭编辑对话框
```

（8）del_teacher()方法

```
1   def del_teacher(self):
2       items = adminui.teacherTab.selectedItems()   # 获取表格中选择的记录
```

```
3        if not items:  # 如果没有选择，则提示不能删除
4            mb = QMessageBox()
5            mb.information(self, "提示", "选中记录后才能删除，请选择记录！")
6        else:  # 选择记录后，弹出提示框询问是否确认删除
7            self.mb = QMessageBox()
8            self.mb.setText("您确认要删除记录吗？")
9            self.mb.setWindowTitle("确认提示")
10           yes = QMessageBox.ButtonRole.YesRole   # 定义按钮角色为Yes的按钮
11           self.mb.addButton("确定", yes)#使按钮显示文本“确认”，并添加到提示框中
12           no = QMessageBox.ButtonRole.NoRole   # 定义按钮角色为No的按钮
13           self.mb.addButton("取消", no)#使按钮显示文本“取消”，并添加到提示框中
14           self.mb.buttonClicked.connect(partial(self.change_Tbutton, items[0].
text()))
15           self.mb.show()
```

（9）change_Tbutton()方法

```
1    def change_Tbutton(self, id):
2        if self.mb.clickedButton().text() == "确定":   # 单击提示框中的“确认”按钮后，
执行删除操作
3            sql = f'DELETE FROM user WHERE id = "{id}";' \
4                  f'DELETE FROM teacher WHERE id = "{id}"'#删除教师的同时删除用户
5            cursor.executescript(sql)
6            con.commit()
7            mb = QMessageBox()
8            mb.information(self, "成功", "提交成功！")
9            mb.setWindowModality(Qt.WindowModality.ApplicationModal)
10           self.search_teacher()
```

12.5.3 心理测试功能

1．界面控件名称

学生心理自测界面所用的控件名称如图12.52所示。

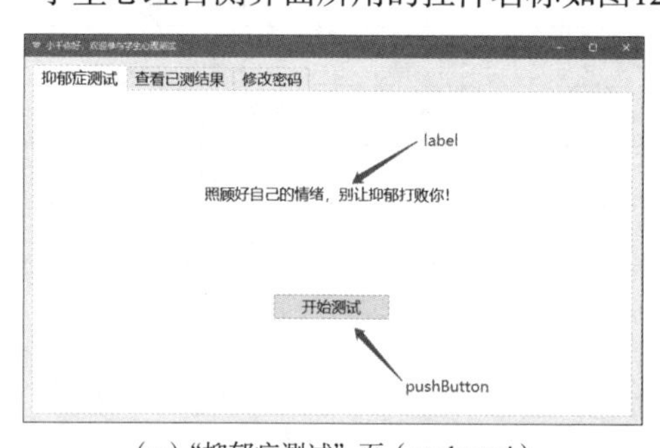

（a）“抑郁症测试”页（student.ui）

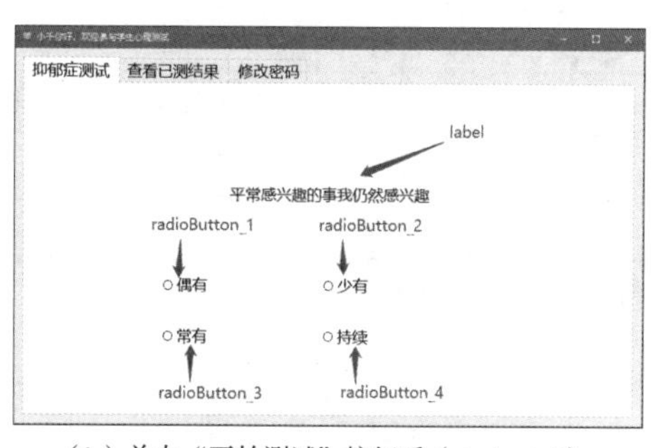

（b）单击“开始测试”按钮后（student.ui）

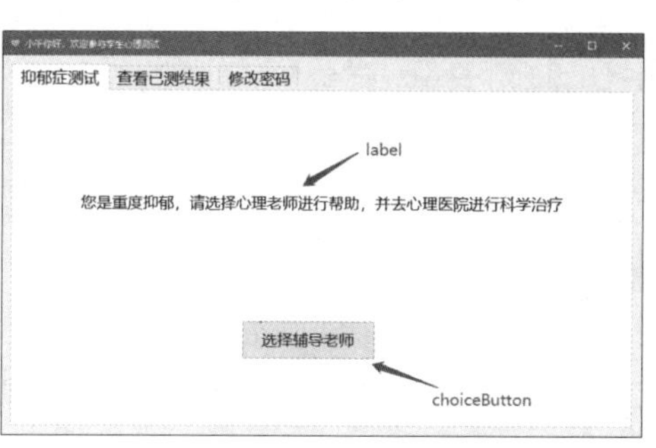

（c）心理测试结束后（student.ui）

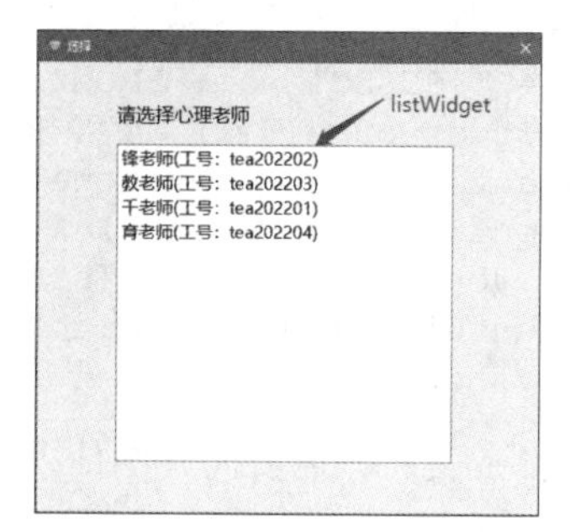

（d）“选择”对话框（choice_teacher.ui）

图12.52 学生心理自测界面所用的控件名称

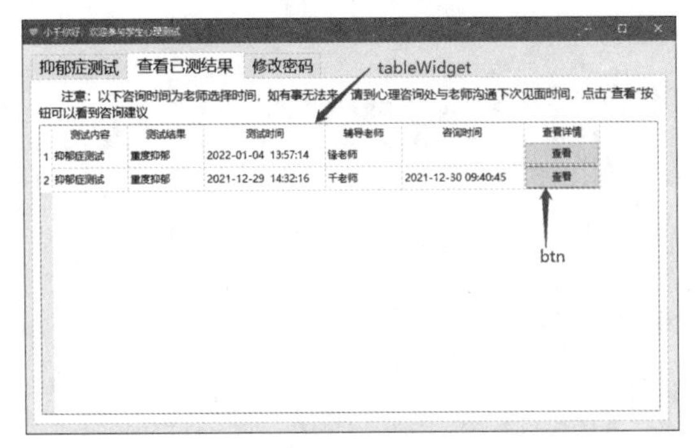

（e）"查看已测结果"页

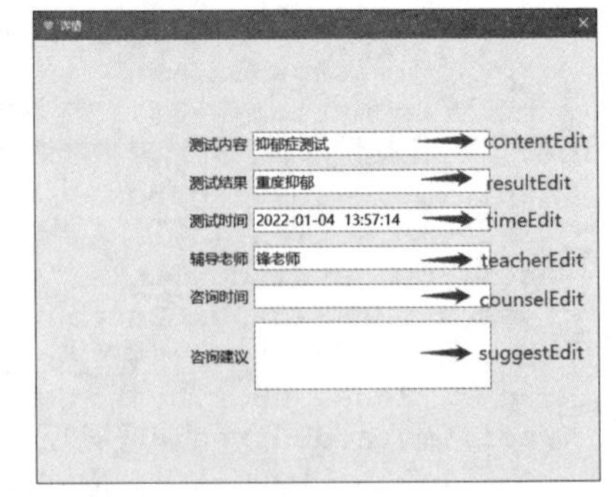

（f）"详情"对话框（record_detail.ui）

图 12.52　学生心理自测界面所用的控件名称（续）

2．方法及其实现功能

心理测试功能实现在student_func.py文件中，定义的方法如表12.19所示。

表12.19　　心理测试功能中定义的方法

方法	实现功能	所属类
__init__()	初始化界面，显示学生测试记录，建立信号与槽的连接	Student
control_view()	显示心理测试题目及选项控件	Student
data_process()	将数据库中取出的心理测试试题列表转换为列表类型	Student
question_one()	显示第一道题目	Student
question_all()	实现单击跳转下一题，显示后续所有题目	Student
sum_score()	计算心理测试总分	Student
display_result()	展示心理测试结果	Student
choice_button()	显示"选择辅导老师"按钮	Student
choice_widget()	显示"选择"对话框	Student
choice_teacher()	"选择"对话框中列表控件被单击的槽函数	Student
show_record()	显示所有的测试记录（可以查看详情）	Student
detail_display()	"详情"对话框	Student

3．程序的具体实现

（1）__init__()方法

```
1    def __init__(self, username):
2        QWidget.__init__(self)
3        self.username = username
4        sql = f'SELECT name FROM student WHERE id = "{username}"'
5        cursor.execute(sql)
6        student = cursor.fetchone()
7        studentui.setupUi(self)
8        self.setWindowTitle(f"{student[0]}你好，欢迎参与学生心理测试")
9        studentui.pushButton.clicked.connect(self.control_view)
10       self.show_record()
```

初始化Student类时，需要向其中传入登录系统的用户名，也就是登录系统的学生学号，并调用show_record()方法，显示所有学生的心理测试记录。

（2）control_view()方法

```
1   def control_view(self):
2       studentui.layoutWidget.setGeometry(QRect(190, 220, 431, 161))#设置控件位置
3       studentui.layoutWidget.setObjectName("layoutWidget")
4       studentui.gridLayout = QGridLayout(studentui.layoutWidget)#设置栅格布局
5       studentui.gridLayout.setContentsMargins(0, 0, 0, 0)
6       studentui.gridLayout.setObjectName("gridLayout")
7       font = QFont()
8       font.setPointSize(16)
9       #定义单选按钮，并将单选按钮显示在studentui上
10      studentui.radioButton_1 = QRadioButton(studentui.layoutWidget)
11      studentui.radioButton_1.setFont(font)
12      studentui.radioButton_1.setObjectName("radioButton")
13      studentui.gridLayout.addWidget(studentui.radioButton_1, 0, 0, 1, 1)
14      （省略其他三个单选按钮的定义，与radioButton_1类似）
15      self.data_process()                          #对心理测试试题数据进行处理
16      self.question_one()                          #显示第一道题目
```

（3）data_process()方法

```
1   def data_process(self):
2       sql = "SELECT questions.question_id, title, detail, score FROM questions, 
option WHERE questions.question_id = option.question_id AND questions.
questionaire_id = 1"    #取出questionaire_id为1的所有试题
3       cursor.execute(sql)
4       question_list = cursor.fetchall()
5       # **************将列表转换为字典，每个键值对表示一道题目**************
6       self.question_dict = {}
7       for item in question_list:
8           if f"{item[0]}" not in self.question_dict:
9               self.question_dict[f"{item[0]}"] = []
10              self.question_dict[f"{item[0]}"].append(item[1])
11              self.question_dict[f"{item[0]}"].append(item[2])
12              self.question_dict[f"{item[0]}"].append(item[3])
13          else:
14              self.question_dict[f"{item[0]}"].append(item[2])
15              self.question_dict[f"{item[0]}"].append(item[3])
```

需要注意的是，第2行代码的SQL语句执行完后，取出的数据形式如图12.53所示。

question_id	title	detail	score
1	我觉得闷闷不乐，情绪低沉	偶有	1
1	我觉得闷闷不乐，情绪低沉	少有	2
1	我觉得闷闷不乐，情绪低沉	常有	3
1	我觉得闷闷不乐，情绪低沉	持续	4
2	我觉得一天之中早晨最好	偶有	4
2	我觉得一天之中早晨最好	少有	3
2	我觉得一天之中早晨最好	常有	2
2	我觉得一天之中早晨最好	持续	1
3	我一阵阵哭出来或觉得想哭	偶有	1
3	我一阵阵哭出来或觉得想哭	少有	2
3	我一阵阵哭出来或觉得想哭	常有	3
3	我一阵阵哭出来或觉得想哭	持续	4
4	我晚上睡眠不好	偶有	1
4	我晚上睡眠不好	少有	2
4	我晚上睡眠不好	常有	3

图 12.53　SQL 语句执行结果

SQL语句取出的数据被存入question_list列表，每一行中的值以元组形式作为列表中的一个元素。第6~15行代码将question_list中的列表数据转换为以题目序号为键，以题目、选项和得分组成的列表为值，其中题目仅向列表中添加一次。

（4）question_one()方法

```
1    def question_one(self):
2        self.number_list = [i for i in range(1, 21)]
3        random.shuffle(self.number_list)
4        self.index = 0
5        self.score = 0
6        num_one = str(self.number_list[0])
7        studentui.label.setText(self.question_dict[num_one][0])
8        studentui.radioButton_1.setText(self.question_dict[num_one][1])
9        studentui.radioButton_2.setText(self.question_dict[num_one][3])
10       studentui.radioButton_3.setText(self.question_dict[num_one][5])
11       studentui.radioButton_4.setText(self.question_dict[num_one][7])
12       studentui.radioButton_1.clicked.connect(self.question_all)
13       studentui.radioButton_2.clicked.connect(self.question_all)
14       studentui.radioButton_3.clicked.connect(self.question_all)
15       studentui.radioButton_4.clicked.connect(self.question_all)
```

需要注意的是，第3行代码中random模块的shuffle()方法可以将序列的所有元素随机排序。心理测试共有20道题，创建1~20的随机序列，用于随机显示题目。self.index用于表示number_list中的索引，self.score用于表示心理测试的总分。第12~15行代码用于触发单选按钮的槽函数，question_all()槽函数可以将题目和单选按钮的文本内容进行替换，用此方式来显示下一题。注意：无论单选按钮的文本替换成什么内容，单击任一单选按钮都会触发question_all()槽函数，这保证了单击单选按钮能够进入下一题。

（5）question_all()方法

```
1    def question_all(self):
2        self.sum_score()
3        studentui.radioButton_1.setAutoExclusive(False)
4        studentui.radioButton_2.setAutoExclusive(False)
5        studentui.radioButton_3.setAutoExclusive(False)
6        studentui.radioButton_4.setAutoExclusive(False)
7        studentui.radioButton_1.setChecked(False)
8        studentui.radioButton_2.setChecked(False)
9        studentui.radioButton_3.setChecked(False)
10       studentui.radioButton_4.setChecked(False)
11       studentui.radioButton_1.setAutoExclusive(True)
12       studentui.radioButton_2.setAutoExclusive(True)
13       studentui.radioButton_3.setAutoExclusive(True)
14       studentui.radioButton_4.setAutoExclusive(True)
15       self.index += 1
16       if self.index >= len(self.number_list):
17           mb = QMessageBox()
18           mb.information(self, "结束", "测试结束")
19           curr_time = datetime.now()
20           self.curr_time = curr_time.strftime("%Y-%m-%d  %H:%M:%S")
21           self.display_result()
22           return
23       number = str(self.number_list[self.index])
24       studentui.label.setText(self.question_dict[number][0])
25       studentui.radioButton_1.setText(self.question_dict[number][1])
26       studentui.radioButton_2.setText(self.question_dict[number][3])
```

```
27        studentui.radioButton_3.setText(self.question_dict[number][5])
28        studentui.radioButton_4.setText(self.question_dict[number][7])
```

第2行代码调用sum_score()方法，用于计算心理测试总分，每选择一题进行一次累加。第3~14行代码用于设置选完一题进入下一题时，所有单选按钮都不被选中。这个过程首先通过setAutoExclusive(False)取消单选按钮的排他性；然后通过setChecked(False)将单选按钮都设置成不被选中的状态；最后通过setAutoExclusive(True)设置单选按钮的排他性，使得此组单选按钮只能选择一个。

第15~22行代码表示每单击一次单选按钮触发槽函数question_all()后，获取题目序号的索引就会加1，当索引超过题目个数时，测试就会结束，此时读取测试结束时间并显示测试结果。第23~28行代码表示替换题目和单选按钮的文本内容，从字典question_dict中获取。

（6）sum_score()方法

```
1    def sum_score(self):
2        number = str(self.number_list[self.index])
3        if studentui.radioButton_1.isChecked():
4            self.score += self.question_dict[number][2]
5        elif studentui.radioButton_2.isChecked():
6            self.score += self.question_dict[number][4]
7        elif studentui.radioButton_3.isChecked():
8            self.score += self.question_dict[number][6]
9        else:
10           self.score += self.question_dict[number][8]
```

sum_score()方法中，当单选按钮被选中时，累加此选项对应的分值。

（7）display_result()方法

```
1    def display_result(self):
2        studentui.layoutWidget.close()
3        self.score = self.score * 1.25
4        if self.score < 53:
5            self.mental_result = "健康"
6            mental_result = "您的精神状态很健康"
7            studentui.label.setText(mental_result)
8        elif 53 <= self.score < 62:
9            self.mental_result = "轻度抑郁"
10           mental_result = "您是轻度抑郁，请放松心情，如有必要，请选择心理老师进行沟通"
11           studentui.label.setText(mental_result)
12           self.choice_button()
13       elif 63 <= self.score < 72:
14           self.mental_result = "中度抑郁"
15           mental_result = "您是中度抑郁，请积极寻求心理老师的帮助"
16           studentui.label.setText(mental_result)
17           self.choice_button()
18       else:
19           self.mental_result = "重度抑郁"
20           mental_result = "您是重度抑郁，请选择心理老师进行帮助，并去心理医院进行科学治疗"
21           studentui.label.setText(mental_result)
22           self.choice_button()
23       insert_sql = f'INSERT INTO record (student_id,questionaire_id,mental_
score,mental_result,test_time,is_counsel) values("{self.username}",1,"{self.
score}","{self.mental_result}","{self.curr_time}","N")'
24       cursor.execute(insert_sql)
25       con.commit()
26       self.show_record()
```

在心理测试结束后，会执行display_result()方法，第2行代码关闭单选按钮控件，第3~22行代码用于计算心理测试总分。此量表的计算方法是把20道题目中的各项分数相加，用总分乘1.25以后取整数部分，得到标准分，53~62分为轻度抑郁，63~72分为中度抑郁，72分以上为重度抑郁。第23~25行代码用于将心理测试的记录存入数据库record表。第26行代码用于更新“查看已测结果”页。

（8）choice_button()方法

```
1   def choice_button(self):
2       studentui.choiceButton.setGeometry(QRect(310, 300, 181, 51))
3       font = QFont()
4       font.setPointSize(16)
5       studentui.choiceButton.setFont(font)
6       studentui.choiceButton.setObjectName("choiceButton")
7       studentui.choiceButton.setText("选择辅导老师")
8       studentui.choiceButton.show()
9       studentui.choiceButton.clicked.connect(self.choice_widget)
```

（9）choice_widget()方法

```
1   def choice_widget(self):
2       self.dialog = QDialog()
3       self.dialogui = choice_teacher.Ui_Dialog()
4       self.dialogui.setupUi(self.dialog)
5       sql = "SELECT * FROM teacher"
6       cursor.execute(sql)
7       teacher_list = cursor.fetchall()
8       for teacher in teacher_list:
9           item = QListWidgetItem()
10          self.dialogui.listWidget.addItem(item)
11          item.setText(f"{teacher[1]}(工号: {teacher[0]})")
12      self.dialogui.listWidget.itemClicked.connect(self.choice_teacher)
13      self.dialog.setWindowTitle("选择")
14      self.dialog.show()
15      self.dialog.exec()
```

（10）choice_teacher()方法

```
1   def choice_teacher(self, index):
2       result = self.dialogui.listWidget.item(self.dialogui.listWidget.
row(index)).text()
3       mental_teacher = result.split("(")[0]
4       self.dialog.close()
5       studentui.label.setText(f"您已选择{mental_teacher}，请等待老师与您联系，祝您拥
有好心情~")
6       studentui.choiceButton.close()
7       mental_id = result.split("(")[1].split(": ")[-1][:-1]
8       sql = f'UPDATE record SET teacher_id = "{mental_id}" WHERE is_counsel
= "N" AND test_time = ( SELECT max( test_time ) FROM record ) AND student_id =
{self.username}'
9       cursor.execute(sql)
10      con.commit()
11      self.show_record()
```

choice_teacher()方法用于显示选择的辅导老师，并更新心理测试记录中选择的辅导老师。其中由于listWidget中的教师记录形如“千老师（工号：tea202201）”，故而在获取教师姓名和工号时，需要对教师记录中的字符串进行拆分，见第3行和第7行代码。第8行代码用于更新心理测试记录中选择的辅导老师，逻辑为取此学生的所有心理测试中尚未有辅导记录的最新一条。test_time = (SELECT max(test_time) FROM record)为整个SQL语句中的子查询，意为取test_time为record表中test_time最大的值。

（11）show_record()方法

```
1    def show_record(self):
2        sql = f'SELECT questionaire.name,mental_result,test_time,teacher.
name,counsel_time,suggestion FROM questionaire,record LEFT JOIN teacher ON
record.teacher_id = teacher.id WHERE questionaire.id = record.questionaire_id AND
student_id = "{self.username}" ORDER BY test_time DESC'
3        print(sql)
4        cursor.execute(sql)
5        self.record_list = cursor.fetchall()
6        studentui.tableWidget.setRowCount(len(self.record_list))
7        for row in range(len(self.record_list)):
8            for cell in range(len(self.record_list[row]) - 1):
9                studentui.tableWidget.setItem(row, cell, QTableWidgetItem(self.
record_list[row][cell]))
10           btn = QPushButton("查看")
11           studentui.tableWidget.setCellWidget(row, cell + 1, btn)
12           btn.clicked.connect(partial(self.detail_display, self.record_
list[row]))
```

需要注意的是，SQL语句中的LEFT JOIN关键字用于从左表返回所有的行，即使右表中没有匹配的行。也就是说，即使学生做心理测试后没有选择辅导老师，即record表中的记录没有教师，在表格中也会显示出该心理测试记录。

（12）detail_display()方法

```
1    def detail_display(self, row):
2        dialog = QDialog()
3        recordui = record_detail.Ui_Dialog()
4        recordui.setupUi(dialog)
5        recordui.contentEdit.setText(row[0])
6        recordui.resultEdit.setText(row[1])
7        recordui.timeEdit.setText(row[2])
8        recordui.teacherEdit.setText(row[3])
9        recordui.counselEdit.setText(row[4])
10       recordui.suggestEdit.setText(row[5])
11       dialog.setWindowModality(Qt.WindowModality.ApplicationModal)
12       dialog.show()
13       dialog.exec()
```

12.5.4 心理辅导功能

1. 界面控件名称

心理教师辅导界面所用的控件名称如图12.54所示。

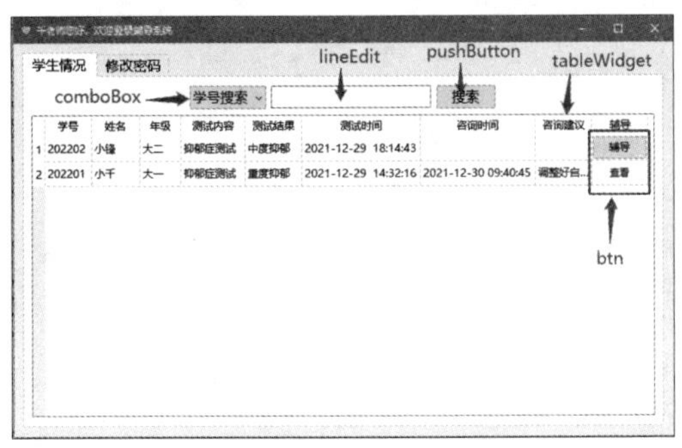

（a）“学生情况”页（teacher.ui）

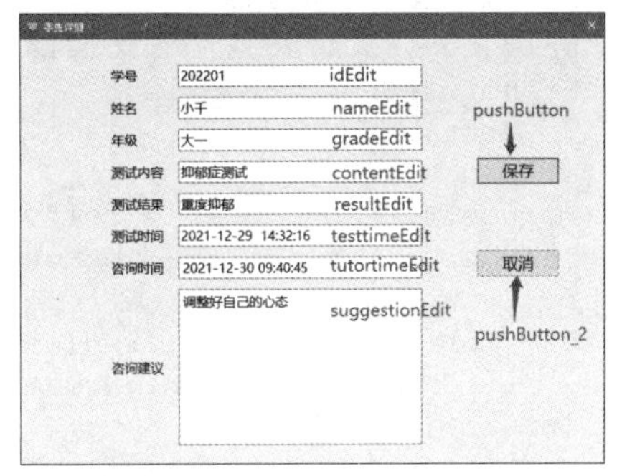

（b）“学生详情”对话框（tutor_detail.ui）

图12.54 心理教师辅导界面所用的控件名称

2．方法及其实现功能

心理辅导功能实现在teacher_func.py文件中，定义的方法如表12.20所示。

表12.20　心理辅导功能中定义的方法

方法	实现功能	所属类
__init__()	初始化界面，显示学生情况记录，建立信号与槽的连接，设置快捷方式	Teacher
display_info(para="")	展示学生咨询情况，para参数为字符串格式，用于查找信息的SQL语句条件拼接	Teacher
search_button()	检索学生咨询记录	Teacher
tutor_button()	“辅导/查看”按钮的槽函数，用于展示每条记录中学生的详细情况	Teacher
save_to_db()	将辅导建议存入数据库	Teacher

3．程序的具体实现

（1）__init__()方法

```
1   def __init__(self, username):
2       QWidget.__init__(self)
3       self.username = username
4       sql = f'SELECT name FROM teacher WHERE id = "{username}"'
5       cursor.execute(sql)
6       teacher = cursor.fetchone()
7       teacherui.setupUi(self)
8       self.setWindowTitle(f"{teacher[0]}您好，欢迎登录辅导系统")
9       self.display_info()
10      teacherui.pushButton.clicked.connect(self.search_button)
11      teacherui.pushButton.setShortcut(Qt.Key.Key_Return)
12      teacherui.pushButton_2.clicked.connect(self.change_password)
```

（2）display_info(para="")方法

```
1   def display_info(self, para=""):
2        sql = f'SELECT record_id,student_id,student.name student_name,student.
grade student_grade,questionaire.name,mental_result,max(test_time) test_
time,counsel_time,suggestion,is_counsel FROM questionaire,record,student WHERE
questionaire.id = record.questionaire_id AND student.id = record.student_
id AND teacher_id = "{self.username}" AND is_counsel = "N" {para} GROUP BY
student_id UNION SELECT record_id,student_id,student.name student_name,student.
grade student_grade,questionaire.name,mental_result,test_time,counsel_
time,suggestion,is_counsel FROM questionaire,record,student WHERE questionaire.
id = record.questionaire_id AND student.id = record.student_id AND teacher_id =
"{self.username}" AND is_counsel = "Y" AND counsel_time IS NOT NULL {para} ORDER
BY is_counsel,counsel_time DESC'
3       cursor.execute(sql)
4       self.record_list = cursor.fetchall()
5       if not self.record_list:
6           return
7       elif not self.record_list[0][0]:
8           self.record_list = self.record_list[1:]
9       teacherui.tableWidget.setRowCount(len(self.record_list))
10      for row in range(len(self.record_list)):
11          for cell in range(len(self.record_list[row]) - 2):
12              teacherui.tableWidget.setItem(row, cell, QTableWidgetItem(self.
record_list[row][cell + 1]))
13          if self.record_list[row][-1] == "N":
14              btn = QPushButton("辅导")
```

```
15          else:
16              btn = QPushButton("查看")
17              btn.setStyleSheet("border:none")
18          teacherui.tableWidget.setCellWidget(row, cell + 1, btn)
19          btn.clicked.connect(partial(self.tutor_button, self.record_list[row]))
```

display_info()方法用于在窗口表格中展示学生咨询情况，para参数用于拼接查询条件，对记录进行检索。第2行代码是从数据库中取记录的SQL语句，逻辑为展示选择此教师的学生的心理测试记录，分为两块呈现，前面呈现每位学生尚未有辅导记录的最新一条心理测试记录（因为学生可能重复测试，显示所有心理测试记录会造成冗余），后面呈现已经辅导过的所有心理测试记录，按照咨询时间从最近到最远排序。在SQL语句中，UNION用于拼接两部分查询内容，当前一部分查询为空时，会返回空白行；当后一部分查询为空时，不会返回内容。GROUP BY student_id表示按照学生学号进行分组，用于仅显示每位学生尚未有辅导记录的最新一条心理测试记录。

第5~8行代码表示如果SQL语句查询为空，则表格记录显示为空；如果SQL语句前一部分查询返回为空，则从表格第2行开始显示，避免表格中出现空白行。第13~17行代码表示，如果该次测试后学生未被辅导，则表格最后一列显示“辅导”按钮；如果该次测试后学生已被辅导，则表格最后一列显示“查看”按钮。

（3）search_button()方法

```
1   def search_button(self):
2       search_text = teacherui.comboBox.currentText()
3       text = teacherui.lineEdit.text()
4       if search_text == "学号搜索":
5           para = f'AND student_id LIKE "%{text}%"'
6       elif search_text == "姓名搜索":
7           para = f'AND student_name LIKE "%{text}%"'
8       else:
9           para = f'AND student_grade LIKE "%{text}%"'
10      self.display_info(para)
```

（4）tutor_button()方法

```
1   def tutor_button(self, row):
2       dialog = QDialog()
3       dialog.setWindowModality(Qt.WindowModality.ApplicationModal)
4       self.tutorui = tutor_detail.Ui_Dialog()
5       self.tutorui.setupUi(dialog)
6       self.tutorui.idEdit.setText(row[1])
7       self.tutorui.nameEdit.setText(row[2])
8       self.tutorui.gradeEdit.setText(row[3])
9       self.tutorui.contentEdit.setText(row[4])
10      self.tutorui.resultEdit.setText(row[5])
11      self.tutorui.testtimeEdit.setText(row[6])
12      if row[7]:
13          self.tutorui.tutortimeEdit.setDateTime(QDateTime.fromString(row[7],
"yyyy-MM-dd HH:mm:ss"))
14      self.tutorui.suggestionEdit.setText(row[8])
15      self.tutorui.pushButton.clicked.connect(partial(self.save_to_db, row[0],
row[1]))
16      self.tutorui.pushButton_2.clicked.connect(dialog.close)
17      dialog.show()
18      dialog.exec()
```

（5）save_to_db()方法

```
1   def save_to_db(self, record_id, student_id):
2       tutor_time = self.tutorui.tutortimeEdit.dateTime()
3       tutor_time = tutor_time.toPyDateTime()
4       tutor_time = tutor_time.strftime("%Y-%m-%d %H:%M:%S")
5       suggestion = self.tutorui.suggestionEdit.toPlainText()
6       sql = f'UPDATE record SET counsel_time = "{tutor_time}",suggestion="{sug
gestion}" WHERE record_id = {record_id};UPDATE record SET is_counsel = "Y" WHERE
student_id = "{student_id}" AND teacher_id = "{self.username}"'
7       cursor.executescript(sql)
8       con.commit()
9       mb = QMessageBox()
10      mb.information(self, "提示", "保存成功！")
11      self.dialog.close()
12      self.search_button()
```

save_to_db()方法用于将教师的咨询建议存入数据库，并将咨询学生的所有未辅导记录变为已辅导状态。这是由于学生可能连续进行了多次测试，形成了多条记录，故辅导后会将其所有测试记录转变为已辅导状态。第12行代码表示填写咨询建议后更新表格。

12.5.5 修改密码功能

1．界面控件名称

修改密码界面所用的控件名称如图12.55所示。

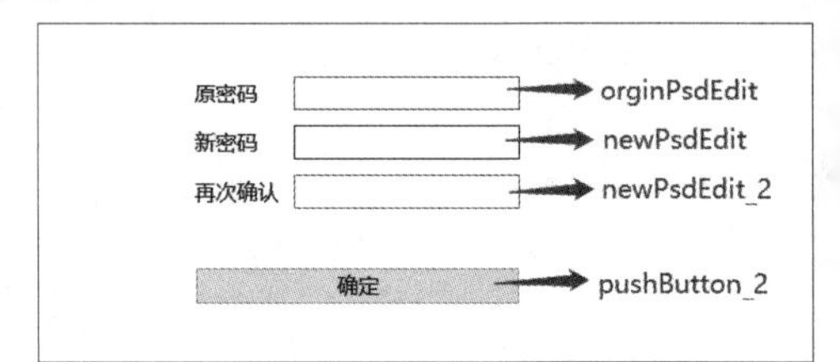

图 12.55　修改密码界面的控件名称（student.ui 和 teacher.ui）

2．方法及其实现功能

修改密码功能实现在student_func.py文件和teacher_func.py文件中，实现方式相同，定义的方法如表12.21所示。

表12.21　修改密码功能中定义的方法

方法	实现功能	所属类
change_password()	实现修改密码的逻辑判断	Student/Teacher
change_button()	修改密码界面的“确认”按钮对应的槽函数，实现将新密码写入数据库	Student/Teacher

3．程序的具体实现

由于教师修改密码的逻辑与学生相同，以下仅展示学生修改密码的情况。

（1）change_password()方法

```
1   def change_password(self):
2       sql = f"select password from user where id={self.username}"
3       cursor.execute(sql)
4       psd = cursor.fetchone()
5       psd = psd[0]
6       origin_psd = studentui.orginPsdEdit.text()
7       self.new_psd = studentui.newPsdEdit.text()
8       new_psd_2 = studentui.newPsdEdit_2.text()
9       self.mb = QMessageBox()
10      # 当原密码正确、新密码两次输入一致且原密码和新密码不同时，可以进行修改
11      if psd == origin_psd and self.new_psd == new_psd_2 and self.new_psd !=
origin_psd:
12          self.mb.setText("您确认要修改密码吗？")   # 询问是否确认修改
13          self.mb.setWindowTitle("确认提示")
14          yes = QMessageBox.ButtonRole.YesRole
```

```
15              self.mb.addButton("确定", yes)
16              no = QMessageBox.ButtonRole.NoRole
17              self.mb.addButton("取消", no)
18              self.mb.buttonClicked.connect(self.change_button)
19              self.mb.show()
20          elif psd != origin_psd:              # 原密码错误时，不允许修改
21              self.mb.critical(self, "错误", "原密码错误")
22          elif self.new_psd != new_psd_2:   # 两次密码输入不一致时，不允许修改
23              self.mb.critical(self, "错误", "新密码两次输入不一致！")
24          elif self.new_psd == origin_psd:   # 新密码和原密码相同时，不允许修改
25              self.mb.warning(self, "警告", "新密码与原密码一致，不能修改！")
```

（2）change_button()方法

```
1   def change_button(self):
2       if self.mb.clickedButton().text() == "确定":
3           sql = f'update user set password="{self.new_psd}" where id="{self.
username}"'
4           cursor.execute(sql)
5           con.commit()
6           mb = QMessageBox()
7           mb.information(self, "成功", "提交成功！")
8           studentui.orginPsdEdit.setText("")
9           studentui.newPsdEdit.setText("")
10          studentui.newPsdEdit_2.setText("")
```

12.6 PyInstaller打包程序

PyInstaller是一个第三方库，可以将Python解释器和脚本打包成一个可执行文件，便于在其他计算机上运行该项目，即使没有Python环境，也可以运行Python程序。安装PyInstaller需要使用pip工具，具体代码如下。

```
pip install pyinstaller
```

使用PyInstaller打包文件需要在PyCharm的Terminal中进行。首先需要生成打包的配置文件.spec文件，具体代码如图12.56所示。

运行后，在项目中生成了mental_test.spec文件，如图12.57所示。

```
Terminal:  Local × + ∨
Windows PowerShell
版权所有 (C) Microsoft Corporation。保留所有权利。

尝试新的跨平台 PowerShell https://aka.ms/pscore6

PS C:\MentalTest> pyi-makespec -w mental_test.py
```

图 12.56 生成打包的配置文件 mental_test.spec

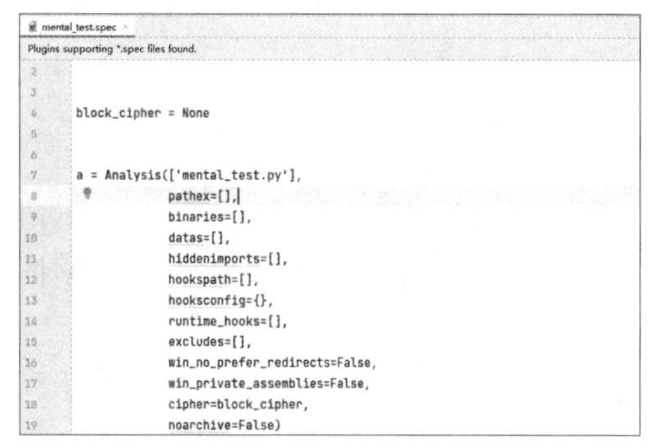

图 12.57 mental_test.spec 文件的具体内容

其中，Analysis()方法的第一个参数存放的是项目中的.py文件，datas参数用于打包资源文件，包括图标文件、数据库文件等。datas参数是由元组组成的列表，元组的第一个值指源文件存放位置，

第二个值指打包后文件存放位置。在本项目中，调用Analysis()方法时参数设置如下。

```
    a = Analysis(['mental_test.py','admin.py','admin_func.py','choice_teacher.
py','login.py','record_detail.py','student.py','student_detail.py','student_func.
py','teacher.py','teacher_detail.py','teacher_func.py','tutor_detail.py'],
                 pathex=[],
                 binaries=[],
                 datas=[("mental_test.png","./"),("mental_test.db","./")],
                 hiddenimports=[],
                 hookspath=[],
                 hooksconfig={},
                 runtime_hooks=[],
                 excludes=[],
                 win_no_prefer_redirects=False,
                 win_private_assemblies=False,
                 cipher=block_cipher,
                 noarchive=False)
```

设置完成后，在PyCharm的Terminal中执行以下代码。

```
pyinstaller mental_test.spec
```

此代码执行完成后，即会在项目中生成dist和build两个文件夹，将这两个文件夹移动到其他计算机上（注意：需要是Windows 7以上的Windows操作系统）也可以顺利运行项目。双击dist文件夹中的mental_test.exe即可运行项目，执行过程与在PyCharm中相同。

本章小结

本章主要介绍了项目设计的整体流程：首先进行需求分析；然后进行项目的数据库设计、界面设计；接着对项目进行总体设计；最后对项目的各部分功能进行详细设计。除此之外，本章还讲解了SQLite数据库以及PyQt6的基本使用。希望通过本章的学习，读者能够理解项目设计的流程，熟练运用Python的相关知识，提高编程实践能力。

课外实践

1. 对修改密码功能增加限制，使得新密码不能含有空格，不能为纯英文或纯汉字，否则就会弹出QMessageBox控件进行提示。

2. 请读者根据“焦虑自评量表.xlsx”文件，重构本项目代码，将焦虑自测问卷加入“援心”系统，实现以下3个功能。

（1）将“焦虑自评量表.xlsx”文件中的题目转储到数据库中。

（2）在学生心理自测界面显示“焦虑症测试”页，使学生能够进行焦虑自测，了解自己的焦虑程度并选择心理辅导老师。

（3）在心理教师辅导界面显示出请求辅导的有焦虑症状的学生，使教师能够约定咨询时间并提出相应的咨询建议。

第13章 网络爬虫与数据可视化实战

本章学习目标

- 掌握网络爬虫的基本工作流程
- 理解requests模块访问URL的过程
- 运用beautifulsoup4模块解析和处理HTML页面
- 掌握openpyxl模块进行XLSX文件的存取和可视化的方法

网络的迅速发展使得万维网成为大量信息的载体，有效地提取并利用这些信息成为一个巨大的挑战。为了应对此挑战，定向爬取网页资源的网络爬虫诞生了。Python作为简洁高效的语言，非常适合应用于网络爬虫。本章将详细介绍如何用Python实现网络爬虫，以及如何存储爬取到的数据并进行可视化。

13.1 网络爬虫概述

13.1.1 网络爬虫的概念

网络爬虫（Web Crawler）是按照一定的规则自动抓取万维网（World Wide Web，WWW）信息的程序或脚本，简称爬虫。在浏览器访问的网页中，除了供用户阅读的文字外，还存在一些超链接，网络爬虫可以通过网页中的超链接到达网络上的其他页面。网络数据采集的过程像爬虫在网络上漫游，因此这类程序得名“网络爬虫”。网络爬虫有很多重要的应用领域，如行业数据的获取、新闻聚合、社交应用、舆情监测等。

Python语言的简洁性及其脚本语言的特点，使它非常适合网络爬虫这种对网页信息进行处理的应用。因此，人们用Python开发了很多用于网页信息处理的第三方库。尽管用Python开发网络爬虫很方便，但也不能随意地去爬取网络数据。网站中存在私密敏感的信息，爬取这些信息并不合适，因此我们需要考虑爬虫合法性。

Robots协议的全称是网络爬虫排除协议（Robots Exclusion Protocol），也称爬虫协议，是国际互联网中的一种通用道德规范。网站管理者可以通过robot.txt文件列出不允许网络爬虫爬取的链接，以表达意愿。Robots协议并非强制的命令，而是约定俗成的标准，大多数搜索引擎都会遵守此协议，建议个人也按照此协议的要求合理地使用网络爬虫技术。

13.1.2 网络爬虫的基本工作流程

简单的网络爬虫通常有三项功能：其一是数据采集，即获取网页中的数据；其二是数据处理，即进行网页解析；其三是数据存储，即将有用的信息持久化。网络爬虫的基本工作流程图如图13.1所示。

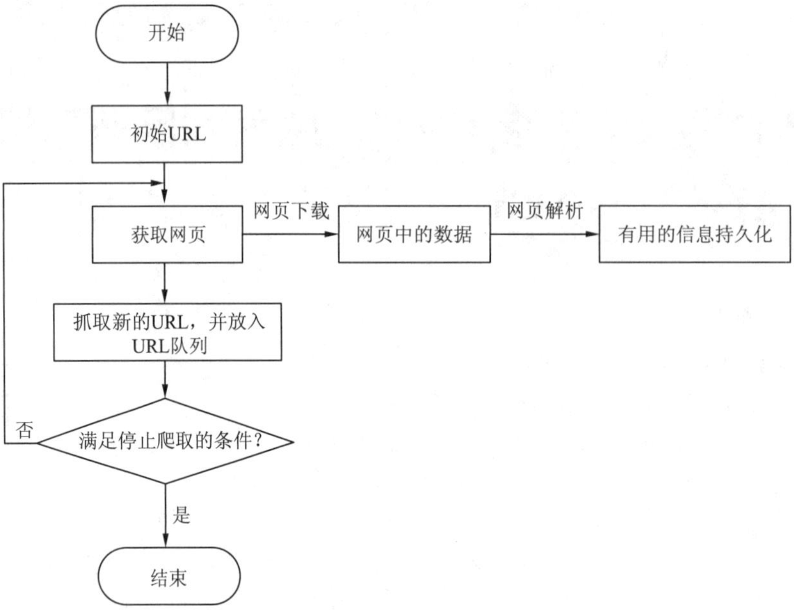

图 13.1　网络爬虫的基本工作流程图

在图13.1中，可以看到网络爬虫的基本工作流程如下。

（1）设定抓取目标（初始URL）并获取页面。

（2）不断地爬取页面，直到满足停止爬取的条件。

（3）对获取的页面进行网页下载，获得网页中的数据。获得网页中的数据需要用到Python的requests模块。requests是第三方库，使用以下命令进行安装。

```
pip install requests
```

（4）获取网页中的数据后，需要对数据进行解析。进行网页解析需要用到Python的beautifulsoup4模块，它也是第三方库，使用以下命令进行安装。

```
pip install beautifulsoup4
```

（5）解析出网页中的数据后，可以对有用的信息进行存储。有用的信息可以存储在文件中，也可以存储在数据库中，本章选择存放在Office Excel的XLSX文件中。对XLSX文件进行操作有多个模块可以使用，本章选择第三方库openpyxl，它不但可以进行XLSX文件的读写，还可以进行可视化展示。此模块使用以下命令进行安装。

```
pip install openpyxl
```

13.2 模块6：requests库的使用

13.2.1 requests库的基本介绍

requests库封装了urllib3模块，它可以模拟浏览器的请求，编写过程更接近正常URL的访问过程。requests库的宗旨是“让HTTP服务于人类”，它具有以下功能特性。

（1）支持URL数据自动编码。

（2）支持HTTP连接保持和连接池。

（3）支持使用cookie保持会话。
（4）支持文件分块上传。
（5）支持自动确定相应内容的编码。
（6）支持连接超时处理和流数据下载。
导入requests库的具体语法格式如下。

```
import requests
```

13.2.2 requests库的基本操作

在介绍requests库的基本操作之前，需要先了解HTTP。超文本传输协议（HyperText Transfer Protocol，HTTP）是用于从WWW服务器传输超文本到本地浏览器的传送协议。HTTP常用GET、POST、PUT和DELETE四种请求，requests库通过模拟HTTP的请求来访问网页中的数据。此处需要注意HTTP中GET请求和POST请求的区别：GET请求是请求指定的页面信息，返回实体主体；POST请求是向指定资源提交数据进行请求处理，数据会被包含在请求体中。

1．网页请求方法

requests库中包含与HTTP的请求相对应的方法，即网页请求方法，如表13.1所示。

表13.1　网页请求方法

方法	说明
requests.get(url[,timeout=n])	对应于HTTP的GET请求，传入要访问的网址，其中timout参数是可选的，表示每次请求的超时时间为n秒，get()方法返回一个Response对象
requests.post(url,data)	对应于HTTP的POST请求，传入访问网址以及要提交的数据data，返回一个Response对象
requests.put(url,data)	对应于HTTP的PUT请求，传入访问网址以及要提交的数据data，返回一个Response对象
requests.delete(url)	对应于HTTP的DELETE请求，传入要操作的网址，返回一个Response对象

下面使用requests库中的get()方法访问千锋教育官网。

例13-1　使用requests库中的get()方法访问网址。

```
1   import requests
2   r = requests.get("http://www.mobiletrain.org")
3   print(type(r))
```

运行结果如下。

```
<class 'requests.models.Response'>
```

例13-1通过get()方法访问网址，返回一个Response对象。

2．Response对象

Response对象代表的是响应内容，其属性如表13.2所示。

表13.2　Response对象的属性

属性	说明
status_code	HTTP请求的状态，“200”表示连接成功，“404”表示请求的网页不存在，“500”表示内部服务器错误
text	HTTP响应内容的字符串形式，即网址对应的页面内容
encoding	HTTP响应内容的编码方式

当获取页面内容时，Response对象的编码方式默认为ISO-8859-1，如果页面中有中文字符，就会出现乱码。此时，需要将Response对象的encoding属性设置为“utf-8”。

例13-2 获取网址对应的页面内容。

```
1    import requests
2    r = requests.get("http://www.mobiletrain.org")
3    r.encoding = "utf-8"
4    print(r.text)
```

程序运行结束后输出页面内容，以HTML格式展现，如图13.2所示。

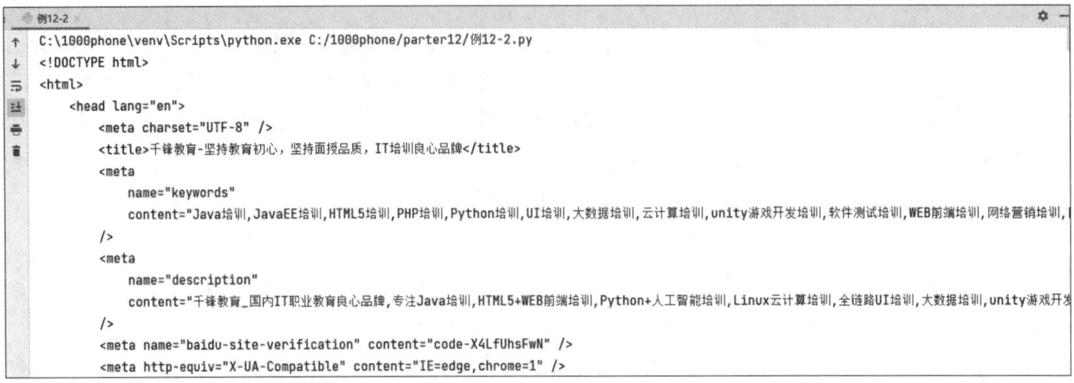

```
例12-2
C:\1000phone\venv\Scripts\python.exe C:/1000phone/parter12/例12-2.py
<!DOCTYPE html>
<html>
    <head lang="en">
        <meta charset="UTF-8" />
        <title>千锋教育-坚持教育初心，坚持面授品质，IT培训良心品牌</title>
        <meta
            name="keywords"
            content="Java培训,JavaEE培训,HTML5培训,PHP培训,Python培训,UI培训,大数据培训,云计算培训,unity游戏开发培训,软件测试培训,WEB前端培训,网络营销培训,
        />
        <meta
            name="description"
            content="千锋教育_国内IT职业教育良心品牌,专注Java培训,HTML5+WEB前端培训,Python+人工智能培训,Linux云计算培训,全链路UI培训,大数据培训,unity游戏开发
        />
        <meta name="baidu-site-verification" content="code-X4LfUhsFwN" />
        <meta http-equiv="X-UA-Compatible" content="IE=edge,chrome=1" />
```

图 13.2 网址对应的页面内容

requests库在遇到无效的HTTP响应时，会抛出HTTPError异常。而Response对象具有raise_for_status()方法，在status_code不是“200”时，会主动抛出HTTPError异常。此方法可以有效地判断网络连接的状态，结合try...except语句捕获异常，能够保证在程序正常运行的情况下，捕获爬取过程中出现的意外情况。

例13-3 使用raise_for_status()方法获取页面内容。

```
1    import requests
2    def get_html(url):
3        try:
4            r = requests.get(url)
5            r.raise_for_status()
6            r.encoding = "utf-8"
7            return r.text
8        except:
9            return "获取页面异常"
10   if __name__ == "__main__":
11       url = "http://www.mobiletrain.org"
12       print(get_html(url))
```

程序运行后，将会出现正确的页面内容，与图13.2所示一致。如果将例13-3中get()方法的timeout参数设置为较小的“0.0001”，也就是将第4行修改为如下代码，获取网页就有可能异常。

```
r = requests.get(url,timeout=0.0001)
```

此时，程序运行结果如下。

```
获取页面异常
```

13.3 模块7：beautifulsoup4库的使用

13.3.1 beautifulsoup4库的基本介绍

通过requests库获取HTML页面内容后，需要进一步解析HTML文件，提取其中的有用数据。beautifulsoup4库是一个可以解析HTML文件和XML文件的Python库，它具有以下3个特点。

（1）beautifulsoup4库提供了用于浏览、搜索和修改解析树的简洁函数，可以通过解析文档为用户提供需要抓取的数据。

（2）beautifulsoup4库自动将输入文档稳定转换为Unicode编码，将输出文档转换为UTF-8编码，因此使用者不需要考虑编码方式。除非文档没有指定编码方式，此时beautifulsoup4库不能自动识别编码方式，需要说明原始编码方式。

（3）beautifulsoup4库能够为用户灵活地提供不同的解析策略或较快的交互速度。

beautifulsoup4库中的BeautifulSoup类非常重要，一般通过导入此类来解析网页内容。导入此类的具体语法格式如下。

```
from bs4 import BeautifulSoup
```

13.3.2 beautifulsoup4库的常用操作

导入BeautifulSoup类后，可以创建BeautifulSoup对象。

例13-4 创建BeautifulSoup对象。

```
1   import requests
2   from bs4 import BeautifulSoup
3   url = "http://www.mobiletrain.org"
4   r = requests.get(url)
5   r.encoding = "utf-8"
6   soup = BeautifulSoup(r.text,"html.parser")
7   print(type(soup))
```

运行结果如下。

```
<class 'bs4.BeautifulSoup'>
```

在例13-4的代码中，第6行调用BeautifulSoup类创建了它的实例对象soup。注意：调用此类时需要传入网页内容r.text及参数html.parser。

在解析页面内容之前，需要先简单了解HTML格式。从千锋教育官网页面中抽取部分HTML代码，如图13.3所示。

```
<!DOCTYPE html>
<html>
    <head lang="en">
        <meta charset="UTF-8" />
        <title>千锋教育-坚持教育初心，坚持面授品质，IT培训良心品牌</title>
    </head>
    <body>
    <div class="class170109" title="千锋教育-Java培训|HTML5+WEB前端|Python人工智能|UI设计|Linux云计算|大数据|PHP|软件测试|嵌入式物联网
      <div class="basebase" title="千锋教育-做真实的自己,用良心做教育">
        <div class="base clear" title="千锋教育-IT培训开拓者">
          <a href="http://www.mobiletrain.org/newMedia/index.html?444" target="_blank" title="新媒体+短视频" style="position: relative
            <img src="http://img.mobiletrain.org/templates/mobiletrain/images/mo/index/new-icon.png"
                 style="width: 35px;height: 18px;position: absolute;top: 10px;right: 2px;"/>
            <u>短视频+直播电商</u>
          </a>
        </div>
      </div>
    </div>
    </body>
</html>
```

图 13.3 千锋教育官网页面的部分 HTML 代码

HTML代码中以尖括号“<>”包括的内容称为标签，一般是成对存在的，例如，<html>、<head>、<body>、<title>、<div>、<a>等被称为开始标签，与其成对存在的</html>、</head>等被称为结束标签。开始标签和结束标签以及两者中间的内容合在一起被称为HTML元素，在开始标签后的class、href、style、title等称为HTML元素的属性。HTML代码中的所有内容都是节点，这些节点组成一个树结构。图13.3中的HTML代码对应的树结构如图13.4所示。

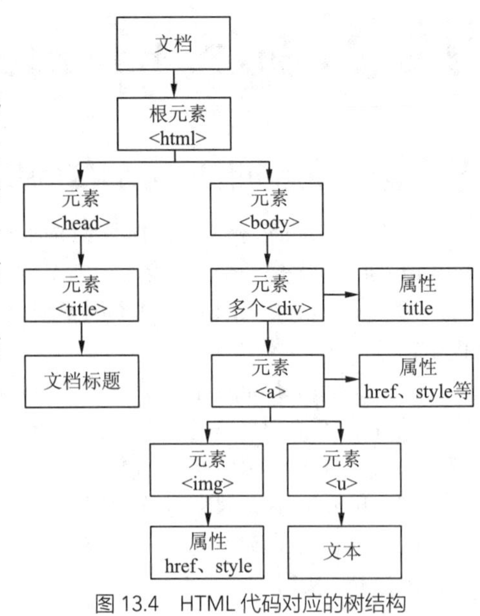

图 13.4　HTML 代码对应的树结构

元素中的文本信息往往是有用信息，以下将介绍用BeautifulSoup类解析HTML页面中的有用信息。

1．节点选择器

通过BeautifulSoup对象的属性可以选择节点元素，并获得节点的信息，这些属性与HTML标签名称相同。BeautifulSoup对象的常用属性如表13.3所示。

表13.3　　BeautifulSoup对象的常用属性

属性	说明
head	HTML页面的<head>内容
title	HTML页面的<title>内容
body	HTML页面的<body>内容
p	HTML页面的第一个<p>内容
a	HTML页面的第一个<a>内容
div	HTML页面的第一个<div>内容
strings	HTML页面中所有的字符串（标签的内容），是一个生成器对象，可以用for循环遍历
stripped_strings	HTML页面中的所有的非空字符串，是一个生成器对象，可以用for循环遍历

下面使用BeautifulSoup对象获得HTML页面中的<title>和第一个<p>的内容。

例13-5　使用BeautifulSoup对象获得元素内容。

```
1   import requests
2   from bs4 import BeautifulSoup
3   url = "http://www.mobiletrain.org"
4   r = requests.get(url)
5   r.encoding = "utf-8"
6   soup = BeautifulSoup(r.text,"html.parser")
7   print(soup.title)                #获取页面的<title>内容
8   print(soup.p)                    #获取页面的第一个<p>内容
```

运行结果如下。

```
<title>千锋教育-坚持教育初心，坚持面授品质，IT培训良心品牌</title>
<p class="bubble">小小千想和您聊一聊</p>
```

例13-5通过BeautifulSoup对象获取了元素内容。如果想要获得HTML标签中各个属性的内容，则需要通过Tag对象的属性去获取。Tag对象的常用属性如表13.4所示。

表13.4 Tag对象的常用属性

属性	说明
name	获取标签的名称，以字符串形式展示，如div、a、p等
attrs	获取标签下所有的属性，以字典形式展示，如href、style等
contents	获取标签下所有子标签的内容，以列表形式展示
string	获取标签所包含的文本，以字符串形式展示

下面使用BeautifulSoup对象获得HTML页面中的第一个<p>的名称、属性、子标签以及文本。

例13-6 使用BeautifulSoup对象获得标签的详细信息。

```
1   import requests
2   from bs4 import BeautifulSoup
3   url = "http://www.mobiletrain.org"
4   r = requests.get(url)
5   r.encoding = "utf-8"
6   soup = BeautifulSoup(r.text,"html.parser")
7   print("<p>标签：",soup.p)
8   print("<p>标签的名称：",soup.p.name)
9   print("<p>标签的属性：",soup.p.attrs)
10  print("<p>标签的子标签：",soup.p.contents)
11  print("<p>标签包含的文本内容：",soup.p.string)
```

运行结果如下。

```
<p>标签：<p class="bubble">小小千想和您聊一聊</p>
<p>标签的名称：p
<p>标签的属性：{'class': ['bubble']}
<p>标签的子标签：['小小千想和您聊一聊']
<p>标签包含的文本内容：小小千想和您聊一聊
```

需要注意的是，string属性应遵循以下原则。

（1）标签内部嵌套多层标签时，string属性返回None。

（2）标签内部有一个标签时，string属性返回内层标签包含的文本内容。

（3）标签内部没有标签时，string属性返回其包含的文本内容。

在HTML页面中，<div>、<a>、<p>等标签往往不止一个，节点选择器无法获得所有同名标签的内容，此时就要使用方法选择器。

2．方法选择器

使用BeautifulSoup类中的方法可以获得HTML页面中的标签内容，主要的方法包括find()和find_all()，可以根据参数找到对应标签，返回列表类型。两种方法的语法格式如下。

```
BeautifulSoup.find(name,attrs,recursive,string)
BeautifulSoup.find_all(name,attrs,recursive,string,limit)
```

两种方法的同名参数含义相同，如表13.5所示。

表13.5 find()方法和find_all()方法中的参数

参数	说明
name	按照标签名称检索，以字符串的形式表示，如div、a、p等
attrs	按照标签属性值检索，以JSON格式表示，列出属性名称及值
recursive	默认值是True，递归搜索所有的子元素，设置为False时只查找当前标签下一层的元素

续表

参数	说明
string	检索HTML文档中的字符串内容（文本），可以是字符串、正则表达式、列表等形式
limit	限制返回结果的数量，默认返回全部

find()和find_all()的区别在于find()方法仅返回找到的第一个结果，而find_all()可以返回找到的所有结果，也就是说，find()方法相当于参数limit为1时的find_all()方法。

下面使用find_all()方法检索出HTML页面中所有的<u>。

例13-7 使用find_all()方法获得所有的<u>。

```
1   import re
2   from bs4 import BeautifulSoup
3   url = "http://www.mobiletrain.org"
4   r = requests.get(url)
5   r.encoding = "utf-8"
6   soup = BeautifulSoup(r.text,"html.parser")
7   print(soup.find_all("u"))
8   for item in soup.find_all("u"):
9       print(item.string,end=" ")
```

运行结果如下。

```
[<u>HTML5</u>, <u>Java</u>, <u>Python</u>, <u>全链路设计</u>, <u>云计算</u>, <u>软件测试</u>, <u>大数据</u>, <u>智能物联网</u>, <u>Unity游戏开发</u>, <u>网络安全</u>, <u>短视频+直播电商</u>, <u>影视剪辑包装</u>, <u>游戏原画</u>, <u>区块链</u>]
HTML5 Java Python 全链路设计 云计算 软件测试 大数据 智能物联网 Unity游戏开发 网络安全 短视频+直播电商 影视剪辑包装 游戏原画 区块链
```

在例13-7的代码中，第7行通过find_all()方法获得了所有名称为u的标签，返回类型是一个列表，列表中每一个元素都是一个u标签。第8~9行通过标签的string属性获取u标签中的文本内容。

13.4 实战20：电影排行爬取及分析

对电影排行榜进行统计分析可以获取大众喜爱的电影的题材类型等，从而可以制作或者推荐大众喜爱的电影。本节将对电影排行榜中的优质电影进行爬取，并分析大众所喜欢的电影的制作地区、上映年份、题材类型等。电影排行爬取将按照简单爬虫的工作流程：获取网页、解析网页并存储有用数据。

1．获取网页

获取网页需要使用requests库中的get()方法，使用此方法之前，需要了解一个概念：User-Agent（简称UA）。大量的爬虫请求会使服务器的压力过大，使得网页响应速度变慢，影响网站的正常运行，所以网站一般会检验UA来判断发起请求的是不是机器人。因此，爬虫编写者需要自己设置UA进行简单伪装。本节均通过以下键值对进行伪装。

```
headers = {"User-Agent": "Mozilla/5.0 (Windows NT 6.1; WOW64) AppleWebKit/535.1 (KHTML, like Gecko) Chrome/14.0.835.163 Safari/535.1"}
```

将此键值对传入requests库中的get()方法，获取网页的函数可以写成如下形式。

```
def get_html(url,headers):
    r = requests.get(url,headers=headers)
```

```
    html = r.text
```

2．解析网页

为了获取电影的制作地区、上映年份及题材类型，需要先定位这些文本内容所在的标签。定位标签的过程如图13.5所示。

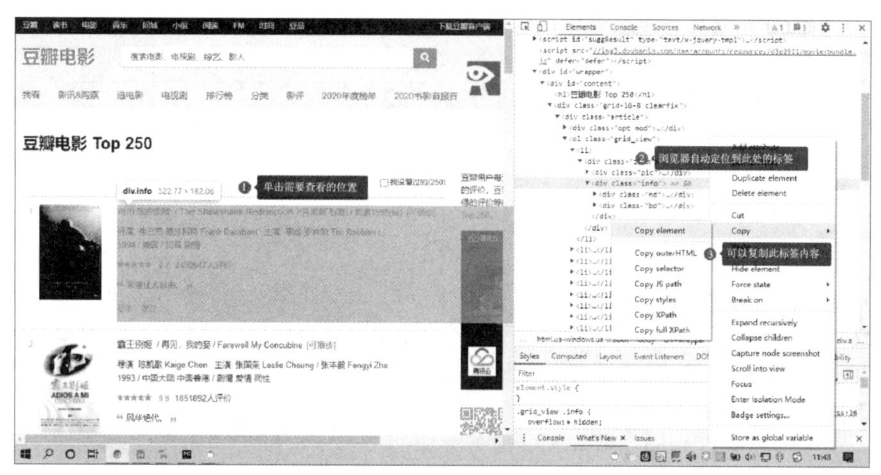

图 13.5　定位文本内容所在标签

在浏览器中打开网页，按键盘上的F12键，可以打开网页调试界面，看到网页的源代码。定位文本内容所在标签需要经过3个步骤。

（1）单击目标文本内容所在的位置。

（2）浏览器会自动定位到此文本对应的标签。

（3）右键单击此标签，在弹出的快捷菜单中选择“Copy”→“Copy element”，即可对此标签进行复制。

下面展示标签中有用的内容。

```
<div class="info">
    <div class="hd">
        <a href="https://movie.douban.com/subject/1292052/" class="">
            <span class="title">肖申克的救赎</span>
            (省略内容)
        </a>
        <span class="playable">[可播放]</span>
    </div>
    <div class="bd">
        <p class="">导演: 弗兰克·德拉邦特 Frank Darabont   主演:
蒂姆·罗宾斯 Tim Robbins /...<br>1994 / 美国 / 犯罪 剧情
        </p>
        (省略内容)
    </div>
</div>
```

为了解析出标签中有用的文本内容，包括电影名称“肖申克的救赎”、上映年份“1994”、制作地区“美国”以及题材类型“犯罪 剧情”，需要经过以下步骤。

（1）获取页面中所有属性class为“info”的div标签，存入列表，具体代码如下。

```
soup = BeautifulSoup(html, "html.parser")
info_list = soup.find_all(attrs={"class": "info"})
```

（2）从每个属性class为“info”的div标签中提取有用的信息。电影名称在每个div标签下第一个属性class为“title”的span标签中，其他有用的信息在第一个属性class为空的p标签中。具体代码如下。

```
for info in info_list:
    title = info.find(attrs={"class": "title"})
    p = info.find("p", {"class": ""})
```

（3）p标签中有很多冗余，为了处理这些冗余，需要用到正则表达式。正则表达式常与Python的re模块结合使用，获得br标签和</p>之间的内容，通过以下代码完成。

```
import re
pattern = re.compile('<p class="">.*?<br/>(.*?)</p>', re.S)
r_list = re.findall(pattern, str(p))
res = r_list[0].strip().split("\xa0")
```

其中compile()方法用于匹配正则表达式并返回一个pattern对象。参数'<p class="">.*?
 (.*?)</p>'是正则表达式，正则表达式需要包括标签中的所有内容，标志性内容如<p class="">可以帮助定位，.*?用于表示冗余内容，(.*?)用于表示有用的信息。最终提取到的内容是(.*?)中的内容。re.S表示匹配包括换行符在内的内容。

findall()方法会匹配所有形如pattern中正则表达式的内容，返回一个列表。str(p)表示将p标签转换为字符串形式，这是由于findall()方法只能匹配字符串。r_list形式如下所示。

```
['\n                    1994\xa0/\xa0美国\xa0/\xa0犯罪 剧情\n                    ']
```

需要去除r_list列表中元素的换行符以及\xa0，通过strip()和split("\xa0")即可实现。res的形式如下所示。

```
['1994', '/', '美国', '/', '犯罪 剧情']
```

res列表中索引为0、2、4的元素为有用元素。

（4）将以上所有的有用信息存入一个列表。

3. 存储有用数据

将解析网页后获得的有用数据列表转换为字典元素形式，并存入JSON格式的文件。

电影排行榜有多页内容，此处仅爬取第一页。

例13-8 爬取电影排行。

```
1    import requests
2    from bs4 import BeautifulSoup
3    import re
4    import json
5    def get_html(url,headers):
6        r = requests.get(url,headers=headers)
7        html = r.text
8        parse_html(html)
9    def parse_html(html):
10       movie_list = []
11       soup = BeautifulSoup(html, "html.parser")
12       info_list = soup.find_all(attrs={"class": "info"})
13       for info in info_list:
14           title = info.find(attrs={"class": "title"})
15           p = info.find("p", {"class": ""})
16           pattern = re.compile('<p class="">.*?<br/>(.*?)</p>', re.S)
17           r_list = re.findall(pattern, str(p))
```

```
18            res = r_list[0].strip().split("\xa0")
19            movie_list.append((title.string,res[0],res[2],res[4]))
20        save_html(movie_list)
21    def save_html(movie_list):
22        movie_dict = {}
23        result_list = []
24        for movie in movie_list:
25            movie_dict["电影"] = movie[0]
26            movie_dict["年份"] = movie[1]
27            movie_dict["地区"] = movie[2]
28            movie_dict["类型"] = movie[3]
29            result_list.append(movie_dict.copy())
30        with open("movie.json","w",encoding="utf-8") as jsonfile:
31            json.dump(result_list,jsonfile,ensure_ascii=False,indent=2)
32    if __name__ == "__main__":
33        url = "https://movie.douban.com/top250"
34        headers = {"User-Agent": "Mozilla/5.0 (Windows NT 6.1; WOW64)
AppleWebKit/535.1 (KHTML, like Gecko) Chrome/14.0.835.163 Safari/535.1"}
35        get_html(url,headers)
```

程序运行结束后，生成movie.json文件，其中共25个对象，内容如下所示（中间部分内容省略）。

```
[
  {
    "电影": "肖申克的救赎",
    "年份": "1994",
    "地区": "美国",
    "类型": "犯罪 剧情"
  },
  {
    "电影": "霸王别姬",
    "年份": "1993",
  …
  },
  {
    "电影": "怦然心动",
    "年份": "2010",
    "地区": "美国",
    "类型": "剧情 喜剧 爱情"
  }
]
```

在例13-8的代码中，get_html()函数用于获取网页，parse_html()函数用于解析网页，save_html()函数用于存储数据。需要注意的是第29行代码，result_list在添加movie_dict元素时，不是直接添加，而是使用copy()方法添加它的副本。这是由于直接添加movie_dict相当于引用movie_dict中的内容，movie_dict不断地变化，result_list中的元素也会随之变化。

将有用的数据存入JSON文件后，可以对文件中的数据进行分析。下面统计这25部电影中各个年份电影的个数、各个地区电影的个数以及各种类型电影的个数。

例13-9 对JSON文件中的有用数据进行分析。

```
1    import json
2    with open("movie.json","r",encoding="utf-8") as jsonfile:
3        movie_list = json.load(jsonfile)
4    year_dict,region_dict,type_dict = {},{},{}
5    for movie in movie_list:
```

```
6       year = movie["年份"]
7       year_dict[year] = year_dict.get(year,0) + 1
8       region_list = movie["地区"].split(" ")
9       for region in region_list:
10          region_dict[region] = region_dict.get(region, 0) + 1
11      type_list = movie["类型"].split(" ")
12      for type in type_list:
13          type_dict[type] = type_dict.get(type,0) + 1
14  year_list = sorted(year_dict.items(),key=lambda x:x[0])
15  region_list = sorted(region_dict.items(),key=lambda x:x[1],reverse=True)
16  type_list = sorted(type_dict.items(),key=lambda x:x[1],reverse=True)
17  print(year_list)
18  print(region_list)
19  print(type_list)
```

运行结果如下。

```
[('1957', 1), ('1972', 1), ('1988', 1), ('1993', 2), ('1994', 3), ('1995', 1), ('1997', 2), ('1998', 2), ('2001', 1), ('2002', 1), ('2004', 1), ('2006', 1), ('2008', 1), ('2009', 2), ('2010', 2), ('2011', 1), ('2014', 1), ('2016', 1)]
[('美国', 15), ('英国', 3), ('法国', 2), ('加拿大', 2), ('意大利', 2), ('日本', 2), ('墨西哥', 1), ('澳大利亚', 1), ('印度', 1), ('瑞士', 1), ('德国', 1), ('韩国', 1)]
[('剧情', 21), ('爱情', 7), ('喜剧', 6), ('犯罪', 5), ('冒险', 5), ('动画', 4), ('科幻', 4), ('奇幻', 3), ('战争', 2), ('悬疑', 2), ('音乐', 2), ('同性', 1), ('动作', 1), ('灾难', 1), ('历史', 1), ('歌舞', 1), ('惊悚', 1), ('古装', 1), ('传记', 1), ('家庭', 1)]
```

例13-9先将JSON文件的内容反序列化到列表movie_list中，列表中每个元素movie都是字典形式。对movie中键对应的值进行统计，创建新的字典用于保存值出现的次数，新字典的键表示要统计的值，新字典的值表示值出现的次数，需要使用字典中的get()方法，新字典的键中存在该值则新字典的值加1，不存在则将新字典的值设置为1。第14~16行代码用于排序，对year_dict按照键，也就是年份排序，对region_dict和type_dict按照值，也就是次数排序。程序运行结果以列表的形式呈现，不够直观，下一节将介绍如何将数据存入XLSX文件，以表格的形式呈现，并进行图形可视化展示。

13.5 模块8：openpyxl库的使用

13.5.1 openpyxl库的基本介绍

openpyxl库是Python的第三方库，用于读取/写入Excel 2010的 XLSX/XLSM/XLTX/XLTM文件。XLSX是Excel使用的开放XML电子表格文件格式，XLSM是Excel中基于XML和启用宏的文件格式，XLTX是Excel中的模板文件格式，XLTM是Excel中的宏模板文件格式。

本节主要介绍XLSX文件的用法，包括XLSX文件的存取以及可视化操作。

13.5.2 XLSX文件的存取

XLSX文件是一个工作簿，在XLSX文件中可以创建多个工作表，工作表用于存放数据。openpyxl库可以实现XLSX文件的存取，详细介绍如下。

1．写入XLSX文件

通过openpyxl库写入XLSX文件，需要使用openpyxl库中的Workbook类，具体流程如下。

（1）创建一个XLSX工作簿，也就是Workbook类的对象wb。

```
from openpyxl import Workbook
wb = Workbook()
```

（2）创建工作簿对象wb中的工作表ws。工作表通过Workbook.active进行创建，创建时会自动命名。可以使用工作表的title属性更改它的名称。

```
ws = wb.active
ws.title = "工作表"
```

需要注意的是，如果需要创建多个工作表，第一个工作表用wb.active创建，后续的工作表通过create_sheet()方法创建，具体语法格式如下。

```
工作表对象.create_sheet(工作表名称)
```

（3）向工作表ws中写入数据。需要用append()方法逐行添加数据，数据会被写在工作表的底部。

```
ws.append(["姓名","年龄"])
rows = [
     ("小千",19),
     ("小锋",18)
]
for row in rows:
     ws.append(row)
```

其中，将“姓名”和“年龄”写入作为表头，然后逐行将数据添加进去。Python会自动以英文逗号分隔数据，将数据写入每个单元格。

（4）保存XLSX文件。通过save()方法将工作簿对象wb保存为文件。

```
wb.save("1.xlsx")
```

打开1.xlsx文件，具体内容如图13.6所示。

	A	B	C	D	E	F	G	H
1	姓名	年龄						
2	小千	19						
3	小锋	18						
4								
5								
6								
7								
8								
9								

工作表 +

图 13.6 1.xlsx 文件的内容

可以将13.4节中的数据分析结果存入XLSX文件，以电影上映年份的统计数据为例。

例13-10 将电影上映年份的统计数据存入XLSX文件。

```
1    from openpyxl import Workbook
2    year_list = [('1957', 1), ('1972', 1), ('1988', 1), ('1993', 2), ('1994', 3),
('1995', 1), ('1997', 2), ('1998', 2), ('2001', 1), ('2002', 1), ('2004', 1),
('2006', 1), ('2008', 1), ('2009', 2), ('2010', 2), ('2011', 1), ('2014', 1),
('2016', 1)]
3    wb = Workbook()
4    year_ws = wb.active
5    year_ws.title = ("年份统计")
6    year_ws.append(["年份","个数"])
7    for row in year_list:
```

```
8        year_ws.append(row)
9    wb.save("movie.xlsx")
```

程序运行结束后，生成movie.xlsx文件，如图13.7所示。

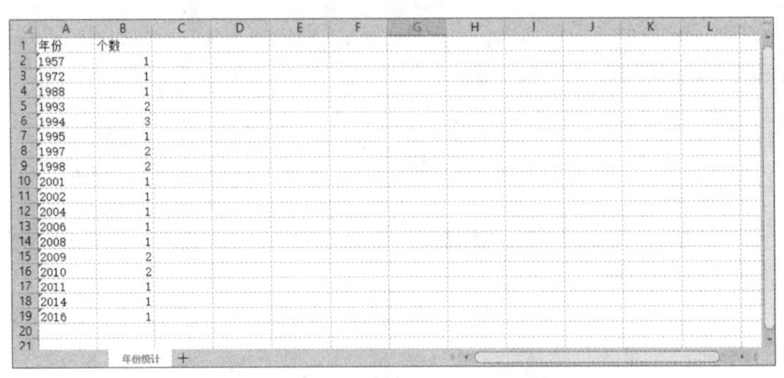

年份	个数
1957	1
1972	1
1988	1
1993	2
1994	3
1995	1
1997	2
1998	2
2001	1
2002	1
2004	1
2006	1
2008	1
2009	2
2010	2
2011	1
2014	1
2016	1

图 13.7　movie.xlsx 文件的内容

以同样的方式将13.4节中的制作地区和题材类型统计数据存入此工作簿的工作表，如图13.8所示。

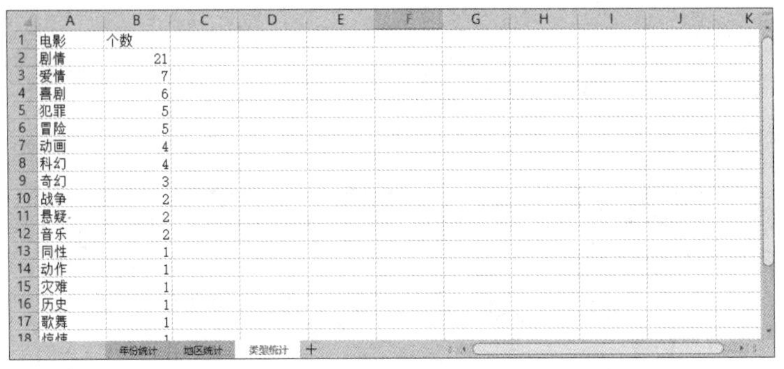

电影	个数
剧情	21
爱情	7
喜剧	6
犯罪	5
冒险	5
动画	4
科幻	4
奇幻	3
战争	2
悬疑	2
音乐	2
同性	1
动作	1
灾难	1
历史	1
歌舞	1

图 13.8　movie.xlsx 文件的内容（3 个工作表）

2．读取XLSX文件

通过openpyxl库读取XLSX文件，需要使用openpyxl库中的load_workbook类，具体流程如下。

（1）将XLSX文件中的数据导入工作簿对象wb。以1.xlsx文件为例，具体代码如下。

```
from openpyxl import load_workbook
wb = load_workbook("1.xlsx")
```

（2）获取工作簿对象wb中名称为“工作表”的工作表ws。

```
ws = wb["工作表"]
```

（3）将名称为“工作表”的工作表对象ws中的数据逐行读取，并读取出每行中的各个单元格中的值。

```
for row in ws.rows:
    for cell in row:
        print(cell.value,end=" ")
    print()
```

运行结果如下。

```
姓名 年龄
小千 19
小锋 18
```

13.5.3 XLSX文件的可视化

openpyxl库支持创建各种图表，实现XLSX文件的可视化，包括面积图、条形图、气泡图、折线图、散点图、饼图、雷达图等。下面将通过对movie.xlsx文件中的数据进行可视化，介绍常用的条形图、折线图、饼图的绘制。

1. 条形图

根据movie.xlsx中“地区统计”工作表第2~6行的数据绘制条形图。

例13-11 绘制“地区统计”工作表对应的条形图。

```
1    from openpyxl import load_workbook
2    from openpyxl.chart import BarChart, Reference
3    wb = load_workbook("movie.xlsx")
4    ws = wb["地区统计"]
5    data = Reference(ws, min_col=2, min_row=2, max_row=6)
6    cats = Reference(ws, min_col=1, min_row=2, max_row=6)
7    chart = BarChart()
8    chart.title = "地区统计"
9    chart.y_axis.title = "个数"
10   chart.x_axis.title = "地区"
11   chart.add_data(data)
12   chart.set_categories(cats)
13   chart.legend = None
14   ws.add_chart(chart,"D2")
15   wb.save("bar.xlsx")
```

程序运行结束后，在bar.xlsx的“地区统计”工作表中出现以D2为起始点的条形图，如图13.9所示。

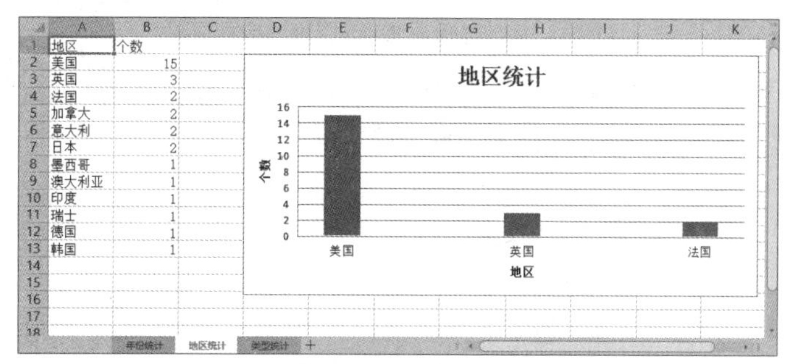

图 13.9 “地区统计”工作表的条形图

在例13-11中，绘制条形图需要导入openpyxl子库chart中的BarChart类和Reference类。第3行和第4行代码用于读取movie.xlsx文件中的“地区统计”工作表。第5行和第6行代码引用工作表中的数据，按照区域进行选择，选择第min_col列中从min_row行到max_row行的数据。第7行代码创建一个条形图BarChart类的对象chart。第8~10行代码分别设置条形图的名称以及x轴、y轴的名称。第11行和第12行代码将第5行和第6行取得的数据分别设置在y轴和x轴上。第13行代码关闭默认的图例。第14行代码将条形图加到工作表中。第15行代码将修改后的工作簿保存到bar.xlsx文件中。

2. 折线图

根据movie.xlsx中“年份统计”工作表中的数据绘制折线图。

例13-12 绘制“年份统计”工作表对应的折线图。

```
1    from openpyxl import load_workbook
2    from openpyxl.chart import LineChart, Reference
3    wb = load_workbook("movie.xlsx")
```

```
4    ws = wb["年份统计"]
5    data = Reference(ws, min_col=2, min_row=2, max_row=19)
6    cats = Reference(ws, min_col=1, min_row=2, max_row=19)
7    chart = LineChart()
8    chart.title = "年份统计"
9    chart.y_axis.title = "个数"
10   chart.x_axis.title = "年份"
11   chart.add_data(data)
12   chart.set_categories(cats)
13   chart.legend = None
14   line_style = chart.series[0]
15   line_style.smooth = True
16   ws.add_chart(chart, "D2")
17   wb.save("line.xlsx")
```

程序运行结束后，在line.xlsx的“年份统计”工作表中出现以D2为起始点的折线图，如图13.10所示。

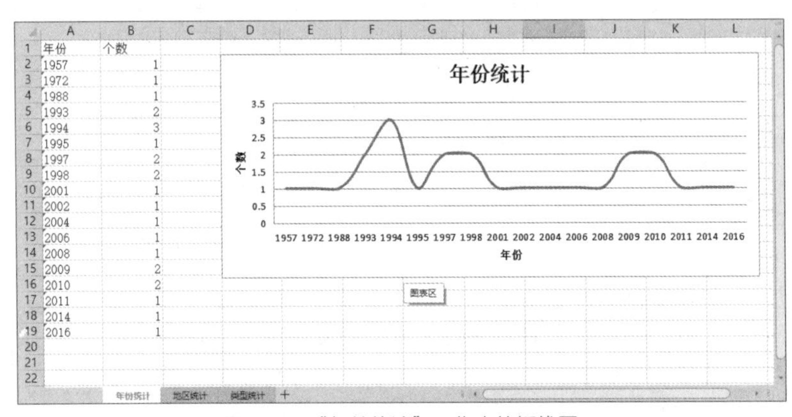

图 13.10 “年份统计”工作表的折线图

绘制折线图和条形图的过程类似，不同之处在于折线图使用的是LineChart类。例13-12的代码中的第14行和第15行将折线图中的线条设置为平滑曲线。

3．饼图

根据movie.xlsx中“类型统计”工作表中的数据绘制饼图。

例13-13 绘制“类型统计”工作表对应的饼图。

```
1    from openpyxl import load_workbook
2    from openpyxl.chart import PieChart, Reference
3    wb = load_workbook("movie.xlsx")
4    ws = wb["类型统计"]
5    labels = Reference(ws, min_col=1, min_row=2, max_row=21)
6    data = Reference(ws, min_col=2, min_row=2, max_row=21)
7    pie = PieChart()
8    pie.title = "类型统计"
9    pie.add_data(data)
10   pie.set_categories(labels)
11   ws.add_chart(pie, "D2")
12   wb.save("pie.xlsx")
```

程序运行结束后，在pie.xlsx的“类型统计”工作表中出现以D2为起始点的饼图，如图13.11所示。

饼图使用的是PieChart类。在例13-13中，第5行和第6行代码选取了两列中第2~21行的数据，作为饼图各部分的标签和数量。

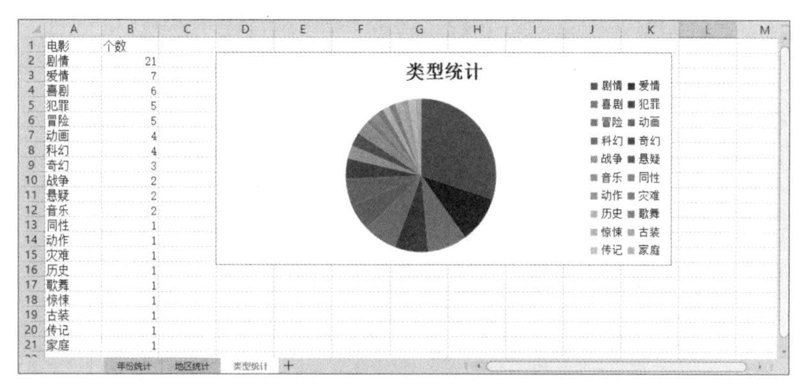

图 13.11 “类型统计”工作表的饼图

13.6 实战21：Python职位分析及可视化

对编程知识的学习，最终可能都会落脚到就业。学好Python能就任什么职位呢？薪资有多少呢？就业有什么要求呢？这些可以从招聘信息中获取。对招聘信息进行分析有助于了解应聘所需要的技能，建立对Python更为全面的认识。下面将针对某招聘网站进行Python全职岗位的信息爬取、简单数据分析以及数据的可视化实现。

招聘网站的网址如下。

```
https://www.lagou.com/wn/jobs?px=new&gx=全职&pn=1&fromSearch=true&kd=Python
```

在此URL中，pn的值表示页数，pn=1表示第一页；kd表示搜索的关键词，kd=Python表示在招聘网站中搜索“Python”。当希望爬取第二页或者循环爬取页面时，可以修改pn的值；当希望查询“Java”等关键词时，可以修改kd的值。通过此URL可以查看招聘页面信息，如图13.12所示。

图 13.12 招聘页面信息

在图13.12中存在多种招聘信息，下面将爬取其中的职位名称、薪资、经验、企业领域、招聘要求、企业福利等信息，这些信息在页面中的位置如图13.13所示。

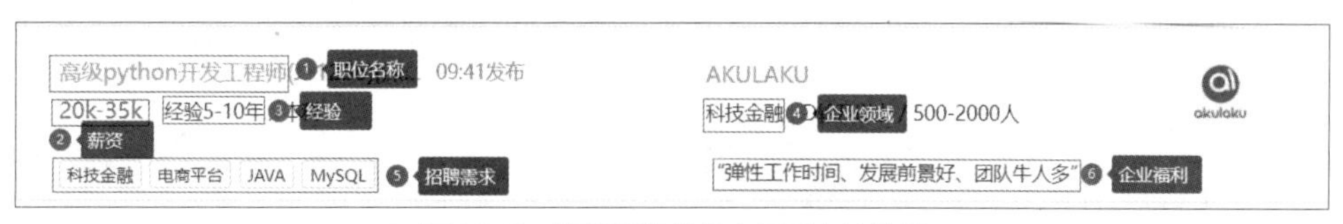

图 13.13 要爬取的信息在页面中的位置

网页的爬取分为获取网页、解析网页和存储数据。获取网页的方式是相同的，下面主要介绍核心的解析网页和存储数据的过程。

1．解析网页

定位网页中所需信息，对应的HTML代码如图13.14所示。

```
<div class="item__10RTO">
  <div class="item-top__1Z3Zo">
    <div class="position__21iOS">
      <div class="p-top__1F7CL">
        <a>高级Python开发工程师(J11256)
        <!-- -->
        [深圳·科技园]</a>
        <span>09:41发布</span>
      </div>
      <div class="p-bom__JlNur">
        <span class="money__3Lkgq">20k-35k</span>
        经验5～10年 / 本科
      </div>
    </div>
    <div class="company__2EsC8">
      <div class="company-name__2-SjF">
        <a>AKULAKU</a>
      </div>
      <div class="industry__1HBkr">科技金融 / D轮及以上 / 500-2000人</div>
    </div>
    <div class="com-logo__1QOwC">
      <img src="https://www.lgstatic.com/thumbnail_120x120/i/image/M00/8C/6E/CgqCHl_sNYaAB2UfAABVbG-qFx8651.jpg" alt="AKULAKU"/>
    </div>
  </div>
  <div class="item-bom__cTJhu">
    <div class="ir___QwEG">
      <span>科技金融</span>
      <span>电商平台</span>
      <span>JAVA</span>
      <span>MySQL</span>
    </div>
    <div class="il__3lk85">“弹性工作时间、发展前景好、团队牛人多”</div>
  </div>
</div>
```

图 13.14　主要信息对应的 HTML 代码

为了获取职位名称、薪资、经验、企业领域、招聘要求、企业福利等信息，需要经过以下步骤。

（1）获取页面中所有属性class为“item__10RTO”的div标签，存入列表，具体代码如下。

```
soup = BeautifulSoup(html,"html.parser")
job_list = soup.find_all(attrs = {"class":"item__10RTO"})
```

（2）从每个属性class为“item__10RTO”的div标签中，也就是job_list中的每一个元素job中，提取有用的信息。将每个职位的信息存入字典job_dict，将页面中所有的职位信息存入以字典作为元素的列表。获取职位中各部分信息的代码如下。

① 职位名称

```
job_dict["职位"] = job.a.contents[0]
```

② 薪资

需要注意，薪资是一个范围，如“15k～20k”，其中1k是1000元人民币，在此进行处理，将薪资设置为范围的中位数，去掉单位且换算为单位为元的数值。

```
contents = job.find(attrs={"class": "p-bom__JlNur"}).contents
salary_range = contents[0].string.replace("k","").split("-")
salary = (float(salary_range[0]) + float(salary_range[1]))*1000/2
job_dict["薪资"] = salary
```

③ 经验

```
contents = job.find(attrs={"class": "p-bom__JlNur"}).contents
job_dict["经验"] = contents[1].split("/")[0]
```

④ 企业领域

```
job_dict["企业领域"] = job.find(attrs = {"class":"industry__1HBkr"}).string.
split("/")[0].strip()
```

⑤ 招聘要求

需要注意，招聘要求有多个，并被包含在span标签中，在此先将招聘要求放在一个列表中，再将列表合并成用“,”分隔的字符串。

```
requirements = job.find(attrs={"class":"ir___QwEG"}).contents
require_list = [require.string for require in requirements]
job_dict["招聘要求"] = ", ".join(require_list)
```

⑥ 企业福利

```
job_dict["企业福利"] = job.find(attrs={"class":"il__3lk85"}).string
```

2. 存储数据

将解析网页得到的所有数据存入XLSX文件的一个工作表，分别对薪资、经验、企业领域进行频数统计并存入工作表。

下面爬取招聘网站中关键词为“Python”的全职职位的第一页内容。

例13-14 爬取招聘网站内容。

```
1    import requests
2    from bs4 import BeautifulSoup
3    from openpyxl import Workbook
4    class JobSpider:
5        def __init__(self):
6            self.url = "https://www.lagou.com/wn/jobs?px=new&gx=全职&pn={}&fromSearch=
true&kd={}"
7            self.headers = {"User-Agent": "Mozilla/5.0 (Windows NT 6.1; WOW64)
AppleWebKit/535.1 (KHTML, like Gecko) Chrome/14.0.835.163 Safari/535.1"}
8        def get_html(self,url):
9            """获取网页"""
10           r = requests.get(url)
11           r.encoding = "utf-8"
12           html = r.text
13           self.parse_html(html)
14       def parse_html(self,html):
15           """解析网页"""
16           soup = BeautifulSoup(html,"html.parser")
17           job_list = soup.find_all(attrs = {"class":"item__10RTO"})
18           result_list = []
19           for job in job_list:
20               job_dict = {}
21               job_dict["职位"] = job.a.contents[0]
22               contents = job.find(attrs={"class": "p-bom__JlNur"}).contents
23               salary_range = contents[0].string.replace("k","").split("-")
24               salary = (float(salary_range[0]) + float(salary_range[1]))*1000/2
25               job_dict["薪资"] = salary
26               job_dict["经验"] = contents[1].split("/")[0]
27               job_dict["企业领域"] = job.find(attrs = {"class":"industry__ 1HBkr"}).
string.split("/")[0].strip()
28               requirements = job.find(attrs={"class":"ir___QwEG"}).contents
29               require_list = [require.string for require in requirements]
30               job_dict["招聘要求"] = ", ".join(require_list)
31               job_dict["企业福利"] = job.find(attrs={"class":"il__3lk85"}).string
32               result_list.append(job_dict.copy())
33           self.save_html(result_list)
34       def save_html(self,result_list):
```

```
35            """存储数据"""
36            wb = Workbook()
37            ws = wb.active
38            ws.title = "行业信息"
39            ws.append(["职位","薪资","经验","企业领域","招聘要求","企业福利"])
40            salary_dict, exp_dict, area_list= {}, {}, []
41            for row in result_list:
42                ws.append(list(row.values()))
43                salary_dict[row["薪资"]] = salary_dict.get(row["薪资"], 0) + 1
44                exp_dict[row["经验"]] = exp_dict.get(row["经验"], 0) + 1
45                area_list += row["企业领域"].replace("|",",").split(",")
46            area_dict = {}
47            for area in area_list:
48                area_dict[area] = area_dict.get(area,0) + 1
49            ws1 = wb.create_sheet("薪资统计")
50            ws1.append(["薪资","频数"])
51            salary_list = sorted(salary_dict.items(),key=lambda x:x[0])
52            for item in salary_list:
53                ws1.append(item)
54            ws2 = wb.create_sheet("经验统计")
55            ws2.append(["经验","频数"])
56            for item in exp_dict.items():
57                ws2.append(item)
58            ws3 = wb.create_sheet("企业领域统计")
59            ws3.append(["企业领域","频数"])
60            for item in area_dict.items():
61                ws3.append(item)
62            wb.save("行业信息.xlsx")
63        def main(self):
64            """主程序"""
65            self.page = 1
66            self.occupation = "Python"
67            url = self.url.format(self.page,self.occupation)
68            self.get_html(url)
69    if __name__ == "__main__":
70        myspider = JobSpider()
71        myspider.main()
```

程序运行结束后，生成了名为“行业信息.xlsx”的文件，具体内容如图13.15所示。

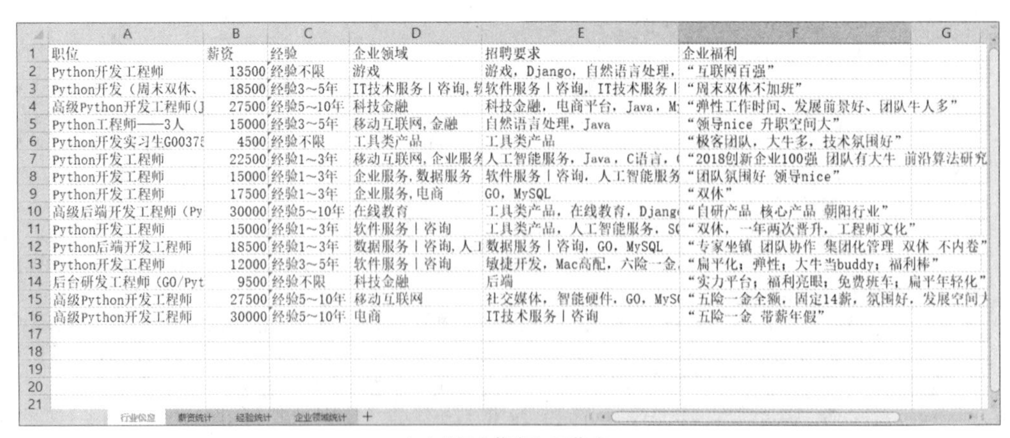

	A	B	C	D	E	F	G
1	职位	薪资	经验	企业领域	招聘要求	企业福利	
2	Python开发工程师	13500	经验不限	游戏	游戏，Django，自然语言处理，	“互联网百强”	
3	Python开发（周末双休、	18500	经验3~5年	IT技术服务丨咨询，软	软件服务丨咨询，IT技术服务丨	“周末双休不加班”	
4	高级Python开发工程师(J	27500	经验5~10年	科技金融	科技金融，电商平台，Java，M	“弹性工作时间、发展前景好、团队牛人多”	
5	Python工程师——3人	15000	经验3~5年	移动互联网，金融	自然语言处理，Java	“领导nice 升职空间大”	
6	Python开发实习生G00375	4500	经验不限	工具类产品	工具类产品	“极客团队，大牛多，技术氛围好”	
7	Python开发工程师	22500	经验1~3年	移动互联网，企业服务	人工智能服务，Java，C语言，	“2018创新企业100强 团队有大牛 前沿算法研究	
8	Python开发工程师	15000	经验1~3年	企业服务，数据服务	软件服务丨咨询，人工智能服务	“团队氛围好 领导nice”	
9	Python开发工程师	17500	经验1~3年	企业服务，电商	GO，MySQL	“双休”	
10	高级后端开发工程师（Py	30000	经验5~10年	在线教育	工具类产品，在线教育，Djang	“自研产品 核心产品 朝阳行业”	
11	Python开发工程师	15000	经验1~3年	软件服务丨咨询	工具类产品，人工智能服务，S	“双休，一年两次晋升，工程师文化”	
12	Python后端开发工程师	18500	经验1~3年	数据服务丨咨询，人工	数据服务丨咨询，GO，MySQL	“专家坐镇 团队协作 集团化管理 双休 不内卷”	
13	Python开发工程师	12000	经验3~5年	软件服务丨咨询	敏捷开发，Mac高配，六险一金，	“扁平化；弹性；大牛当buddy；福利棒”	
14	后台研发工程师（GO/Pyt	9500	经验不限	科技金融	后端	“实力平台；福利亮眼；免费班车；扁平年轻化”	
15	高级Python开发工程师	27500	经验5~10年	移动互联网	社交媒体，智能硬件，GO，MyS	“五险一金全额，固定14薪，氛围好，发展空间	
16	高级Python开发工程师	30000	经验5~10年	电商	IT技术服务丨咨询	“五险一金 带薪年假”	
17							
18							
19							
20							
21							

行业信息　薪资统计　经验统计　企业领域统计　+

（a）“行业信息”工作表

图 13.15　行业信息 .xlsx 文件的内容

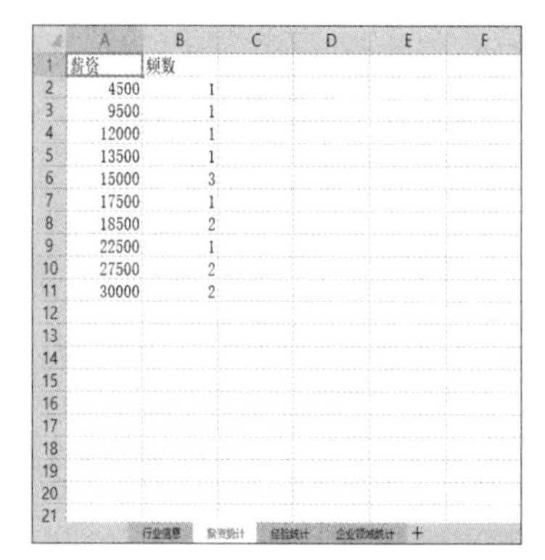

薪资	频数
4500	1
9500	1
12000	1
13500	1
15000	3
17500	1
18500	2
22500	1
27500	2
30000	2

（b）“薪资统计”工作表

经验	频数
经验不限	3
经验3~5年	3
经验5~10年	4
经验1~3年	5

（c）“经验统计”工作表

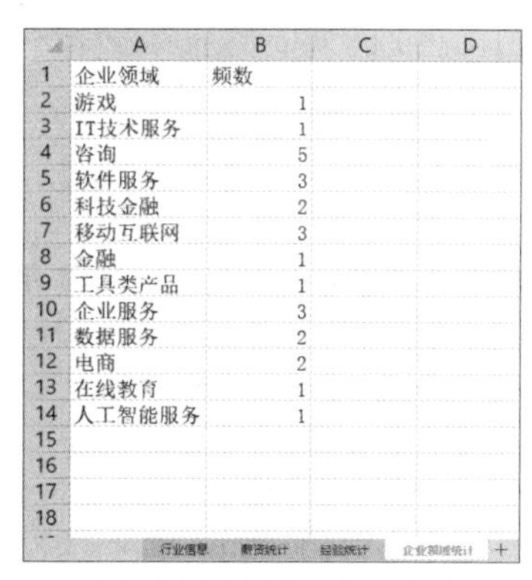

企业领域	频数
游戏	1
IT技术服务	1
咨询	5
软件服务	3
科技金融	2
移动互联网	3
金融	1
工具类产品	1
企业服务	3
数据服务	2
电商	2
在线教育	1
人工智能服务	1

（d）“企业领域统计”工作表

图 13.15 行业信息 .xlsx 文件的内容（续）

例13-14使用JobSpider类封装代码，用于爬取过程。在此类中，main()方法用于向初始化的self.url传值。其中，self.page的值表示页数，传入的数值表示爬取的页码，也可以循环传入self.page，并不断地调用self.get_html(url)方法，循环爬取网站的多页内容；self.occupation表示搜索的关键字，可以是某个行业方向，如Python、大数据、精算师等。

对文件中的工作表进行可视化展示，将“薪资统计”工作表中的数据绘制成折线图，将“经验统计”工作表中的数据绘制成条形图，将“企业领域统计”工作表中的数据绘制成饼图，并将这些图表保存在report.xlsx文件中。

例13-15 “行业信息.xlsx”文件中工作表的可视化展示。

```
1    from openpyxl import load_workbook
2    from openpyxl.chart import BarChart,LineChart,PieChart,Reference
3    wb = load_workbook("行业信息.xlsx")
4    ws1 = wb["薪资统计"]
5    data = Reference(ws1, min_col=2, min_row=2, max_row=10)
6    cats = Reference(ws1, min_col=1, min_row=2, max_row=10)
7    chart1 = LineChart()
8    chart1.title = "薪资统计"
9    chart1.y_axis.title = "频数"
10   chart1.x_axis.title = "薪资"
11   chart1.add_data(data)
12   chart1.set_categories(cats)
13   chart1.legend = None
14   line_style = chart1.series[0]
15   line_style.smooth = True
16   ws1.add_chart(chart1, "D2")
17   ws2 = wb["经验统计"]
18   data = Reference(ws2, min_col=2, min_row=2, max_row=7)
19   cats = Reference(ws2, min_col=1, min_row=2, max_row=7)
20   chart2 = BarChart()
21   chart2.title = "经验统计"
22   chart2.y_axis.title = "频数"
23   chart2.x_axis.title = "经验"
24   chart2.add_data(data)
25   chart2.set_categories(cats)
26   chart2.legend = None
27   ws2.add_chart(chart2, "D2")
28   ws3 = wb["企业领域统计"]
29   labels = Reference(ws3, min_col=1, min_row=2, max_row=19)
30   data = Reference(ws3, min_col=2, min_row=2, max_row=19)
31   pie = PieChart()
```

```
32  pie.title = "企业领域统计"
33  pie.add_data(data)
34  pie.set_categories(labels)
35  ws3.add_chart(pie, "D2")
36  wb.save("report.xlsx")
```

程序运行结束后，生成了report.xlsx文件，其中的可视化图形如图13.16所示。

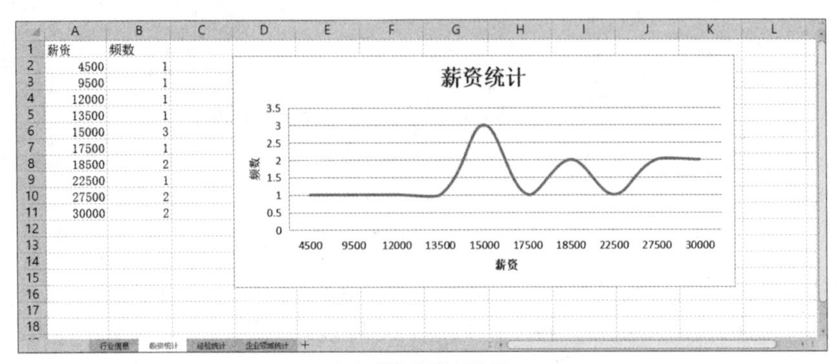

（a）薪资统计折线图

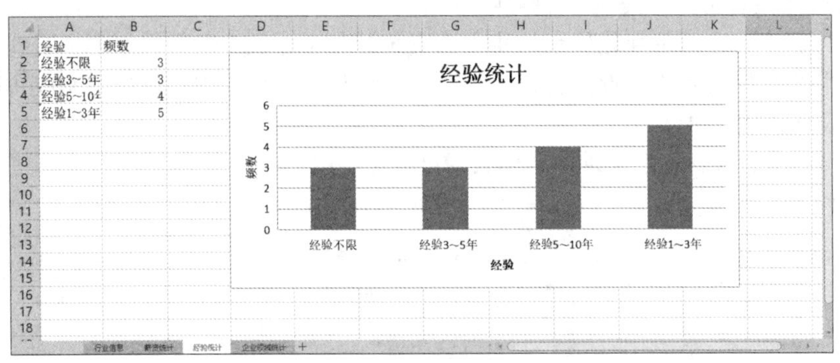

（b）经验统计条形图

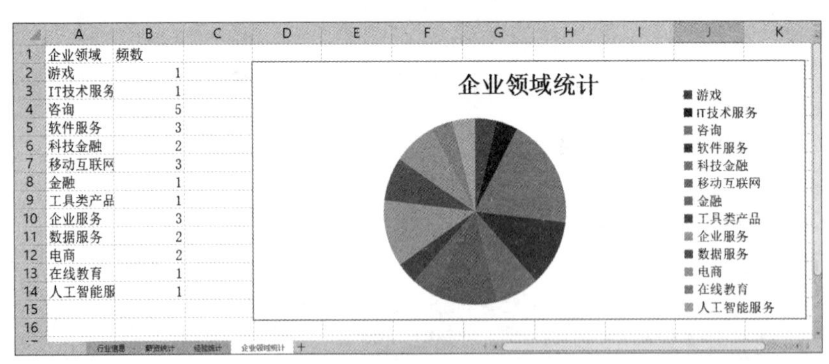

（c）企业领域统计饼图

图 13.16 report.xlsx 文件中的可视化图形

从图13.16中可以看出，在爬取的职位中，从事Python的月薪基本能达到1万元以上，在1.5万的最多，这说明Python相关职位的薪资还是比较可观的。企业招聘一般希望应聘者有一定的经验，经验在1～3年的应聘者是企业较为需要的，故而学生应该及早做好职业规划，提前进入企业实习，为将来的工作铺垫经验。需要Python人才的企业涉及的领域比较广泛，包括咨询、企业服务、移动互联网、软件服务和电商等领域。

扩展训练

学有余力的读者，可以对XLSX文件中“行业信息”工作表中的“招聘要求”和“企业福利”做进一步的分析。对这两个字段进行jieba分词，并借助第三方库pyecharts绘制这两个字段的词云图。安装pyecharts库的具体代码如下。

```
pip install pyecharts
```

例13-16 对“招聘要求”和“企业福利”做词云图分析。

```
1    import jieba
2    from openpyxl import load_workbook
3    from pyecharts.charts import WordCloud
4    wb = load_workbook("行业信息.xlsx")
5    ws = wb["行业信息"]
6    def info_analysis(ws,col):
7        """
8        返回XLSX工作表中某一列分词后的统计结果
9        :param ws:工作表
10       :param col:工作表中的某列
11       :return:分词字典，键值分别表示分词及其出现的次数
12       """
13       col_list = [item.value for item in ws[col][1:]]#表示工作表ws第col列的数据，并
去掉表头
14       col_str = ",".join(col_list)             #将列表合并成字符串
15       words = jieba.lcut(col_str)              #对字符串进行分词
16       lcut_dict = {}                           #用于统计分词的字典
17       for word in words:
18           if len(word) == 1:                   #分词长度为1时不予统计
19               continue
20           else:
21               lcut_dict[word] = lcut_dict.get(word,0) + 1
22       return lcut_dict
23   require_dict = info_analysis(ws,"E")         #对招聘要求进行分词统计
24   welfare_dict = info_analysis(ws,"F")         #对企业福利进行分词统计
25   require_wc = (WordCloud()                    #绘制词云图存储在require.html中
26           .add("招聘要求",require_dict.items())
27           .render("require.html")
28           )
29   welfare_wc = (WordCloud()                    #绘制词云图存储在welfare.html中
30           .add("企业福利",welfare_dict.items())
31           .render("welfare.html")
32           )
```

程序运行结束后，生成require.html文件和welfare.html文件，在浏览器中打开，分别显示“招聘要求”和“企业福利”的词云图，如图13.17所示。

（a）招聘要求

（b）企业福利

图 13.17 “招聘要求”和“企业福利”的词云图

在图13.17中，可以看到企业的招聘要求中强调应聘者需要懂得技术、服务和咨询，掌握Python的Web开发框架Django，不仅需要会Python这门编程语言，还需要熟悉Java、Go等语言以及MySQL数据库等。企业福利常包括和谐的团队和氛围、弹性工作等。读者在应聘过程中，可以对这些方面进行全面考量。

本章小结

本章主要介绍了网络爬虫的基本工作流程，通过requests库获取网页，通过beautifulsoup4库解析网页，通过openpyxl库存储数据到XLSX文件并实现数据的可视化；通过“电影排行爬取及分析”和“Python职位分析及可视化”两个实战，详细讲解了使用网络爬虫的全过程，展现了网络爬虫在现实生活中的重要作用。只有把理论知识同具体实际相结合，才能正确回答实践提出的问题，扎实提升读者的理论水平与实战能力。

习题 13

1. 填空题

（1）访问网址需要用到requests库中的________方法。

（2）Response对象中________属性可以获取URL对应的页面内容。

（3）beautifulsoup4库中的BeautifulSoup类可以通过________方法和________方法获取标签内容。

（4）创建XLSX文件时，需要使用openpyxl库中的________类。

（5）写入XLSX文件时，需要使用工作表对象的________方法。

2. 单选题

（1）获取页面HTML代码中的所有字符串，需要使用Beautiful对象的（　　）属性。

A. head　　B. body　　C. strings　　D. title

（2）获取HTML标签中的文本内容，需要使用Tag对象的（　　）属性。

A. name　　B. attrs　　C. contents　　D. string

（3）创建XLSX文件的多个工作表，需要用到工作表对象的（　　）方法。

A. append()　　B. create_sheet()　　C. save()　　D. active

（4）创建条形图，需要用到openpyxl库的（　　）类。

A. BarChart　　B. LineChart　　C. Chart　　D. PieChart

3. 简答题

（1）简述网络爬虫的基本工作流程。

（2）简述写入XLSX文件的过程。

4. 编程题

（1）爬取“站长之家”的中文网站排行榜，并将其中的排名、网站、Alexa排名、网站得分存入XLSX文件。

（2）根据编程题（1）文件中的“Alex排名”这一列数据进行折线图的可视化展示。

附录 PyQt6使用指南

PyQt6中的常用模块如附A.1所示。

附A.1 PyQt6的常用模块

模块	说明
QtBluetooth	包含支持蓝牙设备之间连接的类
QtCore	包含核心的非GUI功能，包括时间循环和Qt的信号与槽机制，还包括动画、状态机、线程、映射文件、共享内存、正则表达式以及用户和应用程序设置
QtDesigner	允许使用Python扩展Qt Designer的类
QtGui	包含用于窗口系统集成、事件处理、二维图形、基本图形、字体和文本的类
QtMultimedia	包含处理多媒体内容的类和访问相机和收音机功能的API
QtNetwork	包含用于编写UDP和TCP客户端和服务器的类，包括实现HTTP客户端和支持DNS查找的类
QtPositioning	包含通过卫星、WI-FI或文本文件等来确定位置的类
QtSql	包含与SQL数据库集成的类，包括可与GUI类一起使用的数据库表的可编辑数据模型以及SQLite的实现
QtSvg	提供了显示SVG内容的类，可缩放矢量图形（Scalable Vector Graphics，SVG）是一种基于可扩展编辑语言（XML）、用于描述二维矢量图形的图形格式
QtTest	包含启用PyQt6应用程序单元测试的功能
QtWebEngineCore	包含其他Web引擎模块使用的核心类
QtWebSockets	包含WebSocket协议的类
QtWidgets	包含提供一组UI元素以创建经典桌面样式用户界面的类
QtXml	包含实现Qt XML解析器的DOM接口的类

PyQt6中常用的按钮控件大多来自于PyQt6.QtWidgets.QAbstractButton。QAbstractButton类的基类是QWidget类，它的派生类包括QCheckBox、QPushButton、QRadioButton、QToolButton等。PyQt6中常用的按钮控件如表附.2所示。

表附.2　　PyQt6中常用的按钮控件

类名	描述	父类
QPushButton	用于用户单击以完成某种动作的按钮控件，一般是矩形	QAbstractButton
QCommandLinkButton	Windows Vista引入的新控件，预期用途类似于单选按钮，因为它用于在一组互斥选项中进行选择，外观通常类似于平面按钮，但除了普通按钮文本外，它还允许使用描述性文本	QPushButton
QToolButton	提供一个快速访问按钮，通常在工具栏内部使用，不显示文本标签而是显示图标	QAbstractButton
QRadioButton	一般用于实现若干选项中的单选操作，按钮左侧会有一个圆圈图标，用于标识选中状态	QAbstractButton
QCheckBox	一般用于实现若干选项中的多选操作，按钮左侧会有一个方框图标，用于标识选中状态	QAbstractButton
QButtonGroup	提供一个抽象的按钮容器，可以将多个按钮划分为一组，不提供容器的可视化表示	QObject

PyQt6中用于输入的控件有多种形式，如单行输入、多行输入、时间输入、下拉列表选择输入、滑块选择输入、文件输入等。PyQt6中常用的输入控件如表附.3所示。

表附.3　　PyQt6中常用的输入控件

类名	描述	父类
QLineEdit	单行文本编辑器，允许用户输入和编辑单行纯文本，自带一组编辑功能，包括撤销、重做、剪切、粘贴、拖放	QWidget
QTextEdit	高级的所见即所得查看器/编辑器，支持使用HTML标签的富文本格式，经过优化可以处理大型文档并快速响应用户输入	QAbstractScrollArea
QPlainTextEdit	与QTextEdit类似，但针对纯文本处理进行了优化	QAbstractScrollArea
QKeySequenceEdit	允许输入QKeySequence，通常用作快捷方式，控件收到焦点开始录制，用户释放最后一个关键字后1秒结束录制	QWidget
QSpinBox	旨在处理整数和离散值集，允许用户通过单击“向上/向下”按钮或按键盘的上/下方向键来增大/减小当前显示的值，也可以手动输入值	QAbstractSpinBox
QDoubleSpinBox	提供一个带双精度的浮点型步长调节器，既可以通过单击“向上/向下”按钮或按键盘的上/下方向键来增大/减小当前显示的值，也可以手动输入值	QAbstractSpinBox
QDateTimeEdit	编辑日期和时间的单行文本框，可以用键盘进行编辑	QAbstractSpinBox
QComboBox	提供了一种以占用最少屏幕空间的方式向用户呈现选项列表的方法，即下拉列表选择输入	QWidget

续表

类名	描述	父类
QSlider	用于控制有界值的经典小部件，允许用户沿水平或垂直凹槽移动滑块手柄，并将手柄的位置转换为合法范围内的整数值	QAbstractSlider
QScrollBar	提供垂直或水平滚动条，使用户能够访问超出用于显示的小部件的文档部分	QAbstractSlider
QDial	提供圆形范围控制（如速度表或电位计）	QAbstractSlider
QRubberBand	提供可以表示选择或界限的矩形或线，用于显示新的边界区域	QWidget
QFontDialog	提供用于选择字体的对话框部件	QDialog
QColorDialog	提供用于指定颜色的对话框部件	QDialog
QFileDialog	提供允许用户选择文件或目录的对话框	QDialog
QInputDialog	提供简单的便捷对话框来从用户那里获取单个值，输入值可以是字符串、数字或列表中的项目，但必须设置一个标签来告诉用户应该输入什么	QDialog
QCalendarWidget	提供基于月度的日历部件，允许用户选择日期	QWidget

PyQt6中用于展示相关内容的常用控件如表附.4所示。

表附.4　　PyQt6中常用的展示控件

类名	描述	父类
QLabel	用于显示文本或图像	QFrame
QLCDNumber	用于显示LCD样式的数字，可以显示几乎任何大小的数字，包括十进制、二进制、八进制、十六进制	QFrame
QProgressBar	提供水平或垂直进度条	QWidget
QMessageBox	提供模式对话框，用于通知用户或询问用户并接收答案	QDialog
QErrorMessage	提供错误消息显示对话框	QDialog
QProgressDialog	提供关于慢操作进度的反馈	QDialog

本书的正文部分介绍过PyQt6的信号与槽机制。实际上，信号与槽机制可以解决一般通信问题，然而，有些控件提供的信号不满足需求时，就需要重写具体的事件函数，来捕获产生的事件并进行响应的处理，这就需要使用PyQt6的事件机制。PyQt6中常用的事件如下。

（1）键盘事件：键盘按键按下和松开。

（2）鼠标事件：鼠标按键按下和松开，鼠标指针移动。

（3）拖放事件：使用鼠标拖放。

（4）滚轮事件：鼠标滚轮滚动。

（5）绘屏事件：重绘屏幕的某些部分。

（6）定时事件：定时器到时。

（7）焦点事件：键盘焦点移动。

（8）进入和离开事件：鼠标指针移入或移出窗口。

（9）移动事件：窗口的位置改变。

（10）大小改变事件：窗口的大小改变。

（11）显示和隐藏事件：窗口的显示和隐藏。

（12）窗口事件：窗口是否为当前窗口。

PyQt6可以为自定义控件增加样式，它的样式机制为Qt样式表（Qt Style Sheets，QSS）。QSS可以美化页面，使页面与代码层分开，利于维护。它的语法规则几乎与CSS相同。QSS由两部分组成：一部分为选择器（Selector），指定会受到影响的控件；另一部分为声明（Declaration），指定控件上设置的属性。声明部分是一系列“属性:值”，使用英文分号（;）分隔属性值对，使用花括号（{}）将全部声明包括在内。例如，设置按钮btn的背景颜色为红色，具体示例如下。

```
btn.setStyleSheet("QPushButton{background-color:red}")
```

QSS可以指定需要设置外观的控件，调用此控件的setStyleSheet()方法进行局部样式设置；也可以指定全局的QApplication对象，调用对应的setStyleSheet()方法进行全局设置。QSS选择器用于指定受到样式作用的控件，有以下8种类型。

（1）通配符选择器：匹配所有的控件。

（2）类型选择器：通过控件类型来匹配控件（包括子类）。

（3）类选择器：通过控件类型来匹配控件（不包括子类）。

（4）ID选择器：通过objectName来匹配控件。

（5）属性选择器：通过控件的属性来匹配控件。

（6）后代选择器：通过父控件（直接或间接）的子控件来筛选控件。

（7）子选择器：通过父控件的（直接）子控件来筛选控件。

（8）子控件选择器：用于筛选一个复合控件上的子控件。